剑型脑
和
盾型脑

[美]
康奈尔·考恩（CONNELL COWAN, PhD）　著
戴维·基珀（DAVID KIPPER, MD）

祝锦杰　译

中信出版集团 | 北京

图书在版编目（CIP）数据

剑型脑和盾型脑 /（美）康奈尔·考恩，（美）戴维
·基珀著；祝锦杰译 . -- 北京：中信出版社，2023.8
　书名原文：Override: Discover Your Brain Type,
Why You Do What You Do, and How to Do It Better
　ISBN 978-7-5217-5783-5

　I.①剑…　II.①康…②戴…③祝…　III.①心理学
－通俗读物　IV.① B84-49

中国国家版本馆 CIP 数据核字（2023）第 116050 号

OVERRIDE: DISCOVER YOUR BRAIN TYPE, WHY YOU DO WHAT YOU DO, AND HOW TO DO IT
BETTER by CONNELL COWAN AND DAVID KIPPER
Copyright © 2022 BY CONNELL COWAN, PHD, AND DAVID KIPPER, MD
This edition arranged with KENSINGTON PUBLISHING CORP
through BIG APPLE AGENCY, LABUAN, MALAYSIA.
Simplified Chinese translation copyright © 2023 by CITIC Press Corporation
ALL RIGHTS RESERVED
本书仅限中国大陆地区发行销售

剑型脑和盾型脑

著者：　　〔美〕康奈尔·考恩　〔美〕戴维·基珀
译者：　　祝锦杰
出版发行：中信出版集团股份有限公司
　　　　　（北京市朝阳区东三环北路 27 号嘉铭中心　邮编　100020）
承印者：　北京诚信伟业印刷有限公司

开本：880mm×1230mm　1/32　　印张：11　　　字数：282 千字
版次：2023 年 8 月第 1 版　　　　印次：2023 年 8 月第 1 次印刷
京权图字：01-2023-2739　　　　　书号：ISBN 978-7-5217-5783-5
　　　　　　　　　　　　　　　　定价：69.00 元

献给苏珊、肖恩、科比，永远爱你们。

康奈尔·考恩

献给萨姆，你总是保护我不伤害自己。

戴维·基珀

目 录

舒适感——过犹不及

为什么我明明知道做某件事不好，却还是停不下来？答案：因为你没有意识到自己对舒适感上了瘾。

"为什么我总是做一些会让自己的生活质量显著下降的事情，而不是那些对我来说更有帮助和更有建设性的事情？"绝大多数人都在因为诸如此类的问题而不断陷入内心的挣扎和煎熬。

"为什么我的生活一团糟，健康饮食计划也半途而废？""为什么我原本计划去健身房，却发现自己正走在回家的路上？""为什么我明明知道耐心的教育会更有效，却还是忍不住对孩子大发雷霆？""为什么我已经下决心要果敢一些，却依然缩手缩脚？""我明明每个月都只负担得起信用卡的最低还款额度，为什么还忍不住网购自己并不需要的东西？""为什么我总是在需要学习的时候沉迷社交媒体不能自拔？""为什么身边的人似乎都不像我这样，经常担忧自己的健康？""为什么每天下班回家我都会忍不住喝上一两杯酒，不然就浑身难受？""为什么我总是担心这操心那？""为什么在面对生活中的同一件事时，我会倾向于看到好的一面，而我丈夫的看法总是比我悲观？""为什么我总在逃避那些我希望自己能做到的事情，而沉湎于那些我不希望自己做的事？"

为什么？为什么？这到底是为什么？

对于这些问题，一个我们已经求证多年的新理论可以给出明确且实用的答案。用最简单直白的话来说，这个理论假定人类在数千年的时间中发展出了两种应对事物的模式，基因和遗传是它们的本源，大脑的化学特性是它们的基础，而压力则是触发它们的条件。这两种模式既为我们平添了某些宝贵的特质，又给我们带来了可以预见的挑战。作为一个物种，人类的独特之处在于我们拥有先见之明，以及用复杂的方式预测未来的能力——我们用这种能力指导自己的决策。想象一下，每个人的脑海里都有一个舞台，我们在这个舞台上快速地排演各种各样的情景。研究显示，在大约四五岁的时候，我们就认识到了现实世界的一个重要特点：凡事都可以有迥然不同的发展过程和结局，我们可以通过与其互动，积极地影响结果的走向。实际上，每个人都是预言家，也是偶然性的制造者。如果我们这样做或那样做，事情就真有可能变成这样或那样。我们在脑海中设想不同的情景是为了模拟可能的结果，这为我们的行动提供了基本的依据。我们会在脑海中给设想的情景添加不同的"滤镜"，每一种都会产生对应的信息，而这些信息的积累造就了我们的行为。这些滤镜包括：过往的经历留下的记忆，耳濡目染的文化，家庭的影响，传统，价值观和态度，对身边人的感情，想象的能力，需求和欲望，在特定情况下受到的物理限制，以及独特的脑化学反应。其中，最后一种滤镜隐藏得很深，这么多年来，我们一直都想弄明白它对人类行为的影响。它是我们理论的核心，也是本书的主题。

合著的缘起

我们两个是在几十年前经朋友介绍认识的，虽然各自的专业不同，但我们很快便开始热火朝天地探讨双方交叉领域的问题，着实有些相见恨晚的感觉。戴维是一名临床医生，他需要全身心地投入医治患者的任务中，把所有的关注点都放在患者的身体出了"什么"异样的问题上；康奈尔是一位心理学家，更关心事物"为什么以及怎么"发生。戴维当然知道，在他接诊的患者中，很多症状都源于患者的心理，而康奈尔也目睹过前来求助的患者，他们有着不同的生活经历，都因为难以自持的悲伤和忧虑，而产生切肤刻骨般的生理反应。我们的看法时而有分歧，时而又一致，但始终不变的是，我们每次都能从对方身上学到新的东西。而且我们一直认为，对一种疾病来说，"什么"和"为什么"是密切相关的。

我们两个都认为，问题的关键在于压力。无论是积极的压力，还是消极的压力，都是不好的压力。它就像阴险小人，时不时冒出来搞破坏。结识之后，我们曾经为压力是不是消化性溃疡的主要诱因而争论不休。有一次，戴维挖苦说："你的理论没有依据，听得我都快得胃溃疡了。"当然，事实证明他是对的：1982年，科学家证实消化性溃疡主要是由幽门螺杆菌引起的。

由于对不同的写作题材感兴趣，我们曾各自埋头于自己的创作。戴维喜欢探讨成瘾的机制和大脑的生化反应，而康奈尔则写了几本有关感情问题的书，但我们还是一如既往地讨论压力与疾病之间的复杂关系。

如今回首，40年的对话与合作让我们结下了深厚的友谊。我们同舟共济，目睹过对方的痛苦与低潮，也见证过对方的喜悦与风光——庆生会、父母过世、在炎热的夏夜一起看洛杉矶道奇队的棒球比赛，更不必说在下班回家的路上去喝几杯啤酒了。我们的脾性也有很多相似之处：我们都对工作充满热情，对生活充满热爱；我们都对事物背后的机制和原理抱有无穷无尽的好奇心，非常关心自己的朋友、家人和患者。虽然我们的相似之处有很多，但我们也有不一样的地方。戴维是个擅长社交又外向的人，相比之下，康奈尔要安静和深沉得多。如果说戴维是个凡事都习惯看到光明一面的人，康奈尔就是一个对事物的阴暗面极富洞察力的人。我们两个分则缺点明显，合则优势互补。

我们在经年累月的职业生涯中亲自见证了美国社会越发激烈的竞争、日益发达的生产力水平，以及爆发式增长的压力。不仅如此，我们还看到情绪问题加剧了患者的生理不适，反之亦然。通过分享和谈论各自遇到的病例，我们得以深入探究情绪与生理之间的关联。渐渐地，有一点变得越来越清晰：压力——以及患者应对压力的方式——成为影响个人总体的满足感（或者说良好的精神健康状况）与寿命长短的最重要的因素。有的患者摸索出了一套辨别和化解压力的方法，而有的患者始终不明白兹事体大，固执地对压力视而不见。接诊患者的同时，我们也在剖析自己，并关注压力对自己生活的影响。我们意识到压力其实不是"问题"所在，真正的问题是我们对压力源（无论它是积极的，还是消极的）强加给我们的不适感"做出的反应"。后者才是认识压力的关键所在，它是我们的认知普遍缺失的那块拼图。

随着我们（以及我们的患者）逐渐变老，我们对新兴的生物老年学越发感兴趣。确切地说，吸引我们的是导致人体衰老的核心原因，以及生活方式和人生态度加速或延缓衰老的现象。日常生活中的应激和压力会影响到方方面面，比如五脏六腑的功能、微生物组的构成、患病的风险、睡眠模式、锻炼的意愿、饮食习惯，以及情绪状态。压力和寿命显然是一对相关因素，而我们正在尝试理解二者之间的关联。

我们为衡量人体衰老的速度提出了一种量化方法。本质上，它其实是一份详尽的问卷，由此收集的信息可以计算出寿命商数（longevity quotient），简称寿商（LQ，它与衰老的速度呈负相关关系，LQ越高，代表衰老的速度就越慢）。这份问卷的分值与智商测试相似，LQ的平均值被设定为100。我们给这份量表取名为"寿命量表"。遗憾的是，这种测量方法有其内在的缺陷。问卷里有近400个项目需要患者向他们的医生求助，才能获取相应的信息，这个测试的烦琐可见一斑。尽管如此，但它仍让我们有了按年龄和性别比较患者情况的宝贵途径。数据是有了，可如何诠释这些数据又成了问题，我们并不清楚为什么有的患者得分更高，也不知道有什么可行的方法能帮助得分较低的患者稳定地提升分数，说来说去还是基因好坏那一套。但我们有一系列明确且有用的信息可以与患者分享。让患者明白有哪些举措可以改善他们的生活，这从来都不是一件难事，只是绝大多数人都对我们提供的信息视而不见、充耳不闻，想让他们付诸行动简直难如登天。

关于压力和压力对人体及幸福感的负面影响，我们翻阅过大量文献。但看得越多，我们就越发意识到自己遇到了认知瓶颈。虽然我们抱着十分开放的心态，但目之所及，却看不到更为深刻的洞见，大多都是换汤不换药或东拼西凑的陈词滥调。我们想不通为什么患者总是明知故犯、无力做出改变，更不要说坚持健康的生活方式了。

突然有一天，我们发现答案其实就在我们眼前！我们花了很多的时间和精力去寻找能够引起与衰老相关的疾病、加速或减缓衰老的行为，但我们的发现更为深刻。我们看到的行为并不是直接与衰老相关，而是与唤起有关；或者更确切地说，是与中枢神经系统的兴奋程度有关。那些遇事表现得情绪稳定的人，与那些情绪不稳的人十分不同。我们的行为与神经递质的分布有关，行为是中枢神经系统应对压力的外显。应对压力的能力是与生俱来的，深深地刻在我们的基因中，以神经化学的形式代代相传。只要从成堆的研究和论文中抬起头，我们便可以在自己的家人、朋友、父母，当然还有我们自己身上，看到类似的机制。它是如此简单，又如此精妙：压力让我们遵循特定的模式采取行动，而理解这些行为需要我们认识自主神经系统的基本组成部分。

我们的自主神经系统之所以被冠名为"自主"，是因为它不需要主观意识的参与，就能控制那些生死攸关的生理系统。比如，心脏的搏动，呼吸，血压随体位的改变而改变，大脑的自净能力并可以在睡眠期间删除或储存特定的记忆，以及我们在感受到压力时做出的反射性行为。在我们的患者中，有些试图寻求内心平静的人最终却沾染上不良习惯，乃至演变为疾病的症状和表现（必须抽一支烟，必须吃一块巧克力蛋糕，或再喝一杯酒）；而有些人却为无法通过刺激神经系统获取满足感而苦恼，无论做什么都觉得索然无味（买自己不需要但十分昂贵的商品，对同事大发雷霆，将大把的时间花在电子游戏上）。答案让我们震惊：所有这些行为的目的或多或少都是减少或增加刺激，只为了让我们感觉更良好。自主神经系统的硬件条件是由先天因素决定的，大脑中各种各样的神经递质应当怎么分泌、分泌多少，都由亲爱的老妈老爸说了算。而我们所做的，只是遵循这些化学物质的引导，构建自己的生活，培养自己的个性和习惯。绝大多数时候，这种有迹可循的倾向都隐藏在行为动机的背后，不会被我们注意到。但在面对压力或需要做出决策时，它们就会走到台前，对我们施加实实在在的影响。

这种全新的认识催生出一种与压力应对有关的新兴理论，经过多年的科学研究，我们已经完整地阐释并证实了该理论。借助神经递质的微妙偏差，大自然赋予了我们两种迥异的压力应对模式。这难道是无意为之？我们认为并非如此。相反，这两种模式各有千秋，在面对不同的情景和压力源时，它们带来的生存优势不可相互替代。倘若其中一种模式比另一种更具优势，那么经过漫长的自然选择过程，我们只需要选择更好的那一种即可，而不必费事地保留另一种。

我们还有一个格外惊人的发现：在应对压力时，人类并不是唯一"诡计多端"的动物。放眼整个动物界，有的以攻为守，有的以守为攻；有的大胆冒进，有的小心谨慎。我们来看下面几个例子。

有两只猴子分别被关在相邻的两个笼子里，而且它们能看到对方。平时，它们都可以得到一份黄瓜片作为零食。两只猴子对黄瓜片都很满意，直到其中一只猴子像往常一样得到了黄瓜片，另一只却得到了一串硕大、圆润的葡萄。接下来发生的事就有意思了。显然，人类并不是唯一具有公平意识的物种。在这个压力诱导实验中，得到黄瓜片的猴子很快就发现，住在隔壁的同伴拿到了不一样的零食，待遇比自己好。这种公然的区别对待让两只猴子都感到不舒服（但还没有严重到让得到葡萄的那只猴子觉得应该与另一只猴子分享美食），相较之下，得到黄瓜片的猴子感受到的压力更大。事实上，零食相对寒酸的猴子会生气，它们要么把黄瓜片丢回给实验人员，要么背过身去，拒绝接受（猴子在生闷气）。研究人员针对很多组不同的猴子做了这个实验，它们都做出了相似的反应。没有得到葡萄的猴子应对这种压力的反应只有两种：要么暴跳如雷，要么默不作声，显得自己毫不在意。我们姑且称这种反应模式为"剑盾式防御"：愤懑不平的猴子面对不公正的待遇，要么拔剑相向，要么举盾自卫。这就是我们在猴子的压力诱导实验中看到的两种截然相反的应对模式。

还有一个例子也能反映出动物有两种应对压力的行为模式。大山雀是一种体形不大但性情凶猛的鸟，分布在欧洲和亚洲大陆，喜欢在林地、公园和花园里筑巢。相对来说，大山雀可以算得上孔武有力，它们的喙能啄开榛子、橡子，甚至还能敲开猎物的脑袋。尽管这种小鸟凶猛好斗，但在天敌面前也只能束手就擒——它们的天敌是更强大的雀鹰。为了针对这种动物开展压力诱导实验，科学家在 4 月初到 6 月底之间，向 12 个正处于繁殖期的大山雀种群播放雀鹰捕猎的音频。通常情况下，多数大山雀的繁殖时间都在繁殖季的后期。可是，显而易见的天敌威胁打乱了它们的节奏，一些英勇无畏的大山雀把繁殖时间提前了，而另一些没这么勇敢的同类则做出了完全相反的选择，延后了繁殖时间。无论是提前还是延后繁殖时间，对繁殖的成功率都没有显著影响。在听到天敌雀鹰的叫声后，有些大山雀决定铤而走险，在繁殖季开始后不久就进行繁殖；而面对同样的压力，其他同类则选择观望，繁殖时间能拖多久就拖多久。这是两种截然相反的应对策略，与我们在猴子和葡萄的实验里看到的如出一辙。科尔·波特（Cole Porter）曾极富远见地写道："鸟类是这样，蜜蜂是这样……"他所说的"这样"，很可能指的就是动物应对压力的两种行为模式，我们人类也是"这样"。我们本想把书名定为"猴子、大山雀和你"，但为了避免歧义，最后只得作罢。

下面，我们来说说你吧。在展开深入探讨之前，我们希望你能做一个简短的测试。请遵照简单的说明和指示计算你的最终成绩，尽量靠直觉回答每个问题。这个测试可以反映出你属于哪一种行为模式，尤其是在面对充满压力的局面时，你是更有可能雷霆出击，还是提高警惕、步步为营？你是生闷气的猴子，还是早繁殖早解脱的大山雀？让我们来看看吧。

个人大脑类型问卷

1. 相比周围的人，我更喜欢操心。 是　否

2. 有时候，我还没考虑周全就会提前行动。　　　是　否

3. 我喜欢肾上腺素飙升的感觉。　　　是　否

4. 我会认真考虑每一种可能，再采取行动。　　　是　否

5. 就个性而言，我认为自己有极强的表达欲。　　　是　否

6. 一旦我想要什么，我就希望立刻拥有。　　　是　否

7. 我似乎非常担心自己的健康问题。　　　是　否

8. 在别人眼里，我并不是一个咄咄逼人的人。　　　是　否

9. 我很容易分心。　　　是　否

10. 相比服从和模仿，我更愿意指挥和引领。　　　是　否

11. 我总是在手头的任务还没有做完时，就迫不及待
地开启新的任务。　　　是　否

12. 社交场合会让我紧张不安。　　　是　否

13. 我愿意为了获得某个事物等待、牺牲和制订计划。　　　是　否

14. 我总是在追寻新鲜事物。　　　是　否

15. 很多时候，我都发现自己过度担心了。　　　是　否

16. 我觉得表达愤怒是件很难的事，所以常常隐忍不发。　　　是　否

17. 我讨厌一遍遍地做同样的事情。　　　是　否

18. 当事情进展不顺利时，我倾向于责怪自己。　　　是　否

19. 大多数时候，我都相当果敢和自信。　　　是　否

20. 我生气时谁都能看出来。　　　是　否

21. 有时候，虽然我心里想的是"不"，但嘴上却说
着"是"。　　　是　否

22. 我习惯着眼大局，而不在意细枝末节。　　　是　否

23. 我不会轻易因为不确定性而抓狂。　　　是　否

24. 随机应变是我的长处之一。　　　是　否

25. 我的注意力经常难以集中。　　　是　否

26. 面对风险,我总是慎之又慎。　　　　　　　是　否

27. 我擅长关注细节。　　　　　　　　　　　　是　否

28. 我倾向于把很多感受藏在心里。　　　　　　是　否

29. 每天早晨是我状态最好的时候。　　　　　　是　否

30. 我的思考过程很缓慢,但力求准确。　　　　是　否

记分方式

　　参照下面两个大脑图形,将选"是"的问题对应编号的圆圈涂上颜色。这里有两种类型的大脑——剑型和盾型,哪一边涂色的圆圈数量较多,你就属于哪一种类型。最有可能出现的情况是,两边都有一些圆圈被你涂了色,这是因为世界上几乎不存在纯粹的剑型脑和盾型脑。如你所见,剑型脑也具有盾型脑的某些特征,反之亦然。

　　尽管如此,两种类型仍有主次之分,相对"强势"的那种类型更有可能决定你在面对压力时将做何反应,以及会选择什么方法去应对不适感。

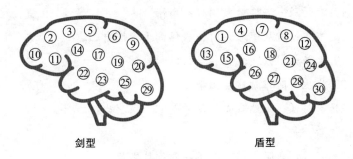

剑型　　　　　　　　　　　　盾型

　　恭喜你,你现在已经知道自己的大脑究竟是剑型还是盾型了,这两种类型代表你在面对和处理压力时更有可能表现出怎样的行为模式。如果你在盾型脑里涂色的圆圈更多,你的侵略性就相对低,

在对抗压力的战斗中，你会选择带上一面盾牌；如果你在剑型脑里涂色的圆圈更多，那就赶紧拿起你的利剑，学习如何挥舞吧！

现在，你应该已经看出端倪了。在人性的两面中，一面为剑，它对外界的刺激、新鲜事物和奖励特别敏感；另一面为盾，它更注重如何躲避伤害和危险。两种模式各有所长，落到行为层面上也各有短板。看看下面的行为条目，是否与你的剑型或盾型行为模式相符。你或许会发现自己的某些行为落在了另一种模式的范畴里，没关系，因为前文已经说过并不存在纯粹的行为模式，这与我们的认知相符。

大脑的类型与行为模式

盾型 深思熟虑的天性，趋于内向	剑型 喜欢表达的天性，趋于外向
副交感性反应	交感性反应
倾向于避开刺激	倾向于寻求刺激
容易唤起	难以唤起
动机来自逃避惩罚	动机来自对奖励的预期
更容易对结局不好的事情留下印象	更容易对结局好的事情留下印象
倾向于先思考再行动	倾向于先行动再思考
能接受延迟满足	很难接受延迟满足
擅长控制冲动	不擅长控制冲动
对新鲜感的需求低	对新鲜感的需求高
倾向于规避风险	倾向于承担风险
怒不改色	愤怒摆在脸上
悲观	乐观
思考过程缓慢而精确	思考过程迅速而粗糙
十分在意细节	不拘小节
不循规蹈矩	做事按部就班
灵活应变，适应性强	顽固死板，适应性差
有疑病症的倾向	倾向于否认症状
不容易获得性快感	性成瘾
容易对酒精和镇静剂上瘾	容易对可卡因等兴奋剂上瘾
高疼痛阈值	低疼痛阈值

人类在应对压力时会采取许多无法溯源的行动，这两种截然相反的行为模式让这些行动的意义变得明朗起来。更重要的是，对于那些无力应对生活压力的患者，基于大脑类型的干预方案可以让不同的行为模式重新发挥它们在应对压力中的作用，而且这种治疗方法被证实是有效的。

两种人

这种二元人格的理论并非拔新领异。还记得A型和B型人格的理论吗？1974年的畅销书《A型行为与你的心脏》(*Type A Behavior and Your Heart*)让A型和B型人格深入人心，这种理论认为，A型人格的人往往心高气傲，咄咄逼人，他们比相对随和的B型人格更容易患心脏病。但这种理论最后未经得起科学的推敲：该书的两位作者分别是心脏病学家迈耶·弗里德曼（Meyer Friedman）和雷·罗森曼（Ray H. Rosenman），除了心脏病发病率之外，他们无法解释A型人格的其他特征，比如嗜酒、嗜烟和爱吃油腻食品。但因为大家在日常生活中都认识符合A型人格特点的人——大吼大叫的上司，脾气火暴的父亲，或者精力充沛的工作狂和运动狂——再加上这个理论的内容相当接地气，它仿佛让我们洞悉了终日奔波的生活方式和压力如何让我们付出了健康乃至生命的代价，所以直到今天它依然受到一部分人的欢迎。

就迈耶·弗里德曼个人而言，他后来越来越反对人们将他的理论说成是人格理论，因为"人格"给人一种先天决定的印象，意味着我们无法主宰自己的健康。弗里德曼曾试图把该理论的重心转到行为上，他提出了一种方案，用来降低A型人格者患心脏病的风险。弗里德曼说，经过努力，他本人已经从A型人格变成了B型人格。

科学发展到今天，与弗里德曼的时代当然不可同日而语，但人可以被分为两大类的概念却是准确无误的。

神经递质的失衡

从呱呱坠地开始，每个人都必须面对如何存活下去的压力。时间的洪流无可阻挡，如何在有限的人生里应对这种不可抗力便是人与人之间的不同之处。有些人事业有成，亲友相伴，身体健康；而另一些人正好相反，他们一无所成，家庭不睦，身体羸弱。为什么有些人大胆冒进，而有些人谨小慎微？为什么有些人一生气就大发雷霆，而有些人只会闷在心里，或者责备自己？为什么有些人能轻易做到延迟满足，而有些人会因为奖励来得不够及时而急不可耐？为什么有些人僵化死板，而有些人机动灵活？为什么养成健康的生活习惯对有些人来说更困难？为什么在生活中，有些人动不动就紧张焦虑，而有些人却处变不惊？为什么？

这不是我们愿不愿意的事，它们并不由我们的意志决定。这些倾向是我们体内神经化学反应的表现，它们被绘制在我们的DNA（脱氧核糖核酸）蓝图里，然后被翻译成日常行为，用来应对生活中的挑战。

是哪个身体部位决定了这两种类型可能会出乎你的意料。和你想的不一样，不是我们的大脑。我们的故事要从小肠深处说起，那里有一片不大但新奇的区域。一群寂寂无闻的细胞散布在我们的神经系统里，它们携带的编码掌控着化学物质（神经递质）的分配，深远地影响了我们的行为。在自主神经系统的指挥下，由这些细胞分泌的神经递质合奏了一曲交响乐，决定了我们每个人的大脑类型。

自主神经系统的正常运作依赖两个强大的神经系统分支。第一个分支是交感神经系统，它的功能是使人兴奋，产生唤起和动机。第二个分支是副交感神经系统，它起到相反的作用，使人放松、平静和失去动力。作为一个物种，我们的生存离不开神经系统这两个分支系统的相互较劲。能够激活这两种系统的神经递质时刻在为维持机体的内稳态（或者说平衡）而发生着动态的变化，它们的目的是恢复舒适的感受，也就是安全的感觉。一旦交感神经系统被激活，副交感神经系统就会做出反应，使机体平静下来，重新回到平衡点。"稳定"在大脑中对应的感觉信号正是舒适，这与眼下是否产生舒适感或做出某个决定是否对自己有好处并无关系！

遗憾的是，没有人的神经递质能在唤起和平静之间维持完美的平衡。在各种遗传、表观遗传（告诉基因开启表达或继续保持沉默的分子机制）和环境因素的共同影响下，我们的神经递质总会倾向于两个方向中的一个。我们认为这种微妙的不平衡是推动进化过程的副产物，它是现代人类得以存续的重要依仗。

由此产生的结果是，每个人的神经系统都处于神经递质失衡的状态（失衡的主要原因是其中的某些脑内化学物质不足），要么倾向于兴奋（容易激动），要么倾向于抑制（容易平静）。占优势的一方将获得主导权，但无论平衡偏向哪一方，它的目标都是不遗余力地维持舒适感。失衡的状态取决于两种神经递质，一种是多巴胺（兴奋系统的老大），另一种是血清素（抑制系统的首席）。

多巴胺的麾下还有肾上腺素、去甲肾上腺素、谷氨酸和乙酰胆碱，它们都能使神经系统变得兴奋，并且都在针对威胁的或战或逃反应中扮演核心角色（这两种选择是人类面对危险时最基本的反应，它们分别与大脑的两种类型相对应，这并不是巧合）。多巴胺还控制着我们的动机、愉悦的感受和大脑中的奖赏回路。每一封充满爱意的情书都浸满了多巴胺，还有赌桌上的每一个筹码、每一个抱负和每一段即将开始的探险之旅。

血清素阵营的神经递质还包括γ-氨基丁酸，它的作用是驾驭焦虑、低落的情绪和强迫症，或者抑制与此相反的反应——开明的心态和健康的自我感觉，让过度兴奋的大脑平静下来。每当你提起戒心、压抑冲动、选择延迟满足或者按兵不动，其背后的推手都是血清素。

我们的大脑会把不同种类的神经递质组合转化为有意识或无意识的行为，这正是我们前文所说的剑型脑和盾型脑。脑内化学物质的失衡度影响着决策和行为的倾向，一旦形成失衡，大脑皮质的活动水平和兴奋程度将趋于稳定。剑型脑在唤起不足时起效，而盾型脑则在唤起过度时发挥作用。这种相对稳定的兴奋性波动造就了不同的行为模式和倾向。但凡事都有例外，会不会有人属于剑型或盾型，却做出符合另一种类型特点的决定或行为？简单的回答是，当然会有。总有些时候或在某些情况下，我们会反串一把。

大脑皮质唤起程度的基准点或水平不仅因人而异，而且有一定的浮动范围。它们会根据具体的情景影响唤起水平的改变。比如，盾型脑的人并不总是小心谨慎、畏首畏尾的，只要感觉安全无虞，他们也可以表现得非常大胆。安全的信号能够抑制唤起（只是暂时的），促成更为大胆的决定。只要充分给盾型脑的人安全感，你就会看到他们抽出平时藏起的利刃。

任何高涨的情绪都会导致大脑皮质的唤起水平上升。相比盾型脑，剑型脑并不喜欢水平过高的唤起。愤怒就是一个很好的例子。愤怒是一种被压抑的唤起，因此剑型脑的人更倾向于通过责备他人等外显的形式，寻找情绪的宣泄口（抑制唤起）。面对相同水平的过度唤起，盾型脑的人则更容易将负能量指向自己来缓解不适感。

也就是说，安全感是盾型人格的人展现剑型倾向的保险，而不安全感则是剑型人格的人表现出盾型倾向的开关。为什么会这样？一切还是和唤起有关。比如，一个人正在等待医疗诊断结果，情况看起来似乎不太乐观。在这样的恐慌下，剑型人格的人可能会做出典型的盾型行为。焦虑、强迫症、抑郁都是盾型色彩更浓的表现，但在感受到威胁时，强烈的唤起会让剑型人格的人产生同样的反应。因为盾型人格的人本就缺少能使大脑平静下来的血清素，所以盾型人格总是处于强烈的唤起状态中。但千变万化的世界中没有什么是绝对的，剑型人格的人也可能处于强烈的唤起中。威胁——无论是情感上的还是肉体上的——会引起脑内化学物质的剧烈涨潮，这让剑型人格的人感到痛苦、焦虑和不安全。面对这种大脑高度唤起的状态，剑型人格的人同样需要设法降低神经系统的兴奋度。如果是情感上的威胁，他们倾向于向外释放，表达愤怒是其中最主要的方式。而如果是肉体上的威胁，比如上文中医疗诊断结果可能不好的例子，剑型人格的人就会做出与盾型人格的人一样的内部补偿行为，比如焦虑地原地转圈或小题大做。

一言以蔽之，盾型和剑型人格的人都不喜欢过度或不足的唤起，这让他们感觉不舒服。显然，大脑皮质的唤起也有金发女孩效应——不能太多，也不能太少，最好是刚刚好。

压力与舒适感的关系

压力当然是不可避免的，到世上走一遭却不知道压力的滋味，这样的人根本不存在。那么，压力究竟是什么？用最简单的话来说，压力是人体内在的平衡感遭到破坏时所产生的感受。作为一个物种，人类天生就具备应对压力和威胁的本领，而且相当在行。不过，我们抵御压力攻击的第一层护甲只能用来应付短期事件，它的目的是以最快的速度避开威胁。当眼角的余光瞥到一辆汽车飞驰而来时，我们会立刻闪躲到路旁。无须等到厘清整件事的来龙去脉，我们的杏仁核就向下丘脑发送了信息。下丘脑是大脑的调度和控制中心，它一收到信号便启动了释放化学物质的级联反应，同时激活人体的交感神经系统。自主神经系统的这套分支随即把信号传递给肾上腺，命令它将肾上腺素源源不断地泵入血液。你肯定知道这是一种怎样的感觉：掌心出汗，心跳加速。随着肺部的气道扩张，更多的氧气得以进入身体；感官变得更敏锐；血糖和脂肪被调动起来，涌入心血管系统，用作短时爆发的能量补给。接下来，下丘脑将触发压力应对系统的另一个组成部分：下丘脑-垂体-肾上腺轴。这个神经内分泌网络的功能是让交感神经系统维持兴奋的状态。如果大脑依旧感受到威胁的存在，我们的身体就会动用压力激素皮质醇，让身体保持高度戒备的状态。但只要我们发现自己安全了，在人行道上缓一缓，好好地喘口气，就轮到神经系统的刹停机制发挥作用了，即向全身发出"危机已解除"的信号。我们都能得心应手地应对类似的压力性事件，这种应对方式也不会对身体造成长久的伤害。

但持久且强度不大的慢性压力就完全是另一回事了。新冠肺炎疫情或许让我们每个人都体验到了慢性焦虑的感觉，那种如鲠在喉却又不可名状的压力，催生了更多的家庭暴力、酗酒行为和精神健康问题。这种压力不易察觉，却又无处不在，以至于我们很快就会对它习以为常。但我们的身体却做不到对它视而不见。压力不仅是一种糟糕的情绪体验，随着越来越普遍的慢性化和长期化，它对身体的危害也日益凸显。如果准妈妈们整日忧心忡忡，她们的孩子在滑过产道时就会沾上母亲的微生物组，这种过早接触压力激素的机会将使人体的免疫系统发生永久性的负面改变，这或许可以解释为什么不同的人对传染病乃至一些慢性疾病有不同的免疫或抵抗力。

压力甚至能够重塑大脑，研究显示，压力激素去甲肾上腺素（在压力性事件中分泌）能对包括神经元在内的大脑细胞造成长期的结构性影响。这些器质性变化改变了大脑的功能，进而引发焦虑、抑郁和药物成瘾。压力，以及我们如何应对它给健康造成的不良后果，是所有衰老相关疾病的重要影响因素，包括癌症、糖尿病、心脏病和痴呆。在压力的影响下，端粒会缩短，人的寿命也一样。

尽管医学技术取得了有目共睹的进步，美国人口的预期寿命却在连年下降。寿命曲线令人难过的下行大多出于一个原因：美国人不知道如何用健康的方式应对压力。肝脏疾病、药物滥用和自杀事件的增加，这些基本上都可以被看作压力激增的表现。突如其来的新冠肺炎疫情让美国社会的这种情况变得更加糟糕。

我们是如何学会应对压力的

每个人都在同生活中数不清的压力源抗争，直觉告诉我们，压力是危险的，这是因为压力让人感觉不舒服。压力会造成情绪上的失衡，而我们的天性则是努力回到平衡和稳定的状态。无论是剑型人格还是盾型人格，都自带一张预测平衡和舒适走向的晴雨表，用来规避不愉悦的感受。远古人类在向世界各地迁徙时就已经深谙此道，如果以能否维持相对稳定的舒适感作为评价标准，那这种手段还是成功的。

虽然追求舒适感是一种强大的动机，但问题在于，它并不总是指向有益健康的方向。许多时候，我们天生的、受舒适感驱使的应对手段会将我们推上歧途。相对明智的做法常常是抑制自己的欲望，摆脱贪图安逸的想法。但谁都有松懈的时候，沉湎于舒适感会伤害我们，贪图眼前的安逸而牺牲长远的幸福不是一种聪明的做法。

我们在前文说过，慢性压力会触发下丘脑-垂体-肾上腺轴的活动和压力激素皮质醇的分泌。充斥着皮质醇的神经系统处于高度警觉的状态，剑型脑和盾型脑对皮质醇的存在有着不同的反应。盾型脑因为缺少起镇静作用的血清素，所以时刻保持着戒备状态，仿佛威胁始终存在而焦虑持续不断。这种低水平压力造成的结果是，盾型人格的人越来越依赖自我保护模式，尽可能地逃避任何有潜在压力的情况和活动。相较之下，皮质醇对剑型脑来说则意味着火上浇油或激惹。压力引起的不适感会让这种类型的人想方设法地舒缓紧张情绪，通常是以发火的形式。不要忘记，剑型脑缺少的是刺激大脑奖励中枢的多巴胺。相比对伤害十分提防的盾型脑，剑型脑更在乎如何获取更多的奖励。皮质醇的存在对放松和愉悦等天然的感受有抑制效果，这让剑型脑越发渴望多巴胺的滋润，而越发无法忍受延迟满足，也更难控制自己的冲动。

这里很重要的一点是，你必须明白唤起对你的意义。唤起不是一种能被简单量化的东西，我们既没有计量表，也没有测量仪，更没有实验室检测手段，每个人都只能从主观角度衡量唤起的程度。对于不易唤起的剑型脑，最熟悉的感受往往是无聊、容易分心、烦躁不安和愤怒；而对于容易过度唤起的盾型脑，最常见的感受则是隐隐的压力、紧张和焦虑。如果我们有一种魔法变阻器可以随心所欲地调高或调低唤起的程度，就不至于因为感觉不舒服而挖空心思地寻求或规避刺激。

简言之，我们总是在无意识地寻找增加或减少刺激的方式。剑型脑的人和盾型脑的人拥有不同的舒适阈值。盾型脑的人很容易感到刺激过强，正因为如此，他们总在无意识地做出降低唤起的行为，以减少不适感，让自己重获安逸、回归正常状态。剑型脑的人缺少多巴胺，因为感到刺激不足，所以总想通过增强躯体感受和增加唤起来纠正问题。

压力使人身心俱疲。想象一个两岁的孩子手中死死抓着一件玩具，然后被你强抢过去之后躺在百货公司的地板上撒泼打滚的情景。周围的人都看着呢，你必须做点儿什么。这就到了体现习惯的价值的时候。如我们所知，习惯是熟悉的事物带给我们的舒适感，它是我们的经验之谈，是过往的成功经历。而维系这种习惯性反应的正是大脑中的化学失衡。

我们都是受习惯支配的动物。说到习惯，它使我们具有绝佳的判断力和非凡的智慧，让我们相信月亮是一块挂在夜空中的球形芝士。[1]有多少人会在下班回到家后，给自己倒上一杯马提尼酒，把双腿高高地架在咖啡桌上，然后开始看晚间新闻？ "那包薯片哪儿去了？我不可能把整包都吃完了！"你可能正在对着孩子大吼大叫，或者因为怀疑另一半出轨而怒气冲天。你可能打算闭目冥想，结果没过几分钟，你就被手机通知的提示音分走了注意力。你可能因为经不住诱惑而掀开一品脱[2]薄荷巧克力脆皮冰激凌的盖子，你会告诉自己，今天过得很辛苦，这是你应得的奖励。所有这些行为的目的都是让大脑的唤起程度回到可接受的水平，也就是让你重获舒适感。

习惯是盲目的，只追求即时性。一旦感受到压力源的存在，我们就会想要恢复到"常态"，随即翻出并执行一套又一套的习惯。多数情况下，我们与解脱仅差一个习惯性反射的距离。

借力打力是让生活有条理的重要手段。我们都在努力控制自己的感受，假装自己才是情绪的主人。可是事与愿违，大多数时候，我们都在遵照各自的习惯，盲目地行动。诚然，压力是令人难受的，

---

[1] "The Moon is made of green cheese"（月亮是用绿芝士做的）是一句英语俗语，用来讽刺人们容易上当受骗或无知。——译者注

[2] 1 品脱约合 0.5 升。——编者注

而生活中注定会有压力和不快。除非你能明白自己脑内的化学物质被设置成了怎样的压力反应模式，不然压力会一直揪着你的后脖颈，将你拎来操去。

本书旨在深入挖掘两种类型的大脑应对压力的方式，向你展示这些动态的心理机制是如何帮助或阻碍你的。但本书不只停留在对现象的描述层面上，还涉及各种潜在的可能性。我们相信存在更健康且更具建设性的压力应对方式，而且我们将向你展示如何才能把它们融入你的生活。健康地生活并非易事，通过认识自己的本能和倾向，你可以巧妙地控制和利用自己的动机，这不仅会让艰难的决定变得容易一些，也会让你更坚持对你有益的选择。

你的大脑属于
剑型还是盾型?

第 1 章

难以抗拒又不可阻挡的唤起

大脑的激活，也就是唤起，在无意中决定了你的关注点是向内还是向外。

2014 年，理查德·德莱福斯（Richard Dreyfuss）接受了美国有线电视新闻网的采访。德莱福斯年纪轻轻就斩获了奥斯卡金像奖，当被问到是否有出版自传的打算时，他的回答给了我们一窥他脑内化学反应的绝佳机会："我不知道，但如果写的话，我觉得书名应该叫'追寻'，因为只有不断地追寻才能让我觉得舒服一些。"1982 年，一起轰动的突发事件暴露了德莱福斯的大脑类型，他驾驶着一辆奔驰汽车在洛杉矶的本尼迪克特峡谷发生了事故，车子一头撞上了盘山公路旁的棕榈树。警察从车上搜出了违禁药品，德莱福斯因为非法持有可卡因而被捕。你可以试一试，看能不能根据以上这些线索，判断一下这位演员究竟是剑型人格还是盾型人格。

如果你认为"追寻"以及鲁莽的驾驶习惯比奖项（金像奖）更能说明问题，那么你离正确答案只差最后一个线索了。没错，就是可卡因。所有这些线索都指向同一个原因：多巴胺系统的失衡。

我们可以相当肯定地说，理查德·德莱福斯属于剑型人格。如果是盾型人格，他的自传更有可能叫"与怯场的斗争史"，尽管他依然有可能在车祸现场被捕，但那极有可能是因为警察闻到了他满身的酒气。

尽管盾型人格和剑型人格的人做出的选择天差地别，但二者的核心驱动力完全一样：都是为了缓和情绪上的不适感。只不过，让这两类人感到不适的原因是不同的，他们忍受并处理大脑唤起的方式更是南辕北辙。没错，说来说去，还是和唤起有关。前文中说过，唤起衡量的是神经系统受到的刺激强弱和达到的兴奋水平，它是动机的来源，是我们做出一切行为的背后原因。剑型人格渴望唤起，而盾型人格则想方设法地避免唤起。你是渴望还是厌恶唤起？你可曾想过对唤起的喜恶是如何在日常生活的细微之处影响和摆布你的？你是否意识到自己做某些事其实是为了减少或增加唤起？在阅读下面的内容时，你可以试着思考这类问题。

这两种大脑类型还有一些其他方面的区别，我们最好一开始就直接挑明。鉴于对唤起的感受不同，剑型人格的人体验到的快乐会更多，而盾型人格的人只要没有麻烦就心满意足了。美国有线电视新闻网最近播出的一则报道正好可以说明这一点。在犹他州奥格登市的出城高速公路上，警车拦停了一辆不停左右变道的SUV（运动型多用途汽车）。上前查看的警察在透过车窗望向驾驶室后惊异地问道："你几岁了？""5岁。"坐在方向盘后的小男孩答道。接下来，小男孩说出了事情的前因后果。他让妈妈给自己买一辆兰博基尼，但她不同意。小男孩恼羞成怒，带上平时攒下的3美元零花钱，又偷偷拿走了家里的车钥匙，独自踏上了前往加利福尼亚的寻梦之旅。我们就直说了吧：这个小男孩绝不可能是盾型人格。

盾型人格的人肯定干不出这么惊天动地的事来，不过，他们的行为同样让人摸不着头脑。如果这个小男孩属于盾型人格，那么故事很有可能是这样子的：一个小男孩梦想得到一辆进口跑车。这就是故事的全部，因为盾型人格的人会把"向妈妈要车"的过程完整地预演一遍，先想象自己提出要求，然后想象妈妈拒绝了他，从起意到破灭，他的梦想波澜不惊。这个小男孩很可能也会觉得生气和憋屈，但他不会表露出来，相比开着车离家出走，最后被警察拦停在高速公路上，他更有可能选择设想各种各样的情景。比如，他会考虑万一迷路了，找不到高速公路怎么办？或者是找到了高速公路，开出去很远之后，被其他地方的警察拦了下来怎么办？没准儿他也会设想一些好事，比如顺利地把车开到加利福尼亚，并用自己手里的钱买到了朝思暮想的跑车。无论是好是坏，这些都只是想象而已，他自始至终都不会离开自己的房间半步。

你有没有想过自己在生活中的控制欲有多强？是不是凡事都按照你的意愿来才会让你感觉最舒服？正是这种控制欲拉动着我们大脑中的杠杆。盾型脑的人行事不张扬，总是想得多做得少；而剑型脑的人则需要在现实世界里用实际行动满足自己的控制欲。稍微花点儿时间回想一下，你觉得自己更像上面的哪一个小孩？我不是问你敢不敢在 5 岁的时候开走家里的车，而是你有没有做过一些让今天的你感到惊讶的冒险举动，或者你一直以来都非常克制和小心？

脑内各种化学物质的微妙失衡是大自然赋予我们每个人的奇妙天赋。倘若这种失衡的情况不存在，大家出生时都长着一样的脑子，那么所有人应对挑战和压力的方式都将大同小异。大自然似乎更偏爱多样性，它希望我们激烈地做出回应，别不把压力当回事。为了提升抗压反应的自由度，大自然设计了两种镜像对称的反应模式，每一种都与生俱来，并且深深刻入了人类的潜意识。我们的祖先在过去几百万年的时光里碰到过许多纷乱复杂且生死攸关的危机，如果我们没有这种见招拆招的决策手段，如果这两种应对威胁的行为模式不是与生俱来的，或者思考的过程十分耗费能量，现代人类都不可能存活至今。

婴儿的剑型和盾型人格：信任感与感官刺激

剑型和盾型人格的差异显现得很早，并且会影响孩子的成长。让我们回顾一下唤起对剑型人格者的意义。由于大脑的兴奋度不足，剑型人格的人总是在不断地寻找提高唤起水平的方法。所有人都在寻求某种主观的"感觉良好"，而对剑型人格的人来说，要实现这个目标，就要让自己沉浸在刺激丰富的环境中。早在婴儿时期，这类人就对外界的感官刺激有相当大的承受力，不仅如此，他们还乐在其中。外界的刺激提高了大脑的唤起水平，而这正是剑型人格的人先天不足的方面。

因为乐于接受外界刺激，剑型婴儿更容易与他人建立信任感。在他们眼里，世界无疑是个非常友好和安全的地方。信任感的建立从来都需要奋不顾身，你需要承认嫌隙和差异的存在，无论它们有多么微不足道。如果总是粉饰太平，那你将很难取得他人的信任。只要开诚布公，并用积极的方式消除芥蒂，就相当于在人与人之间垒起一块信任的基石。喜好刺激和社交等外在事物的剑型孩子很擅长直面嫌隙，对新鲜事物和与人交往的态度更开放。这种单纯的意愿在很多时候都能转化为信任感——既相信自己，也相信别人。剑型人格的人对刺激的渴望需要落到一个具体的目标上，而新鲜感是安放注意力的绝佳标靶。这种寻求新鲜事物的嗜好可以带来两种不同的结果：在学习如何社交的幼年时期，它的优点是帮助孩子结交朋友，拓展眼界；但是，对新鲜感的偏好也有可能导致轻微乃至中度的注意力涣散。在我们的大脑内，控制专注力和注意力的神经回路与控制冲动的神经回路是相同的。它只能偏向一方，对新鲜事物的好奇心以对事物的专注力作为代价。

相比之下，唤起对盾型人格者的意义与此大相径庭。可以肯定地说，讨厌唤起是盾型人格的显著特征，这种厌恶的情绪是贯穿和支撑盾型人格的主线。这类人不喜欢唤起并非巧合，如前文所说，他们的神经系统总是躁动不安。在恰当的部位和恰当的时间，神经系统分泌的血清素总是供不应求。从婴儿时期开始，盾型人格的人就隐隐（有时也不是）地感到，来自外界的刺激过强了，而过强的刺激会被视作危险的信号。在被迫离开母亲的身体，不情不愿地在世上睁开眼睛后，盾型婴儿面对的第一个情感障碍就是建立信任。懵懂的宝宝还不具备调整自己情绪和内心世界的能力，因此他们尤其容易受到母子或母女关系的影响。

有关幼童情绪体验的研究有很多，从哈里·哈洛（Harry Harlow）的恒河猴实验到让·皮亚杰（Jean Piaget），再到约翰·鲍比（John Bowlby）关于情感依恋的开创性研究。虽然这些研究的内容不在本书的探讨范围内，但我们可以用一句话概括：盾型人格的幼童特别需要一位平和、专注以及体贴的母亲。由于这类孩子的脑中天生缺乏平复心绪所需的化学物质，照顾他们的人要时刻做好向他们证明这个世界很安全且家人不会抛弃他们的准备。这种不厌其烦的证明需要持续很长时间，才能在孩子幼小的心里种下一粒信任的种子。我们之所以用"证明"这个词，是因为仅有意图和口头说教是不够的。只有在行动中展现出始终如一的可靠性，给予他们安全感，假以时日才能让他们觉得你值得信赖。不过，拥有模范父母并不意味着可以高枕无忧，盾型人格的孩子总要经历很长一段唤起水平偏高、内心无法完全平静的日子。所以，即使你是盾型孩子的父母，也不要慌张，天不会塌下来。毕竟，就算你能对盾型孩子付出爱，你也不可能给他们提供血清素。遗传因素决定了他们的大脑天生就缺乏某些重要的化学物质，而这不是任何人的错。相反，这是大自然有意为之，它让盾型宝宝拥有了一种安身立命的强大能力。

受强大的内在行为模式支配，盾型宝宝注定要遭受某些人生的苦楚乃至煎熬，但他们同样拥有一些惊人的长处和特质，我们将在后文中慢慢道来。早些年，沃伦·巴菲特曾报名参加戴尔·卡内基的课程，因为他害怕在公开场合讲话。唐纳德·特朗普主导过大大小小的一系列高风险投资项目，其中许多都亏得血本无归，即便如此，他仍靠贩卖梦想赚得盆满钵满。他们两人之中谁是盾型人格、谁是剑型人格，就交给你来判断吧。

快乐和痛苦

追求快乐是人类行事的动机，这种认知可以追溯到古代，第一个提出者是伊壁鸠鲁。进入现代，弗洛伊德用唯乐原则（pleasure principle）来形容无论做什么都希望即时得到满足、把趋乐避苦的天性发挥到极致的幼稚心理。我们对快乐和痛苦的看法与唯乐原则略有不同：快乐和痛苦分别是两种压力应对模式的动力引擎。在剑型脑和盾型脑中占主导地位的脑区互不相同，大脑对这些区域的敏感性也不同：盾型脑受威胁回路的影响最大，而剑型脑则是受奖赏回路影响最大。剑型脑默认的激励策略是接受新事物，以谋求快乐的体验（奖励）；而盾型脑的驱动力来自规避痛苦（惩罚）。事实上，盾型脑最本能的动机就是逃避伤害。感觉有事情出了差错，或者哪里隐藏着危险，这些当然都是大脑唤起的表现，是杏仁核散布的信号。它的名字也由此而来：盾型脑天生适合采取守势，以防御和保护见长。正是如此简单的基本原则，在不知不觉间被贯彻到敏锐的待人接物中，给盾型人格者的一生平添了独特的色彩。

让我们仔细看看盾型人格者的防御措施究竟是什么样子。盾型人格的人寻求自我保护的方法之一是动辄担忧，他们总是杞人忧天，无论多么无关紧要的理由都会让其夜不能寐。尽管担忧令人痛苦，但最新的研究结果显示，如果拉长时间的尺度，担忧也能触发奖励的快感。研究人员惊奇地发现，与表面上不同，担忧并不只是一种因为害怕不良的后果而产生的负面情绪。他们在研究中观察到，对于容易焦虑的人，担忧与现实已经有了某种因果关联，原理如下：首先，容易焦虑的人发现了不好的征兆，认为事情可能要变坏，便开始担心。随后，他们发现厄运并没有降临，心里的大石头总算落了地。但事情还没有完，他们不会简单地认为"其实我之前根本没必要这么担忧"。相反，容易焦虑的人会把担忧和事情的结果关联起来。换句话说，他们担忧在前，而坏事没有发生在后，所以是担忧在发挥作用，让他们幸免于难。从中你可以看出，天生容易焦虑的人是如何在经年累月之后，逐渐把这种负面情绪同奖励联系在一起的。他们汲取的教训并不是"有时候我根本没必要担忧"，而是在无意中形成了"只要我担忧，就能掌控结果"的印象。难怪盾型人格的人会把那么多的时间花在精神内耗上。

反观剑型人格者，他们对捕风捉影的威胁没有那么在乎，哪里有快乐和奖励才是他们更关心的事。能让人感到快乐的事，往往也是对生存有利的事：什么食物尝起来更美味，为什么性行为能带来强烈的愉悦感，这些其实都不是巧合。因此，天生就缺乏唤起的剑型人格者才会本能地被各种有可能提高兴致的事物所吸引。剑型人格者不会小心翼翼，规避痛苦不是他们首要的考虑，为了追求快乐，他们行事果敢、目标坚定。这样的人更有侵略性，更积极进取。

剑型人格者通常更阳光外向，这种性格形成的原因有时十分有趣。如你所知，剑型人格者渴望唤起，因此，他们需要刺激多巴胺的分泌。为了帮你更好地理解这层因果关系，我们穿插介绍一点儿晦涩的内容。人类的多巴胺受体由名为 *DRD2* 的基因编码，该基因有一个等位基因——*DRD2 A1*。这个等位基因在由母亲或父亲遗传给孩子后，会阻碍大脑中与奖励相关的区域表达多巴胺受体，导致多巴胺无法有效激活大脑的奖赏回路，从而钝化愉悦、高兴和精神焕发的感受。如果严重到一定的程度，这种情况就会被称为"奖励缺陷综合征"。类似的遗传变异可以解释为什么剑型人格者总是挖空心思地刺激多巴胺分泌，他们这样做是为了让大脑的奖励系统恢复正常。让盾型人格者避之唯恐不及的唤起，却是剑型人格者无论耗费多少时间和精力都想得到的东西。

接受还是逃避

"接受还是逃避"，我们经常会发现自己深陷两难的境地，一件有利有弊的事总叫人踌躇不定。是下定决心放手一搏，还是打定主意不再回头，每个人可能都面临过类似的艰难抉择。剑型人格者的想法往往是这样的：面对做一件事的好处和坏处，他们会把更多的关注点放在好处上，然后欣然接受。而面对完全相同的信息，盾型人格者则更在意做这件事的坏处，并给出拒绝的答复。这两种相反的倾向是剑型人格者和盾型人格者在做决策时的标志性差异，我们可以把它们分别称为接受倾向和逃避倾向。

假设有两个男人正在一家单身酒吧里喝啤酒。这时候，一个面容姣好的女人朝他们望了过来。两个男人都对她心生好感，而且程度不相上下。你猜谁会走上前去打招呼，而谁则有可能一动不动，好像裤子粘在凳子上了一样？没错，剑型人格的男人会站起来，面带微笑地走到女人面前，向她介绍自己，而盾型人格的男人连屁股都不会抬一下，只会暗暗吃醋。这两个男人都会在脑子里设想很多"如果……那么……"的情况，只是在他们把所有的可能性加在一起后，对事态的评估让他们采取了截然不同的行动。

接受倾向和逃避倾向不只关乎搭讪的勇气，它们也影响着我们日常生活的方方面面。剑型人格者倾向于接受令人兴奋的事物，而盾型人格者倾向于逃避，以便保持内心平静。接受倾向和逃避倾向是调节情绪的工具，是一种自我抚慰的手段，可想而知，基于这两种倾向所做的决策难免会与我们的实际利益背道而驰。

需要说明的是，盾型人格者并不总是选择不作为。事实上，这类人也有可能主动采取行动，只是他们的动机往往与剑型人格者不同。我们可以拿暴饮暴食的问题举例。如你所知，肥胖症已经成为美国社会的常见病。无论你属于哪种大脑类型，要抵御美食的诱惑和暴饮暴食对健康的负面影响都绝非易事。甜甜圈在谁的眼里不是甜甜圈呢？其实不尽然。虽然剑型人格者和盾型人格者超重的风险相同，而且都倾向于"接受"甜甜圈，但驱使他们把这种美味的甜点塞进嘴巴里的想法是不一样的。剑型人格者大吃大喝，是为了刺激大脑、增加唤起，而盾型人格者暴饮暴食则是为了自我安慰、消除唤起。事实上，只要充分利用这些调节唤起的动机差异，就能事半功倍地达到减肥和维持体重的目的，具体的方法我们会在后文中做介绍。

基于大脑和唤起之间的这层关系，即便是同样的行为，也可能为完全不同的目的服务。反之亦然，相同的化学物质在不知不觉间促使我们做出了完全不同的决定，造成了不一样的后果。你有没有想过自己究竟是一个追求确定性还是不确定性的人？在遇到问题或麻烦的时候，你会综合眼前的所有事实，迅速地做出决定，还是会踌躇焦虑，担心手头的信息不足，并试图找出更多的线索？前者更像剑型人格者的做派，而后者更像盾型人格者的风格。

诚然，追求确定性是人之常情，没有人喜欢不确定性胜过确定性。只不过，由于唤起水平的高低带来的感受不同，剑型人格者比盾型人格者更不容易受到不确定性的烦扰。神经递质多巴胺和血清素分别编码了确定性和不确定性。这是什么意思呢？当我们对做出某个行为或决定的原因和结果有十足的把握时，分泌多巴胺的神经元就会更兴奋。多巴胺涌入的信号无异于大脑给出了"放手去干"的指示，意味着你可以执行这个行为或决定。不仅如此，这个过程还是闭环的：因为确定性带来的感受非常好，我们又会反过来追求确定性，不断做出相同的决定。更依赖外界刺激的剑型人格者更愿意采取实际行动，因为行动可以激发神经系统中的多巴胺奖励回路。他们从外向的性格中不断获得积极的反馈，随着时间的推移和经历的丰富而变得越来越自信，并不断重复这个循环。你还记得那两个在酒吧喝酒的男人吗？我们假设他们获得的感觉信息是相同的，而且都是中性的——他们只是遇到了一个漂亮女人，但都没有从她那里获得任何暗示或额外的信号。我们再假设他们都希望找到一个伴侣。这两个男人面临着相同的抉择，肯定都在脑子里把这件事的情感风险和收益评估了一遍。两个人都不确定结果会如何，但他们之间的差别在于，盾型人格者宁愿牺牲可能的奖励，也要满足自己对确定性的强烈需求。他之所以坐在凳子上一动不动，是因为眼前情况的不确定性太大，贸然尝试的风险（可能会被对方拒绝）让他深感不安，重重思虑导致大脑下达不了"放手去干"的指示。相比之下，剑型人格的男人就没有那么担心后果，所以他起身去跟那个女人打了招呼，这正是"接受倾向"的典型案例。而我们都知道，盾型人格者则属于"逃避倾向"的模式。

现在，让我们来仔细看看逃避倾向。逃避倾向并非无缘无故，它也是人在面对纷繁复杂的可能性时做出的反应。有的可能性显然是不好的（比如溺水），而有的可能性是好的（能正常呼吸），但在这两个泾渭分明的极端之间，还有许多好坏参半、不能一概而论的情况。盾型人格者倾向于看到有害的方面，而面对同样一件事，剑型人格者倾向于寻找有益的方面。当然，事情本身或许并没有好坏之分，只是每个人的侧重点不同。这是不是多少与杏仁核的尺寸有关？因为研究显示，出生时杏仁核较大（盾型脑）的孩子更容易患上焦虑型疾病。而剑型脑同杏仁核的关系不大，倒是与奖赏回路更密切相关。

事实上，剑型人格者痴迷于刺激奖赏回路的天性使他们非常容易对事物成瘾。用简单的话说，成瘾就是为了获得奖励的快感而重复某种行为。我们通常把不顾危害、沉迷于廉价的快感而不能自拔的做法称为坏习惯。大脑就像一片幽深的森林，习惯的建立犹如在林中寻路。第一次走进这片森林，地上不会留下明显的踪迹（对大脑来说，踪迹是指神经元之间的连接），但只要你日复一日地循着相同的路线进进出出，就能在地面上踩出一条明显的小径（建立稳固的神经元连接）。过不了多久，我们会发现自己明明知道前方凶险，却依然驾轻就熟地走在自取灭亡的道路上。有关坏习惯的形成、它的成瘾性以及为什么说它是一种错误的自我抚慰方式，我们将在后面展开介绍。

我们在前文中说过，剑型人格者的接受倾向是为了寻求唤起，它有好处，也有坏处；而盾型人格者对唤起的厌恶同样有利有弊。

强烈唤起的感受就像一块磁铁，总想把自己依附到其他事物上，这种冲动是可以理解和控制的。对盾型人格者来说，"控制"才是问题的关键。随着唤起的信号逐渐增强，盾型人格者会感到焦虑，而如果信号变得太强或强度提升得太快，盾型人格者甚至会出现焦虑症发作。

我们姑且把焦虑症发作放在一边。盾型人格者都会用他们最熟悉的方式应对中等程度的大脑兴奋：逃避。盾型人格者做的第一件事是寻找唤起的原因，然后琢磨"到底是什么引起了这种不舒服的感觉"，他们思考的第二个问题是"我该如何避免"。

稍微做一些精确的界定或许会对你的理解有帮助。如果有一头熊闯进你家，对着你龇牙咧嘴，这种情况下你的感受叫作恐惧。焦虑的感受与恐惧类似，只不过眼前没有那头熊，但心里的不安感却是实实在在的。唤起的感觉令人紧张，哪怕周围没有危险也是一样。有些盾型人格者很不幸，因为他们很多时候都生活在各种激烈的情绪体验里。

盾型人格者最主要的动力来自规避伤害。当然，伤害是一个非常宽泛的概念，几乎所有能与唤起绑定的事物都可以对人造成伤害。比如露西，她30多岁，曾向我讲述过一件发生在她童年时期的事。有一天放学后，她看到一小群孩子围在一起，他们躁动不安，时不时还有人发出惊恐和兴奋的尖叫。露西挤进人群，想瞧瞧他们在看什么，结果发现地上躺着一只受伤的老鼠，它的一条腿不见了。她吓得连连后退，一阵恶心涌上心头。从那天开始，露西就对啮齿动物产生了深深的恐惧，一直刻意回避任何有可能接触啮齿动物的场合，她甚至不敢走进儿子的幼儿园教室，因为他们班养了一只仓鼠。

大多数时候，要远离老鼠还是比较容易做到的，但要与人保持距离可难多了。如果唤起总是与他人互动绑定，这种情况就是我们常说的社交焦虑。梅森是一位慈爱体贴的父亲，他的儿子在5岁生日的早上吃坏了肚子，差点儿连自己的生日派对都参加不了。后来，梅森费了九牛二虎之力才明白儿子的难处。对于盾型人格者，光是出席社交场合的刺激就已经过于强烈了，再加上一群闹哄哄的孩子，他们很容易觉得不堪重负。

逃避倾向会与尽可能多的事情绑定，这是因为逃避的行为能降低唤起的程度，稍稍缓解我们的不适感。能持续多久暂且不论，至少眼前是有效的。不过，有一件事你必须要理解，那就是逃避的内涵不仅仅是在事情发生之后消极地退缩，它也有未雨绸缪的意思。盾型人格者会提前预测唤起的微小增幅，正是这种预测导致的不适感触发了逃避行为。

作为人类，我们会学习那些"有用"的东西。遗憾的是，"有用"是一个相对的概念。我们都希望自己舒舒服服的，而不太在意此时此刻的安逸是否健康或有益。人类的学习过程依赖不断的重复和对重复行为的系统性奖励，逃避倾向的习得也不例外：它是在得到大脑奖励的情况下，经历足够长的时间而形成的。每一个逃避行为都得到了奖励，至少得到了暂时性的解脱，这种小小的奖励正是逃避行为习惯养成的基石。

内部导向和外部导向

多年以来，我们已经看到了很多关于内驱力和外驱力塑造人类行为的讨论。我们对自己的看法究竟是更依赖于自我评价，还是更依赖于他人的反馈和评判？我们的动力是更多地来自内心的恐惧，还是对奖励的渴望？显而易见的是，孩提时代习得的家庭和社会观念将根深蒂固地扎在每个人心里，终生影响着我们所做的决定。但在这层童年经历之上，人的行为模式还与神经递质的平衡究竟是向内部世界还是外部世界倾斜有关。没有人严格偏向其中一边，但盾型人格更多地受内部因素的影响，而剑型人格则主要受外部世界支配。

根据一个人是更多地受内在价值观还是他人价值观的指导，美国社会学家戴维·理斯曼（David Riesman）提出了"自我支配型"和"他人支配型"的概念。剑型人格者更符合理斯曼对他人支配型的定义，因为他们积极地参与各种各样的社交活动，并从中获得快乐和慰藉。后来，马尔科姆·格拉德威尔在《异类》一书中探讨了为什么自我支配型的人特别擅长处理脱离掌控的情况。在我们看来，控制自己的想法、感受，注重自己的内心世界，这些都是盾型人格者最基本的导向；而关注外部世界并从中汲取能量，则是剑型人格者的特征。

80多年前，卡尔·荣格让内向和外向这对截然相反的人格维度变得家喻户晓。对于自己或身边的人到底属于内向还是外向人格，我们都有各自的评判尺度。但荣格的标准非常明确，他认为这个人格维度代表着一个人是受内部动力的指引并从内心获得心理能量（内向型），还是受外部动力的支配，从外部获得心理能量（外向型）。你可以想象一下年轻时嗜酒如命、放荡不羁，人称"坏小子"的美国前总统乔治·沃克·布什与谦虚低调的图书管理员劳拉这对夫妻。乔治在人潮涌动的社交场合意气风发，而劳拉则在独处的时候更有活力。那么你觉得，二人中谁更享受社交互动和来自外界的心理能量？我相信你已有了答案。剑型人格者喜欢热闹，因为他们觉得这才是人生常态，参加安静平和的活动完全无法激发出他们的活力。

多年后，对于这个人格维度的理解和研究已时过境迁。我们在前文中提过弗洛伊德的唯乐原则，剑型人格者对奖励更敏感，而盾型人格者对伤害或惩罚更敏感，弗洛伊德的理论其实是有生物学基础可循的。英国心理学家汉斯·艾森克（Hans Eysenck）曾提出一个用来解释内向型和外向型人格的生物学模型。他把两种人格对应的行为特征归因于大脑的唤起程度不同，外向型人格者更喜欢感受强烈的环境刺激，而内向型人格者则希望刺激少一些。今天的我们终于知道了其中的原因。我们相信，这两位理论学家所描述的人格倾向都分别与神经递质多巴胺和血清素的缺乏有关。长久以来，人们一直认为内向是一种先天的人格特质。正如我们在前文中所说，这些重要的脑内化学物质的合成和分布都受到遗传因素的影响。血清素先天不足的人倾向于关心自己的内在感受和知觉，而多巴胺先天不足的人则倾向于关注外界事物。这就是我们把人们分成两个阵营（盾型和剑型）的依据，它们可以完美地解释和界定内向型人格与外向型人格。

剑型宝宝通过参与外界活动让内心得到平静，他们对感官刺激安之若素，待人接物更加热情。为什么？因为这样做有用。他们渴望社交，渴望感官刺激。把注意力放在外部世界能提升中枢神经系统的兴奋性，较强的唤起改善了神经系统的平衡，同时带来了愉悦感。而在人格维度的另一端，盾型宝宝生来就不擅长安抚自己，缺乏抑制过度唤起所需的血清素使他们容易产生焦虑和身处险境的感觉（无论他们眼前是否真的有危险）。从呱呱坠地开始，盾型宝宝便养成了关注内心的习惯，因为对容易过度唤起的人来说，内在的声音已经足够嘈杂了。一旦把大量的注意力放在内心感受上，对盾型宝宝来说，想要探索和认识外部世界就显得没有那么容易了。这些孩子在现实生活中往往表现为喜欢襁褓、拥抱，或者只有在黑暗和安静的房间里才能睡得安稳。

多年前，美国心理学家杰罗姆·凯根（Jerome Kagan）围绕婴儿与刺激之间的关系开展了一系列研究，有些项目持续至今。凯根招募了 500 名四月龄的婴儿，研究人员想知道，他们能否在 45 分钟的相处中，准确辨别这些孩子长大后到底会变成内向型还是外向型的人。为此，凯根设计和准备了丰富的刺激手段，包括气味刺鼻的酒精棉签、能在婴儿头顶跳舞和移动的彩色玩具，还有扎破气球及其他陌生噪声的录音。大约 20% 的婴儿表现出严重的局促不安，他们大哭起来，边摆手边蹬腿。将近 40% 的婴儿没有发出什么声响，他们既不怎么动，也没有痛苦不安的表情。另外 40% 的婴儿则介于这两者之间。我们认为这些"介于两者之间"的 40% 的婴儿代表了前面说过的"混合体"，也就是盾型和剑型行为模式的钟形曲线的中间部分。虽然这些婴儿的反应没那么典型，但你依然能看出他们的倾向。

凯根随后对这些孩子的成长情况进行了跟踪研究。他发现，那些在实验中反应激烈、紧张不安的孩子长大后最有可能成为安静、严肃和谨小慎微的人。而没有什么反应（在实验中很安静）的孩子日后会更随意，也更自信。显然，凯根实验里这些紧张不安的孩子就是我们所说的盾型宝宝，而那些面对过量的刺激依然气定神闲、不为所动的则是剑型宝宝。剑型宝宝从吵闹的环境中获得心理能量（这重新平衡了他们脑内的化学物质，并有效地激活了奖赏回路），而同样的刺激对盾型宝宝来说则不堪忍受，从而触发了他们的威胁回路。

我们都会在觉察到某种感受的第一时间去寻找造成这种感受的原因。想象一下这样的情景：一位女士正坐着吃午餐，突然她感到椅子开始晃动，这让她陷入了不安。剑型人格者很可能会在几秒钟之内猜到发生了什么：轻微的地震。而盾型人格者则有可能先把这种感觉归咎于自己，比如刚才有些头晕，她要花更多的时间才会确信晃的是地面而不是自身。

剑型人格者的外部导向性塑造了一种在事情发生后，从别人或其他事物身上寻找原因和解释的倾向。这种倾向会被压力放大，尤其是在事情没有按照预期的情况发展时。在思考一件事为什么会发生时，剑型人格者通常不会一开始就反思自己在其中扮演的角色，而是倾向于从外部世界找原因，很多时候，这意味着他们在找事情背后的罪魁祸首。

盾型人格者对因果关系的认识略有不同。由于他们的神经系统很容易躁动和过度兴奋，他们更关注"我和自我"，而不是"别人或其他事物"。基于内部导向性，无论事实如何，他们都倾向于把某种感受产生的原因归结到自己身上。这种倾向在让人变得坚强有力的同时，显然也会造成情感上的负担。能在人际关系的冲突里看到并承认自己的不足确实是一种优点，但如果双方的责任本有更为公允的评价，你却偏要不停地责备自己，这只会徒增烦恼。

在发生冲突的时候，你的第一反应是反思自己的所作所为或责任，还是用控诉他人的方式为自己开脱？

朱利安·罗特（Julian Rotter）曾通过观察不同人格的归因倾向，提出了控制点的概念。控制点理论受到了广泛的关注和研究，它反映了人们在多大程度上相信自己掌握了对形势和感受的控制权。那些拥有内部控制点的人会把自己的地位和权重看得很高，而那些拥有外部控制点的人则倾向于认为，生活中的重大事件是受外部因素支配的。拥有外部控制点的人会感受到更多的压力，更容易与他人产生冲突，工作的满意度更低，生理和精神健康状况也更差。我们认为脑内化学物质的失衡是造成这种归因差异的生物学基础。就看待自己在一件事中扮演的角色而言，盾型人格者更倾向于内部控制点，而剑型人格者更倾向于外部控制点。

你觉得自己对生活的掌控度有多高？当事情出现差错的时候，

你会第一时间想到是别人犯了错误，还是倾向于责备自己？

容易紧张不安的孩子长成了安静严肃的大人，而文静的孩子则长成了行事果断、外向合群的成年人。情况怎么会是这个样子呢？有的读者可能知道，医生给确诊为注意力不足或多动症的孩子开的药通常是兴奋剂。这些孩子都没法安稳地坐在椅子上，居然还要给他们开兴奋剂？这太违背直觉了！这种治疗方式的原理如下：假设我们用一条垂直的线段表示神经系统的唤起程度，在这条线段的中点处有一条水平线段，两条线段的交点代表了令人感到舒适、安全和平静的刺激量。如果天然的唤起太弱，孩子们就需要做点儿什么来维持大脑的觉醒和兴奋，做任何刺激的事都行。这种自我刺激的表现和行为就是我们通常所说的多动症，因此，医生给多动症儿童开兴奋剂是为了用药物增强他们的唤起，让他们恢复正常的感受，消除不动就不舒服的强迫症行为。

为了维持正常的感受，盾型人格者也有强迫症行为，但与剑型人格者不同。在衡量唤起程度的那条垂直线段上，盾型人格者的常态位于上面所说的那条横线之上。从小到大忍受神经系统的嘈杂让盾型人格者有了两个关注自己内心的理由。首先，他们天生就比剑型人格者更不在意脑内的奖赏回路。其次，盾型人格者更愿意待在刺激较弱的环境里，更喜欢私密空间和独处。闹哄哄的社交场合使剑型人格者如鱼得水、精神焕发，却常常让盾型人格者疲惫不堪。比如，一个名叫露丝的患者曾这样对我说："在拥挤吵闹的餐厅里吃饭会让我的丈夫精神百倍。而我不一样，相比扯着嗓门参与其中，我发现自己更愿意待在一旁，安静地观察周围的人，我觉得内心的想法比身边的热闹有趣多了。我能看出泰德在向最后一个人道别的时候有多不舍，但我会长舒一口气，只觉得筋疲力尽。他总是会问我开不开心，我到现在也不清楚应该如何回答他。我开心，但不是泰德的那种开心。并不是说我不喜欢这些人——事实上我喜欢他们。但我更愿意和他们进行单独的亲密交流，或者办一次两个家庭的聚会。我知道如果我把这些想法说出来，泰德就会说他希望我放轻松，只有这样，我才能更好地乐在其中。但问题不在于我不开心，我还是开心的，只是不像泰德那样开心。另外，说句实话，那些晚间的聚会对我来说就像上班一样。"

是露丝的负面情绪比泰德多吗？这不是问题的关键。关键是露丝更珍惜和享受能够自由地沉浸于内心想法的时光，而不是刺激强烈的社交场合。与她相反，泰德是典型的剑型人格者，高强度的社交互动可以给予他必要的心理能量，让他精力充沛。

喜欢沉思还是表达？

脑内化学物质的微妙失衡会使不同的脑区和神经回路显得格外重要。多巴胺天生不足的宝宝偏好感官刺激，在受到刺激时更加安之若素。正是这种刺激带来的舒适感，让剑型人格者对大脑的奖赏回路变得尤其敏感。我们很小就明白了哪些情景能让自己感到舒服，哪些不会。如果外部世界的刺激能带来舒适平和的感受，那孩子就更容易形成外向型人格。

喜欢沉思的天性在人很小的时候就形成了，它与杏仁核释放的强烈信号有关。你肯定知道大脑有两个不同的半球，杏仁核也有两个，它们位于颅骨内，分别在左耳和右耳的上方。杏仁核是构成边缘系统的一部分，边缘系统就是俗称"爬行动物脑"或"情绪脑"的大脑神经网络，它负责管控人类的本能行为，比如饥饿感、性冲动和恐惧感。杏仁核可以迅速处理感官信息并发出做出反应的指令，这尤为明显地体现在处理危险信号的情况下。如果眼角的余光瞥见了一个高速飞来的棒球，不需要等大脑皮质完成推敲和决策，我们就会躲闪开：不用大脑推敲论证，总之先躲闪就对了。杏仁核觉察到了威胁，于是命令我们采取行动，而此时飞球的信息甚至还没有到达大脑皮质。事实上，我们是采取行动之后才开始思考的。杏仁核释放的信号能触发整个神经系统的瞬间反应：我们的血管收缩，血压升高，心跳加快，压力激素大量增加。

虽然人人都有一对杏仁核，但有些人的杏仁核比其他人更活跃、更忙碌。盾型人格者的杏仁核就是如此，这些小小的神经核团总是不知节制地发出虚假警报，导致大脑经常处于高度唤起和警觉的状态。小的时候，盾型人格者就发现，把注意力转向内部世界，可以压制不愉快的唤起，从而减少由这种唤起触发的威胁警报。类似的习得性倾向都是为了降低神经系统内的噪声，促进内心的平和与安全感。

我们在这里讨论的只是一种单纯的倾向，而不是非此即彼的二元分类。每个人都喜欢一切尽在掌控的感觉，并为此采取相应的行动。这些倾向本身并没有"好"和"坏"的区别，仅仅是不同而已。盾型人格者偏好内敛的沉思，这样做有很多好处，比如更有利于萌生创意，在另一些时候，孤独恰恰是孕育深刻思想的土壤。与内敛的倾向相反的是外向的表达，这种属于剑型人格者的特质也有它的好处，比如性格更乐观、社交更自信。

我们经常根据倾向把人分为内向型和外向型，它们决定了我们处事的方式和遇事的感受。给内向型和外向型的人展示物体和人脸的照片，他们的大脑活动是不一样的。外向型的人（剑型人格者）在看到人脸的照片时，表现出了比内向型的人更强烈的大脑活动。但这并不意味着盾型人格者不如剑型人格者那么珍视亲密感、爱和长久的友谊。事实上，他们甚至有可能比普通人更珍惜人与人之间的情谊，只不过能够与他们建立这种深刻联系的人不多。与此相反，外向的剑型人格者不仅擅长在人际关系中左右逢源，而且能从中获得很大的心理回报。

盾型人格者和剑型人格者的另一个不同体现在他们如何处理负面情绪上。负面的感受如同承载心理能量的一支箭，两种人格的区别在于把这支箭射向何处，是自己、他人，还是别的什么地方。盾型人格者更有可能主动站在这支箭的前方，将不好的情绪内化，而剑型人格者倾向于站在箭的另一头，将自己的情绪朝他人宣泄出去。

我们以愤怒为例。愤怒可以说是人类最原始的情绪，愤怒的爆发需要大量心理能量的积累，这与刺激的增多和唤起的增强有关。虽说剑型人格者比盾型人格者更乐于看到唤起的增强，可实际上，当唤起水平超过上限时，两种人格的人都会觉得不舒服，并想方设法宣泄这种难受的感觉。为了缓和令人不适的大脑皮质活动，盾型人格者倾向于调转箭头，让心理能量指向自己。剑型人格者采取的手段则截然不同，他们倾向于把心理能量表达和释放出去。

人人都会愤怒，愤怒是一种用于保护"自我"——个人的操守和尊严——的情绪。就这方面而言，攻击性与愤怒完全不是一回事，攻击性是针对更严重的威胁所做出的反应，暴力则是攻击性的极端表现。全新的光导纤维摄影技术让我们得以确定控制盛怒和攻击性的神经回路位于大脑的哪个部位。为了更好地理解这个复杂的过程，我们需要对攻击性的神经解剖学基础略做介绍。每个人的大脑中都有一套强大的系统——边缘系统，这套古老的系统整合了情绪、威胁探查、学习、记忆和决策的功能。其中，杏仁核与危险的探查有关，海马与记忆和学习有关，下丘脑与攻击性和获得奖励的感受有关，前额皮质负责参与决策。

显然，无论是盾型人格者还是剑型人格者，构成边缘系统的神经回路都是一样的。我们在前文中提到，剑型人格者倾向于向外释放愤怒，而盾型人格者更愿意把愤怒藏在心里。如果碰上了令人生气的事（我们以发生了某种人际冲突为例），剑型人格者养成的习惯是，无论想什么或说什么，都经常以"你"开头；而盾型人格者的神经递质决定了他们往往以"我"作为开头。盾型人格者经常为了从愤怒的情绪中解脱而主动承担罪责，剑型人格者则更有可能把责任推卸到别人身上。

我们更进一步来看看盛怒，也就是极端的愤怒。任何人都会产生盛怒的情绪，这是所有动物的共性。纵观整个生物界，动物都会为了保护幼崽、获取食物和保护自己免受伤害而展现暴力的本能。20 世纪 60 年代，西班牙神经科学家何塞·罗德里格斯（Jose Rodriguez）将一个电极植入一名女性志愿者右侧的杏仁核（出于伦理原因，这种实验在今天是不被允许的）。当这位女士坐在椅子上弹着吉他唱着歌时，罗德里格斯接通了电极。她随即停止了弹奏和歌唱，站起身来把吉他狠狠丢向房间的另一边，然后开始捶打身边的墙壁。这名女士的杏仁核对下丘脑的一小撮神经元发出了威胁警报，在没有明确目标的情况下触发了暴怒的情绪反应，这些神经元所在的位置被称为下丘脑攻击中枢。

这与盾型人格者和剑型人格者又有什么关系呢？它说明愤怒既可以是一种自下而上的情绪（比如那位女性志愿者的反射性行为），也可以是一种自上而下的情绪。"自上而下"的意思是，愤怒的情绪源于前额皮质，其中涉及决策的过程。作为倾向于向外归因的类型，剑型人格者的愤怒是自下而上的。他们防范过度唤起（记住，就算剑型人格者也一样不喜欢过于强烈的唤起）的第一道防线是从"其他"人或事上寻找造成不适感的原因和缓解的方法。冤有头债有主，责备和控诉是他们宣泄情绪的有效手段。

相反，在处理绝大多数令自己感到气愤的争端时，盾型人格者没有剑型人格者那么冲动。但这个优点是需要付出情绪代价的：焦虑、自责，以及抑郁。事情的发展过程如下：盾型人格者的杏仁核觉察到了威胁，向下丘脑和前额皮质发出了信号。这时候盾型人格者很有可能会花上一点儿时间，让前额皮质有机会把整件事的来龙去脉复盘一遍。盾型人格者的大脑往往会在这样的评判和决策过程中说：哇，这种唤起的感觉实在太强烈了，我怎样才能把它压制下去呢？为了控制唤起引发的不适感，盾型人格者把矛头指向了自己，他们更有可能责备自己，也更在意自己在人际关系冲突里扮演的角色：我到底做了什么，才会落得如此境地？

从注意力是指向内部世界还是外部世界的角度去看待唤起对于剑型人格者和盾型人格者的意义，可以让我们更好地理解这两类人的行为模式。还有什么事能比挖掘人类行为背后的深层次原因更重要的呢？读到这里，你可能需要暂停一下，想想自己的注意力倾向属于哪一种。这样做的价值在于，你或许能弄明白是什么在支配你的决策和行为。你感觉舒适的点是高是低？你的杏仁核忙不忙？你脑中的奖励中枢是否占据着主导地位？你喜不喜欢深思熟虑？有没有坐立不安或心不在焉？在发生人际关系冲突时，你是倾向于指责他人还是指责自己？

下一章，我们将切换到另一个话题，更深入地探讨神经递质失衡的大脑可以通过哪几种重要的途径影响我们的情绪，以及我们应如何处理自己的情绪并学会表达它们。

第 2 章

情绪调节就像过山车

　　　　失衡的脑内化学物质如何影响我们的感受和生活中的无数选择。

　　根据你的大脑类型的不同，唤起太弱和太强的大脑会采取相反的情绪策略，以弥补大脑类型自身的失衡。盾型脑通过与闹哄哄的世界保持距离来压制唤起的感受，仅此一个行事动机就深深地影响了他们所做决策的质量和多样性。如果用一句话概括剑型脑的核心策略，就是"不妨一试"。这两种根深蒂固的倾向对结果造成的影响非常深远。

盾型人格者和剑型人格者的情绪弱点

　　典型的盾型人格者更容易有焦虑、抑郁和强迫症的倾向，所有这些表现都与他们的神经系统不擅长恢复到平静状态有关。抑郁和焦虑其实是同一枚硬币的两面：抑郁使人焦虑，而焦虑又让人感到沮丧和抑郁。难怪精神科医生会给很多严重抑郁或焦虑的人开 5-羟色胺选择性重摄取抑制剂（简称SSRI），顾名思义，这类药物可以通过抑制血清素的回收，提高该递质在神经系统内的含量。

不过，除了服用SSRI、血清素和5–羟色胺去甲肾上腺素再摄取抑制剂（简称SNRI），还有其他一些方法也可以纠正脑内的化学物质失衡并提高血清素的水平。维生素B_6能支持大脑合成血清素，B族维生素复合物有助于减少压力，具有同样功效的还包括5–羟色氨酸、圣约翰草[①]提取物、人参和肉豆蔻。你知道还有什么能促进血清素的合成吗？答案是：传统的体能锻炼。运动不仅能促进血清素的分泌，还能促进内啡肽的分泌，后者可以带来愉悦感。哪怕只是晒晒太阳，对血清素的合成都有正面的影响。

盾型人格者不仅天生爱操心，控制欲也是出了名的强。诚然，每个人都喜欢掌控事物的感觉，但这种欲望的极度膨胀很容易在盾型人格者的身上演变为强迫症。隐隐的唤起使他们心痒难耐，只得用任何他们能够想到的理由来解释浮躁的感受。最常见的方法是胡思乱想，这类想法通常有一定的根据，不会完全脱离眼前的现实。比如，当你坐进车里时却开始想：等会儿，我是不是忘记锁家门了？咖啡机的电源拔了没？燃气灶有没有关？于是，你下车回家检查了一遍。如果这样的情况只发生过一次，尚且可以认为是合情合理的，毕竟小心驶得万年船。但如果同样的情况反复上演，那就是强迫症的表现了。

强迫症行为是盾型人格者在面对不确定性时用来避免神经系统唤起的手段。有一位患者曾向我描述，他会开着车在自家附近的街道上绕圈，直到汽油耗尽，只为了反复确认自己有没有无意间撞到

[①] 圣约翰草是一种原产于欧洲的开花植物。《圣经》经常提到它在施洗者圣约翰生日的当天开花，因而得名。——译者注

行人。这个可怕的念头挥之不去，他开车转了一圈又一圈，却始终不愿意相信自己的记忆。

摆脱这种念头的办法说起来容易，做起来却没那么简单。说它不简单，是因为当事人必须停止强迫症行为，也就是不再回头查看。要做到这一点对盾型人格者来说很难，它意味着不能再用强迫症行为压制唤起，而要学着忍受唤起的感觉。

血清素既有可能不足，也有可能过量，有关血清素为什么会过量，本书不做详细介绍。血清素含量过高的情况被称为血清素综合征，较轻的症状包括焦躁和坐立不安，而较重的表现则是癫痫、高烧和失去意识。同时服用提高血清素水平的药物与3, 4–亚甲基二氧基甲基苯丙胺（MDMA，俗称摇头丸，是一种毒品）可导致血清素综合征。

过少或过多的多巴胺也会对人体健康造成不利的影响。严重缺乏多巴胺是帕金森病的发病原因，而多巴胺严重过剩则与精神分裂症有关。不过，绝大多数剑型人格者的多巴胺含量都是稍稍偏离了正常值。虽然相关的科学研究还没有对双相情感障碍和注意缺陷多动障碍的病因盖棺论定，但剑型人格者面临着这两种疾病的发病风险。它们都是慢性疾病，联合使用药物和心理治疗可达到治疗效果。同血清素一样，我们也有办法提高多巴胺的含量。运动、睡眠和放松（听音乐、冥想）都有利于多巴胺的分泌。饱和脂肪酸会抑制多巴胺分泌，而乳制品和蛋白质，还有富含酪氨酸的食物（尤其是香蕉和杏仁）都可以促进多巴胺分泌。

疑病症和拒病症

拉塞尔，58岁，两周来一直有胃灼热的感觉。他是丰田汽车特许经营门店的一名销售经理，最近市场不景气，拉塞尔很清楚自己是完不成这个月的销售业绩了。急性子的他把展厅人流量的锐减归咎于他手下的两名销售员、门店的贷款专员和新冠病毒。作为一名经理，拉塞尔的业务能力时好时坏，这一点在最近表现得尤为明显。此外，他似乎一直陷在烦躁和愠怒的情绪里，难怪他有胃灼热的感觉。他几乎没有注意到自己吃了多少抗胃酸咀嚼片，也不在意自己每天要点燃多少支香烟，并且每支都抽不完。可是，他就是不去看医生。为什么？因为他是剑型人格！剑型人格者总是盯着外部的世界看：如果最近工作不顺利，那就要从汽车展厅里找原因，而不是从自己的喉咙里。他不是不知道自己的胸口难受，否则就不会大把地吃抗胃酸药了。只不过他宁愿相信这是由业绩不佳的压力造成的，而不是因为什么要命的身体因素。后来，拉塞尔终于去看了医生，起因是他的弟弟看到他不停地吃咀嚼片后说道："你非得等到跟我一样，才会去关心你的胸口为什么疼吗？"当时拉塞尔正在医院探望他的弟弟，后者刚刚经历了一场不算严重的心脏病发作。

相比之下，盾型人格者对躯体症状的看法和上心程度有着天壤之别。

"你闻闻，我的沙拉是不是有一股肥皂味，如果是，我就把它们扔了。"

听到这句话，亚当战战兢兢地看着坐在餐桌对面的妻子，答道："大概是我冲洗得不够干净吧。"

在新冠肺炎疫情刚刚暴发的时候，亚当得到了居家办公的许可，这让他如释重负。可是几周之后，他的焦虑感却越发强烈。没有拆封的快递箱子在门外越堆越高，那些都是从网上订购的商品，但亚当必须得等48小时才敢打开包裹，因为他听说新冠病毒在纸板箱上至多能存活这么长时间。随着疫情从几周延长到几个月，亚当感到越来越心烦意乱，终于在这天晚上，他做出了比之前更夸张的举动。他不仅像往常一样，用清洁布把食品的外包装擦得干干净净，还在剥下圆生菜的叶子后，把它们装进碗里，然后用肥皂一片一片地清洗。

亚当的痛苦来自疑病症。从专业定义上来说，疑病症是一种建立在躯体症状上的恐惧或信念，有些患者的躯体症状没有任何医学上的解释，但他们却坚信自己患上了某种疾病；也有些患者确实表现出了典型的躯体症状，但他们的恐惧和担忧与疾病的严重程度极不相称，这些都属于疑病症的范畴。比如，皮肤上长了一个斑点，就以为自己得了皮肤癌，头一疼就觉得自己得了脑部肿瘤。疑病症不光是一种精神上的折磨，过度的担忧还会刺激压力激素的释放，给身体造成实质性伤害。真正有疑病症的人约占总人口的 2%~5%，其中男性患者和女性患者的比例约为 1∶1。疑病症与童年时期遭遇重病或重伤的关系似乎不大，事实上，没人知道为什么担心自己生病的念头会把某些人逼得心力交瘁。不过，你必须知道，并不是每一个盾型人格者都会在健康问题上小题大做，只不过脑内化学物质失衡让他们比普通人更容易大惊小怪。

盾型人格者比剑型人格者更担心自己的身体是否健康，为什么？让我们来仔细看看亚当的例子。他在童年时期没有任何非同寻常的伤病史，但在快成年时，他开始不停地洗手，哪怕手上的皮洗到裂开了也不在乎。他还学会了用搜索引擎检索自己的症状，有的是真实的症状，还有的是他凭空想象的。所有的疑病症患者都和亚当一样，他们的感受被过度放大，自己也成为阴谋论的量产机。亚当仿佛同自己的身体签订了某种终生协议，必须时时对任何可能与身体健康有关的事物保持警惕。他知道这些经常占据自己思维的想法和规则与妻子吉尔的处事原则格格不入，即使如此，吉尔通常会非常体谅亚当对健康状况的顾虑，并在需要的时候与他交流内心的想法。

但亚当体内起安抚作用的化学物质略有不足，这就是他保持高度警觉的原因。先天过强的大脑皮质活动触发并维持着这种倾向，我们的老朋友——唤起正是其背后的原因。亚当记得早在孩提时代他就会问自己："为什么在我觉得紧张无措的时候，别人却好像一点儿也不担心或害怕呢？"他这种隐隐的恐惧感的源头其实就是过于强烈的唤起。

这个转化过程如下：

唤起——感官放大——感觉到危险——为不安的感觉编造理由与解释

亚当小时候发生过这样一件事，那一天，他的妈妈出门去看医生了，直到很晚都没回来。他坐在窗边，眼巴巴地等着妈妈的车子出现在马路上。天色越来越暗，亚当不停地望向壁炉架上面的时钟，时间一分一秒过去，他变得越来越恐惧和忧虑。亚当的担忧源于强烈的唤起和猜疑。他先是觉得妈妈的车子可能爆胎或者没油了，之后猜疑升级为可能是医生在妈妈身上发现了什么严重的健康问题，要留她住院，随后他又想到妈妈可能是出了车祸，并对此深信不疑。

亚当还记得，当妈妈终于把车稳稳地停在路边时，他只觉得嘴里发干，几乎无法吞咽了。接下来的几天，他深陷于吞咽困难的问题，想出了许多种解释，而且想得越多就越担心。妈妈带他去看了医生，检查过后医生向他保证，他的喉咙没有任何问题。即便如此，亚当依然整天提心吊胆。从此，他义无反顾地走上了通往疑病症的道路。

疑病症是强迫症的亲兄弟。疑病症的强迫性行为包括不断寻找身体的异常之处、在网上搜索各种各样的症状、反复看医生和进急诊室。要通过驾驭这些强迫性行为来调节并减少唤起，是一件极具挑战性的事，往往令人望而生畏。

最佳入手点是承认和接受自己有这些倾向，开诚布公地与医生讨论这些想法，主动要求医生限制与你见面的次数，以及不要让医生重复说过的话，对于医生给出的结论，每次问诊听过一遍就可以了。你可能还记得我们在前文中说过，担忧的感觉会得到大脑的奖励，以至于"我担心自己会得癌症"最终会变成"正因为我担心自己会得癌症，我才没得癌症"。而且，类似的过程几乎都是在不知不觉间发生。所有这些原因加在一起，解释了为什么对身体健康的过度关注会如此难以纠正。

谁都不愿意被贴上疑病症的标签。如果你发现自己比别人更在意身体的症状，就请记住：你没有精神错乱，你只是很擅长凭空想象各种可能性。每一个为过度唤起的感受而苦恼的人都喜欢问为什么，因为给不舒服的感觉寻找解释是人之常情：我之所以有这种感觉，是出于那个原因。将抽象的感觉与实实在在的症状联系起来，能给人带来一种宽慰感，以及些许掌控感。如果你一看见身体的症状就心神不宁，你就要先承认自己有这种倾向，再以理解的态度看待它。有些人会提醒自己很可能什么事都没有，只是在给神经系统闹哄哄的唤起寻找合理的解释，他们觉得这样的想法可以起到很好的安抚作用。还有些人发现三天法则很好用："如果三天之后还是有这种不适感，我就打电话给医生。"（当然，这个法则不适用于急性腹痛、胸痛或脑卒中症状，当遇到这类情况时，你应该立即就医。）或者还有更好的办法，那就是你知道这就是你应对唤起的方式，然后主动在内心同自己对话，措辞以安慰和鼓励为宜。下面是一个对话训练的例子，我们的患者普遍认为它的效果不错："我以前也碰到过这种情况，就算这次的对象不一样，但这种担心的感觉如出一辙。结果往往是，这种担忧是没有必要的。这次我可以有不一样的选择，做些不一样的事。我不需要重蹈覆辙，我要勇敢一点儿。这是我在给唤起的感受归因，我就是这样的人，就是这样面对唤起的。我就是这么容易焦虑，但我并没有生病。除非真的确诊了，否则我就只是怀疑自己生病了而已。我这次决定反其道行之，我觉得自己很健康。但是，如果这次不一样，怎么办？如果我的身体真的出了问题，怎么办？没关系，要不了多久一切都会水落石出。这一次，我要告诉自己，我一点儿事也没有，我只是纯粹的焦虑，这不是生病的征兆。只要我发现自己兜兜转转地捡起了从前的想法，我就要不停地安抚自己，让自己平静下来。不断重复这种自我宽慰的训练，直到改掉一有事就焦虑不已的毛病，养成新习惯。"

试着做出改变，凡事都往最好而不是最差的方向想，反复提醒自己，眼前的症状是被你放大了的，是你在经历唤起时的自然反应。你也可以定期冥想。这种方法直接针对疑病症的根源，也就是唤起造成的不适感。

我们要对那些亲朋好友里有疑病症患者的人说一句：取笑和羞辱只会起到反效果。没完没了的担心和忧虑已经让他们羞愧难当了，我们最好的做法就是给予他们善意和理解。

对于那些很在意身体不适的人，请告诉自己"哦，很可能是我想多了，它会自动消失的"，这种不承认症状的一厢情愿式思维是剑型人格者的特征。乐观主义的天性导致剑型人格者不拘小节，有时候甚至对严重的健康问题视而不见。或许眼下就是一个很好的时机，把你一直在推托的事情重新提上日程，比如迟迟没有做的肠镜或乳腺超声检查。

反应性、灵活性和对变化的适应性

你还记得哈佛大学的心理学家杰罗姆·凯根做的那个观察婴儿对外界刺激做何反应的实验吗？大约40%的孩子在看见奇形怪状的物体或听到气球爆炸的噪声时没有反应或反应很小。这些孩子的杏仁核稳定，他们长大后更擅长社交、更自信，也更外向、更活泼，更容易成为剑型人格者。在后来的跟踪访谈中，随着这些低反应性的孩子慢慢成长，他们更倾向于把年龄远大于自己的研究人员当成平等的伙伴，而不是年长的权威。到了新的地方，他们不会战战兢兢地探寻附近有没有危险，而是一副无忧无虑的样子。拥有充足的血清素使剑型儿童长大后更容易变成自信的人，这与杏仁核高度活跃的盾型人格者形成了鲜明的对比。盾型人格者则更在意事物不利的一面、生活中的错误，以及自己是否有可能失态。很遗憾，这让他们更少体会到愉悦感，尤其是在社交场合中。剑型人格者早在孩提时代就是社交活动的积极参与者，而盾型孩子则倾向于当社交活动的旁观者。当然，社交的动机还与哪种大脑回路（威胁还是奖赏回路）占优势有关。不在意唤起的感觉使剑型人格者在人际交往中更大胆，他们在很小的时候就已经通过试错对自己有了相当透彻的了解。因此相比盾型人格者，剑型人格者对犯错的顾虑更小，社会是他们认识自己的镜子，尽管有时会因为冒冒失失而碰一鼻子灰，但这也让他们有了迅速吸取教训和快速学习的机会。

缺少血清素会让人容易激动，这样的孩子在小时候容易产生更严重的分离焦虑，也更希望身边有父母的陪伴。对他们来说，去托儿所和幼儿园可能非常痛苦，因为上学这件事将不确定性、陌生的环境以及不能和父母在一起的焦虑糅合起来，产生令人不适的高度唤起。为了躲避这种糟糕的感觉，盾型孩子有时会出现胃疼、消极配合乃至抗议的情况。而幸运的是，这种反应不会持续终生，父母温柔体贴的关怀，还有他们在现实生活中慢慢积累的经验和阅历，都可以淡化不确定和不熟悉的感受。

有的情绪反应会让人感到十分不悦。时间和阅历并不是疗愈这种不适感的良药，更好的办法是学会自我安抚。自我安抚是人类的天性，也是本能反应，可遗憾的是，人们并不知道什么才是健康的安抚方式。我们见过不少完全不懂得自我安抚的成年人，他们的行为对自己有害无益，只会弄巧成拙，危害身体的健康。比如，吃一品脱巧克力脆皮冰激凌，或者喝上一顿加了汤力水的伏特加鸡尾酒，可一旦没控制住量，盾型人格者钟爱的这些消愁策略反倒会损害他们的健康。唤起不足是剑型人格者的常态，所以他们不容易被恐惧感驱使。相反，他们很容易在寻找刺激时心不在焉、浅尝辄止，特别是在他们不知道如何有效地安抚自己的情况下。因此，无论是可卡因还是冰激凌，只要是能够带来刺激的东西，剑型人格者就容易对它们上瘾。

虽然听上去有些出人意料，但由于神经系统的特点，盾型人格者对新鲜和意外的事物极度敏感。他们完全能做到按部就班地执行计划，但如果情况发生变化或出现意想不到的困难，你就会看到这类人大显身手的样子。剑型人格者擅长梳理复杂的逻辑链，安排事情的先后顺序，却有可能在出现意外时不知所措。

为了解释这种现象，我们需要在这里对前文的部分内容做下补充。我们曾介绍过多巴胺和血清素的功能，因为它们是激活自主神经系统最主要的两种脑内化学物质，但你可以想见，与自主神经系统有关的神经递质肯定不止这两种。交感神经系统的神经递质除多巴胺外，还包括肾上腺素、去甲肾上腺素、谷氨酸和乙酰胆碱，它们的作用都是使神经系统兴奋。而副交感神经系统的神经递质包括血清素、乙酰胆碱（是的，这种神经递质能在两边起作用）和GABA，它们的作用是让过度兴奋的大脑平静下来。剑型脑缺少的很可能是所有能使神经系统兴奋（交感性）的神经递质，而不仅是多巴胺。与此类似，盾型脑缺少的也不光是血清素，而是所有能使大脑恢复平静（副交感性）的神经递质。

我们之所以要提到这些，是为了着重介绍其中一种神经递质——去甲肾上腺素（和多巴胺一样，它的功能是让神经系统兴奋起来）。这种神经递质有助于我们接受和适应事物的变化，推动学习的过程，以及在我们应对不确定性时发挥关键作用。如果亟待处理的任务非常平稳，没有什么变数，我们只需要依靠过往的经验就能预测到接下来会发生什么。但如果眼前的情况风云变幻，我们的大脑就只能放弃按部就班，转而通过快速的学习去随机应变。实现这两种策略的切换正是去甲肾上腺素的功能之一。

近期的一项研究可以佐证这个结论。在一个实验中，受试者先是听到不同的声音，然后看到一张马或人的照片。他们很快就会发现声音和照片是对应的，可以根据听到的声音准确预测随后将会看到哪张照片。几轮之后，研究人员开始打乱这种对应关系。声音和照片逐渐对应不上了，预测的不确定性增加，受试者需要快速学习新的对应关系。这时，研究人员让一半的受试者服用安慰剂，让剩下一半的受试者服用普萘洛尔（注意，所有受试者都没有焦虑的心理问题）。普萘洛尔是一种β受体阻滞剂，常被用作抗焦虑药，它主要针对去甲肾上腺素这种神经递质。研究人员发现，当情况发生改变，需要根据新的信息修正原来的判断方式，以便做出准确的预测时，服用普萘洛尔的受试者显得比服用安慰剂的受试者更迟钝。面对不确定性，服用普萘洛尔的受试者更依赖已有的经验，而不是快速学习的能力。

这在现实生活中意味着什么呢？或许，这可以解释为什么剑型人格者（他们的脑内缺少兴奋性的化学物质，包括去甲肾上腺素）比盾型人格者更倾向于依赖过往的经验，毕竟后者有充足的兴奋性神经递质，而且在快速变化的环境里表现得更灵活。剑型人格者倾向于立足过去、预测未来，而盾型人格者则倾向于立足当下、放眼未来。

那么，我们可以据此得出什么重要的结论？与神经系统的噪声斗智斗勇让盾型人格者更懂得变通，并养成终身学习的好习惯，在面对变故时，这种思维方式更容易让他们从中受益。递质失衡让盾型人格者拥有了机敏的反应能力，能够自如地应对快速变化的需求和环境。若缺乏这种快速学习的习惯，则会导致相反的结果，即相对死板的处事态度让剑型人格者更愿意按部就班地照章办事，而不喜欢变化。如果你从小就不得不想方设法地刺激自己（为了感受正常的唤起），你就很容易在这个过程中形成一套固定且可靠的策略，以便有效地实现目标。这套策略会变得根深蒂固，以至于你不喜欢改变，哪怕面对不同于往日的情况也一样，类似的倾向让剑型人格者更难做出改变。

如果你确定自己是剑型人格，那你或许有必要反思一下，日常生活中那些由来已久且看似可靠的策略是否有益健康，以及是否还像从前那么有效。我们这里所说的是与生活方式有关的策略：吃得如何，运动得怎样，休息得好不好，以及如何应对压力。你所采取的饮食、运动、睡眠和自我安抚的方法是真的对你有益，抑或仅仅是旧习难改？当碰上棘手的新状况时，你是如何掌控局面的？你能否通过必要的学习来解决问题，抑或只是对新事物百般抵触、故步自封？你能否想到在哪一个方面，即便知道接受新事物对自己有益，却依然推三阻四、不愿行动？如果你有这样的情况，何不下定决心，彻底来个了断？无论是什么事，你只需要把它拆分成阶段性的步骤，再设定一个着手处理的日期即可。好消息是，做出改变和尝试新鲜事物都能带来不确定性，没错，就是提高大脑的唤起水平！把轻微的不适感当作一种积极的反馈信号，它代表你在接受挑战。另外，请记住，养成任何新习惯都需要时间和耐心（剑型人格者不缺时间，但缺乏耐心是他们学习的一大障碍）。你最好能时常用"不积跬步，无以至千里"的名言激励自己，只要方向正确，不管你向前迈出的每一步多么微不足道，最终都将到达千里之外的地方。

至于盾型人格者，也不要得意忘形。没错，他们的确很擅长变通，懂得灵活地应对情况的变化。不过，一旦涉及逃避倾向，这种随机应变的本事可能就不灵了。瞧瞧那些为了逃避唤起而养成的陈年旧习吧。你有没有觉得自己的饮食习惯不太健康？你能养成坚持锻炼的习惯吗？你睡得晚吗？你起得早吗？你是不是尽可能地逃避社交活动和富有挑战性的工作，即使你知道勇敢面对会让你变得更强、更自信？你能不能想到你的某种行为虽然对你不好，你却一直不愿意改变？还有更难取舍的情况：对于那些只能带给你享受和快乐的事，你能戒断吗？如果你想冒险做出改变，让未来的自己受益，那没有比今天和现在更好的时间了。要站到逃避倾向的对立面是很难的，为此你要学会忍受实实在在的不适感。但你要记住：宝剑锋从磨砺出，梅花香自苦寒来。

需要提醒一句：不是所有的剑型人格者或盾型人格者都一定会严格按照上面所说的模式行事，就算会，也未必有这么典型和明显。我们探讨的是行为模式或倾向，而不是绝对的因果关系。

克制冲动和延迟满足

盾型人格者的特点是擅长控制冲动。与剑型人格者不同，盾型人格者总是被闹哄哄的唤起包围，他们不仅不愿意追求感官刺激，甚至会退避三舍。新鲜事物、风险和感官刺激，这些都能触发人的冲动行为。剑型人格者容易冲动，因为对奖励的急切期待左右着他们（给奖赏回路来点儿多巴胺吧，多一点儿也好）。如前文所说，剑型人格者之所以渴望奖励，是因为它能带来刺激和增加唤起。

凯伦已经有很多手提包了，但有一天她又在eBay（购物网站）上下单买了一个包。虽然前一刻脑海里浮现出了信用卡账单拉响红色警报的画面，可她依旧按下了"出价"的按钮。同往常一样，当看到UPS（邮递公司）的送货车停在屋外时，内疚和懊悔的情绪涌上凯伦的心头。她知道，如果让丈夫看见了，她肯定会被质问，于是她把新买的包藏到了衣柜深处。"不能再买了。"她和自己约法三章。然而，当天晚上，她还是打开了笔记本电脑，熟练地敲了几下键盘，登录上了eBay的网页。由此可见，冲动是不可阻挡的。

深陷于类似的冲动而不能自拔，这不是那些天性谨慎、万事求稳的人（盾型人格者）所烦恼的问题。但有意思的是，科学研究表明，难以控制冲动不仅与缺乏多巴胺有关，也与血清素水平的升高有关。你没有听错，如果具有镇定作用的血清素过量，那么人就容易变得冲动。

对盾型人格者来说，血清素过量很常见。实际上，对许多盾型人格者来说，有没有冲动其实是个伪命题，如何压制冲动才是他们面临的问题。剑型人格者的冲动来自他们对获得奖励的预期，而盾型人格者的冲动则源于他们对负面结果的预期。请记住，逃避伤害是那些血清素水平异常者最主要的动机之源。这种自我保护的天性有时是优点，能让人从中受益，但有时也会成为阻碍。

桑迪，17岁，是一名刻苦的高三学生。她性格腼腆，身材苗条，有一双蓝色的眼睛，她的外形远比她自认为的更有魅力。桑迪一直饱受社交焦虑的困扰。本是朝气蓬勃的年纪，她却极力压制任何想把自己打扮得花枝招展的冲动。桑迪避免一切需要同男孩子打交道的场合。她在一所公立学校上学，要做到这一点非常困难，但作为一个聪明的女孩子，她还是想出了一套行之有效的策略。第一次见到桑迪时，我们发现她已经彻底说服了自己，她坚信自己对性毫无兴趣，但她做的梦却很诚实。桑迪故意穿得土里土气，她认为，这可以让那些"性欲旺盛"的男孩对自己视若无睹。她说："我觉得我应该去当修女，只不过我不是天主教徒。"

桑迪很喜欢电视上的才艺选秀节目，但她只会躲在房间里偷偷地看。她会跟着某些选手一起演唱，但只有在家里没人的时候她才会这么做。桑迪没有厌食症，但她的饮食方式却十分朴素，她想尽办法，让顿顿都吃胡萝卜这件事显得不那么难以接受。除此之外，虽然经常收到朋友的外出邀约，但她总能找到借口搪塞过去。

盾型人格者视欲望（没错，也就是冲动）和不健康的感受为洪水猛兽，在严防死守之下，有的想法会被强行压制在心底。我们在桑迪身上看到的第一个变化出现在她回忆自己做的一个梦时，在梦里，她身处自家屋后的小山上，正沿着一条林间小道行走。突然，她眼前的路被一条湍急的河流截断。她想去对岸，但始终没敢下水。就在她打算转身返回时，她看到下游有一个男孩正在看她，男孩的脸上挂着灿烂的微笑。接下来，她只记得男孩牵着她的手，带她蹚过河流，到达对岸。当被问到她是否认识这个男孩时，桑迪满脸通红地答道："他是我英语课上的一个男同学，长得非常可爱。"

最近一次见面时，桑迪给我带来了一些巧克力曲奇饼干。"是无麸质的，"她说道，"但味道还不错。"然后，她的脸涨得通红，说道："我记得你说过，有些冲动就算表达出来也不是坏事，对吧？有个男孩邀请我当他的舞伴，我答应了。"桑迪正在学习把自己当成一名年轻女性看待。

知道应该何时对冲动说行或不行，是非常重要的。冲动的本质是一种认为自己必须做出决定的想法，如果就事论事，冲动本身并没有好坏之分，至于对我究竟是有益还是有害，则要看具体的情况。剑型人格者最基本的行事倾向会让他们更有可能对一件事说"是"，哪怕有时候说"不是"会更安全或更稳妥。买包成瘾其实与多巴胺的缺乏有关，凯伦花了不少时间才弄明白了这一点，并决定学习如何驯服自己的冲动。我们让她把所有的包都摆到床上，然后给每个包贴上一张便条。我们要求她在便条上写下上一次用这个包的时间。凯伦一共有 41 个包，满满当当地填满了整张床，但在过去的 6 个月里，她只背过其中 3 个，剩下的都在阁楼的角落里吃灰。这个办法让凯伦确信，她买这么多包真的毫无必要，几乎都是一时冲动。我们向她解释了冲动行为背后的化学原理，冲动带来的强迫感只是一种单纯的化学反应，这样的说法在一定程度上消除了她的内疚和羞愧感。随后，我们以那些吃灰的包为例，向她说明冲动（美好的预期和购买的行为）与结果（对包本身的喜爱）之间并没有直接的关系。真正刺激多巴胺分泌的是为了一件事或得到一件物品所进行的寻觅、设想和筹划，而不是目标达成后的欣喜。换句话说，多巴胺与想做一件事的冲动有关，而与目标达成之后的愉悦感没有直接的因果关系。在把购物的冲动同购物的愉悦感（或不愉悦感）分离之后，凯伦终于明白了多巴胺起效的时间其实是在结果发生之前的兴奋和幻想里。后来，她告诉我们："我现在打开电脑，可以做到只是浏览 eBay 网页，想象拥有那些包的感受，但什么都不买。我提醒自己，即使我买了很可能也不会用的。"我们知道她已经驯服了自己的冲动。

只要你有过熬夜学习的经历，就应该知道什么叫艰难的抉择和延迟满足。埋头用功读书需要你放弃很多眼前能做的其他事情，就算无事可做，刻苦学习哪比得上美美地睡一觉。当然，盾型人格者和剑型人格者都能做到延迟满足，但盾型人格者更易于也更擅长这么做。这是为什么呢？

可以肯定地说，克制冲动的能力是两种人格如何权衡延迟满足的关键所在。但这样的说法过于笼统。剑型人格者和盾型人格者都会关注他们的损失，也就是延迟满足的代价。对于剑型人格者，为准备尝试而复习功课的几个小时本可以用来打游戏、与异性约会，或者坐在沙发上看电视剧。为复习付出的时间代价是一回事，可偏偏复习还是一件不能立刻得到奖励和回报的事。

但盾型人格者的看法与此相反，他们不会考虑放弃复习可以得到什么奖励，而会考虑"不放弃"复习会得到哪些结果。他们不会认为复习挤占了打游戏的时间，因为如果不复习，考试的分数就会惨不忍睹。没有回报的付出有时会让剑型人格者丧失耐心和毅力，并驱使他们打开电视。但同样的事在盾型人格者看来并不一样，虽然他们不那么关心奖励，却非常在乎伤害，避免考砸其实就是他们获得的奖励。所以说，剑型人格者经常把延迟满足视为净损失，而盾型人格者却把它看作净收益。下面我们将进一步讨论自控力和延迟满足的能力。

许多人可能都听说过斯坦福大学那个著名的棉花糖实验，该实验的主导者是心理学家沃尔特·米歇尔（Walter Mischel）。研究人员把一群 5 岁的孩子带到一个房间里，让他们坐在桌边。每一次实验，桌上都放着一块棉花糖。研究人员告诉孩子们，只要他们能等上 15 分钟再吃，就可以得到第二块棉花糖。说完，研究人员走出了房间，并在 15 分钟后返回。有的孩子心急难耐，门刚关上就抓起棉花糖囫囵吞下，而有的孩子则设法忍住了冲动，并得到了第二块棉花糖。

参与该实验的研究人员在后续的随访中发现，孩子是否能做到延迟满足与他们可以取得多大的人生成就有很大的相关性，比如，能忍住不吃棉花糖的孩子取得了更好的SAT（美国学业能力倾向测验）成绩。不过后来，试图验证这个实验结果的人却发现米歇尔的实验设计存在瑕疵。举例来说，如果控制家庭收入这个变量，原结论中的强相关性就消失了。如果你出生在一个生活拮据的家庭，有一群常常饥肠辘辘的兄弟姐妹，那么你看到棉花糖时想到的第一件事很可能是担心它一会儿就不在那儿了，所以要尽快吃掉它。

虽然研究起来非常复杂和困难，但自控力和延迟满足都是人类重要的能力。因为脑内化学平衡的倾斜方向不同，所以剑型人格者比盾型人格者更能忍受奖励的延迟。你应该还记得，盾型人格者相对来说不那么在乎奖励，所以他们受到的诱惑可能更少。对盾型人格者来说，诱惑总是伴随着恐惧，他们害怕自己失去理智和调节情绪的能力，导致好不容易建立的情绪平衡毁于一旦，这是盾型人格者极力避免的情况。

由于剑型人格者偏爱奖励和提高唤起水平的机会，所以他们不容易做到延迟满足。延迟意味着低唤起，而低唤起会令他们感到不适。

盾型人格者有时会把有益的延迟满足能力，与单纯因为感觉不舒服而不愿行动的拖延行为混淆。你最好不要自欺欺人，我们都知道为了逃避不适感，盾型人格者可以轻易相信自己找的那些借口。想一想你有没有很想得到的东西，以及你是如何设法得到它的。结果不重要，我们在意的是过程。我们的一个患者以前总说，他一直想邀请女士跳舞。在学校的舞会上，他不是没见过令他心动的女孩，但他从来没有鼓起勇气上前邀请。进入社会后，无论是在婚礼还是在其他社交场合中，甚至在和别人约会时，他都从未踏入舞池一步。

他说这是因为自己不想没跳几下就被绊倒，他应该先去报班上课，然后自信满满地跳舞。但他总能找到不去报班的理由，可见真正的原因是他太害羞了，不愿意报名。最终，他还是勇敢地踏出了这一步，舞蹈课带给他的收获远不只是跳舞的技能，他还重新找回了宝贵的自信，愿意相信自己能够做到看似不可能的事。

如果换成剑型人格者，心路历程会稍有不同。他们深陷于一时的冲动，做事喜欢半途而废，一旦感觉无聊就无法坚持下去，或者被其他更有趣的事物吸引了注意力。剑型人格者偶尔会被这类情况搞得狼狈不堪，但他们做什么都一样，你总会看到他们在尝试新的爱好，总能听到他们不愿意和同一个对象约会三次的理由。当新鲜感退去，他们的生活可能只剩下一段段有始无终的经历，或者更糟糕的是，因为总觉得新人胜旧人，他们最后将落得孑然一身的下场。

乐观和悲观

阳光和外向的个性是剑型人格者最突出的优势之一。积极乐观的处事态度是剑型人格者常见的核心特质，从韧性到满足感，乐观的态度与生活中几乎所有好的方面都息息相关。奖励驱动和不惧风险让剑型人格者在年幼的时候就更具冒险精神。此外，由于他们不太在意惩罚和不良的后果，对于生活中不可避免的小失败，剑型人格者也没那么容易气馁。凡事都往积极的方面看，真的非常有助于事情向好的方向发展。乐观的前景将会带来更好的感受，从这一点上说，剑型人格者是幸运的。事实上，总体而言，乐观的人比不乐观的人更快乐，这是相关研究得出的最为一致的结论之一，在过去几十年里始终未曾改变。这些研究认为，乐观者的快乐可能与他们对有意义的社交场合更感兴趣，从而更多地参与社交活动，抑或他们拥有高效的情绪调节能力有关。所有这些描述都很符合剑型人格者的特点。在做决策时容易一厢情愿是他们唯一的短板，乐观的人容易高估事物的积极面，同时低估风险。

读到这里，我们认为你应该能看出来，成为一名盾型人格者并不总是轻轻松松的，甚至不是一件值得高兴的事。他们悲观主义的倾向不过是其天性中保护欲的延伸。剑型人格者会为决定做某事而寻找理由，而盾型人格者则倾向于为拒绝做某事寻找理由。遗憾的是，悲观恰恰是盾型人格者给自己挖的最大的一个坑。

根据最新的研究，翻来覆去的负面想法与认知能力的衰退有关。伦敦大学的研究人员招募了 292 名年龄均在 55 岁以上的志愿者，并对他们进行了一系列测试，用于评估他们的语言和空间能力、注意力、记忆力和认知能力。有将近一半的受试者接受了脑部扫描，这项检查的目的是检测他们的 Tau 蛋白和淀粉样蛋白，而这两类不溶性蛋白质是阿尔茨海默病的生物标志物。研究人员还询问了受试者对负面感受的看法和应对方式，他们是否经常发现自己沉湎于过去，以及他们对未来有哪些担心。

在接下来的 4 年时间里，相比想法积极的人，那些最常产生负面想法的受试者比想法相对积极的受试者表现出更明显的认知能力衰退倾向。而且最有说服力的证据可能是，Tau 蛋白和淀粉样蛋白在前者大脑中的沉积情况是最严重的。

这是不是意味着负面想法会导致痴呆？先别着急，在得出结论之前，我们得仔细地看看这项研究。虽然这个实验的结论很重要，但类似的研究揭示的是因素之间的相关性，而不一定是因果关系。原因在于，很可能存在第三个因素，它既与负面想法有关，又与人的认知能力衰退有关。我们认为事实可能就是这样。

造成盾型人格者认知能力衰退的可能不是负面想法，而是他们终其一生的逃避倾向，他们不喜欢全新的挑战、陌生的社交场合，也不喜欢能够学到新知识的经历。盾型人格者厌恶唤起的感觉，排斥新的体验，在日积月累中，他们的大脑早就对此习以为常了。不过，人脑是可塑的，新的经历和体验会不断重塑大脑的结构。其中起关键作用的是新鲜感，也就是全新的感受和陌生的情景。接受新的挑战，体验令人兴奋的刺激，这些能够重塑大脑的方式极有可能同时起到了保护记忆和认知能力，以及减少 Tau 蛋白和淀粉样斑块的作用。

盾型人格者要做的事（无论多早或多晚开始都没有关系）并不是想方设法逼自己产生积极的想法，更重要的是改掉他们反射性地拒绝新事物的习惯，设法更多地接纳它们。作为脱胎换骨的第一步，记录逃避日志或许会有所帮助（参见第 4 章）。

那剑型人格者呢？开放的心态和乐观的性格都是非常优秀的特质，也是极好的为人处世之道。我们认为它能帮助你无往不利，所以建议你继续保持。唯一的弊端是，它有可能让你忽略某些不应该被忽视的不利因素。新冠感染疫情期间，有些人就是因为不够谨慎才患病的。"我不可能被传染"是非常典型的乐观主义想法，但它不能给你带来任何实际的保护。你不妨现在花点儿时间问问自己，你做过哪些更多是基于希望、愿望和信仰，而非真凭实据的事情。在面对抉择时，冒进未必是乐观主义，退守也不一定是悲观主义，实事求是才能做出合理的决策。

风险承受能力

塑造我们行为的最后一种情绪与风险承受能力有关，承受风险的意愿在很大程度上又与唤起对于我们的意义有关。神经系统天生唤起不足的人比唤起过度的人的风险承受能力更强。我们可以以历史悠久且影响深远的移民现象为例。看看历史上那些重塑世界的自发移民潮，我们想问的问题是：当原本充沛的猎物变少，猎人们两手空空回到家中的情况变得越来越频繁，或者当过度采集或气候变化导致块茎和种子难以寻觅时，哪些人会最先坐立不安？谁会选择留守，谁又会选择离开？虽然祖先们的名字早已被时间的尘土深埋，但我们对他们脑子里的化学变化却略知一二，这碗化学浓汤可以告诉我们有关他们的很多情况。在前途未卜的艰难时期，盾型人格者很可能会说这样一番话："没错，眼前的情况的确很困难，但继续过现在的日子总比搬到陌生的地方要安全，搬走也许情况会更不好呢。"剑型人格者则不像盾型人格者那样畏惧可能隐藏在大山背后的危险，他们更倾向于搬走。熟悉的感觉本身就可以给剑型人格者带来一定的安慰，哪怕这些熟悉的事物会引起不悦感或对他们不利。对剑型人格者来说则不然，这并不是因为他们不喜欢舒适感，只是熟悉感对他们而言没有那么重要，未知的风险也没有那么可怖。

盾型人格者有风险厌恶倾向。尝试任何新鲜的情景，都等于让他们走出情感的舒适圈，面对令人不快的唤起。我们都在追求舒适感，因此对绝大多数盾型人格者而言，承担风险是吃力不讨好的事。如果你是从事投资行业的，轻微的风险厌恶倾向有可能成为你的制胜法宝。较强的风险意识让你不容易因冒失而犯错误，不会因为别人吹嘘"这是下一个亚马逊"就贸然抵押自己的房子，购入大量仙股。不过，盾型人格者很容易因保守而犯错误。比如，在股价大跌的日子，由于害怕股价会继续下跌，他们在加仓和观望之间犹豫不决，直到大量买家涌入，把股价再次抬高，他们便彻底错失了抄底的机会。

剑型人格者对不确定性的理解与盾型人格者略有不同。他们并不讨厌未知触发的唤起，也不觉得有危险。相反，不确定性令他们兴奋，它是获得隐藏奖励的机会。把一个剑型人格者和一个盾型人格者放在同一条木筏上，让他们初次体验漂流的感觉。结束之后，两人的经历完全一样，但其中一个人会长舒一口气，蹚着水回到岸边，而另一个人会回到木筏上，打算再体验一次。

你或许可以在这里暂停一下，想想你自己究竟是如何看待风险的。你通常属于哪种类型？你对风险的承受能力如何影响了你在日常生活中所做的决定？你如何看待风险承受能力对自己社交生活的影响？你是主动选择跟谁交朋友的一方，还是被他人选择的一方？你如何看待风险对你的财务决策造成的影响？你的工作和职业生涯是否曾受到某些风险因素的影响？你的风险承受能力是否影响了你的健康状况，有什么表现？你有没有酒瘾或烟瘾呢？你是不是每天都长时间坐着不动，明明可以出去散散步但你却从不这么做？你是不是因为过于焦虑而迟迟不去做必要的身体检查，甚至假装自己根本不需要体检？总而言之，你觉得自己太爱冒险，还是太不爱冒险了？想必你看得出来，所有这些问题都是为了抛砖引玉。请记住，因为大脑的化学物质失衡，你已经在无意间被设定成倾向于某一边的状态。这种倾向的塑造当然与逻辑和推理风马牛不相及。如果你属于剑型人格者，适当减少具有重大风险的决策和行为，对你或许会有所帮助。你感受到的那种动力，或许不是理性思考发出的召唤，而是阴险虚伪的诱惑作祟，它只想让你沉迷于多巴胺释放的快感。相反，对于那些喜欢在做决定时犹豫不决、过分小心的盾型人格者，他们要面对的危险有可能不是在现实生活里，而是在他们闹哄哄的神经系统里。你要大胆质疑自己的某些决定，让自己过得更自由一些。

那么，这一章的主题是什么呢？下面我们来总结一下。我们的情绪塑造了我们的行为，而行为又变成了习惯。生活中绝大多数决定都源于微观层面，我们在不知不觉间养成了这样或那样的习惯。对于大脑化学物质如何影响你的日常生活，你知道得越多，就越容易把那些在暗处支配着你的杠杆挖掘出来并摆在台面上，你可以保留好的部分，改变和推翻不好的部分，这就是学习这些东西的价值所在。好好审视你会做的事，以及那些你不会做但想做的事，你是否能从这样的反思里，看出你的大脑到底属于哪种类型？

你的大脑类型不只是主导情绪的操盘手，它还潜移默化、夜以继日地染指着你的思维。我们将在下一章探讨这个问题。

第 3 章

思维拉锯战

我们的认知方式由一些最基本的因素构成，而唤起决定了
究竟是哪些因素在起作用。

我们思考、推论和做决策的方式受到了很多因素的共同影响，
从幼年的家庭环境到教育环境和朋友，再到信奉的宗教和支持的党
派，甚至还有更多。不过，相比这些显而易见的方面，还有一些不
易察觉的因素也在影响我们消化和利用信息的方式：人脑内的化学
物质不知不觉地支配着我们。我们自然而然地受到它们的唆使和引
导，浑然不觉。有些东西无法直接观察到，我们只能通过它们产生
的效应才能意识到它们的存在，比如，看不见摸不着的重力把赛场
上高高飞起的篮球拉回地面。对于神经化学，研究它的最佳途径应
当是观察它在我们行为层面上留下了哪些蛛丝马迹。

奖励与学习：一种试错的过程

我们会做出怎样的行为当然与我们的学习方式密切相关。学习

的过程可以概括为，我们在注意力高度集中的情况下进行的观察和实践。大脑需要对学到的东西进行编码，在这个过程中起重要作用的正是我们的老朋友多巴胺。从事相关研究的人用一个专门的术语来形容大脑在复杂的学习过程中密切关注的对象，它就是"奖励预测误差"，这个词究竟是什么意思呢?

为了在这个世界上拥有主导权，我们会把自己的观察同实际的感受拼凑在一起，并不断进行试错实验。这种试错的内涵很宽泛，可以是学习如何运动，比如在地板上爬行；也可以是其他行为，比如第一次牙牙学语、模仿字词的正确发音。无论哪一种情况，都是我们在为实现某个目标而努力尝试。我们之所以进行试错实验，是为了证明预测的正确性，而多巴胺可以帮助大脑标注每个预测的准确程度。因此，奖励预测误差是指，我们预测的奖励(我们觉得实验能够成功)与实际获得的奖励(我们距离成功有多近)之间的差别。

这个过程的工作原理如下:如果我们取得的成果比我们的预测更成功，就会促进巨量的多巴胺释放，这个误差被标记为"正预测误差"；如果我们取得的成果与我们的预测差不多，就只能得到基线水平的多巴胺；但如果结果不及预期，多巴胺信号就会衰竭(负预测误差)。生活中到处都是类似的试错实验，我们通过日积月累的学习，逐渐成长为独一无二的自己。总的来说，多巴胺的释放对我们的预测(如何最有效地获得奖励)起到了激励和强化作用。在婴儿时期，如果我们想打个盹，只要把眼睛一闭、头往后一靠就行了，可同样的做法在肚子饿的时候就不管用了。随机的试错实验很快便让我们学会了如何适应和操控周遭的环境。爬行变成了站立，站立又变成了走路；咿呀的叫声慢慢变成词语，词语又连接成完整的句子。时刻都在发生的试错实验影响着多巴胺的分泌量，而包括上述例子在内的学习行为都是这个过程的副产物。

　　一切还不止如此。主动参与、处理和执行一件事能引起多巴胺释放，给人带来愉悦感（正强化），但同样的愉悦感也会出现在我们成功地逃避了一件事之后。比如，你知道老师提出的那个问题的答案，于是想在课堂上举手发言，但手还没举起来就被你放回了两腿之间，因为你太紧张了，担心自己会因为声音发颤而出丑。收回手的那一刻，轻松感立刻涌上你的心头，你的心跳和呼吸也都恢复平稳。对大脑来说，成功避免预期的糟糕感受也是一种奖励（负强化），因为你得到的结果比你预测的结果要好得多。正因如此，正强化和负强化的交织和交替便构成了学习的基本过程。

　　在我们生活的这个星球上，奖励不仅有大小之分，获得奖励所需的时间也有长短之别。当选择不止一种时，我们的倾向是奖励越多越好，奖励兑现的时间越早越好。听上去是不是特别合乎人性？可是，如果奖励的大小与获得奖励所需的时间长短之间存在冲突（马上就能到手的小奖励和需要耐心等上一段时间的大奖励），我们的选择就会变得复杂起来。你肯定还记得棉花糖实验吧。对某些孩子来说，要抵挡棉花糖的诱惑完全是不可能的，哪怕他们知道只要多忍耐 15 分钟就可以再得到一颗棉花糖。我们会综合考虑一个奖励的大小和获得奖励所需的时间长短，以此评估奖励的价值。选择更大但更晚兑现的奖励被称为克制型选择，选择更小但更早兑现的奖励被称为冲动型选择。绝大多数人都会说，拥有苗条迷人的身材比只图一时爽快、狼吞虎咽地吃掉一盒热气腾腾的炸薯条要好。但在这两种奖励中，一种费时费力，而另一种则只需要动动拇指和食指。在马上就能得到一美元和多等 10 分钟就能得到 10 美元之间，有多少人会选择前者呢？可如果 10 美元的等待时间延长为 10 个月，你会改变主意吗？

腹侧纹状体在大脑中负责调节奖赏、动机和冲动。为了生存，我们每天都会花费大量精力做出一个又一个决定。神经影像学的研究显示，腹侧纹状体会在我们做决定时被激活，而且其激活程度与奖励的相对价值有关，它取决于奖励的大小和获得奖励所需付出的代价，比如等待的时间、花费的心力和成功的概率。这个大脑部位还有其他功能：它既可以产生行动信号，让我们做好全力以赴的准备，也会发出躺平信号，让我们采取最省事的行动，避免在不值得的工作上白白浪费时间和心力。你可能还记得，我们说过大脑在能量的利用上是非常精打细算的。

当我们从剑型人格者和盾型人格者的角度看待这些过程时，事情才真正变得有趣起来。归根结底，这些潜在的倾向源于中枢神经系统的化学失衡，它让我们对试错的结果产生不同的偏好，正是这种偏好主导了我们在现实中的决策。渴望唤起的剑型人格者倾向于更冒险、更冲动的选择。由于更多受正巩固的驱使，他们更有可能因为费时和费力而否定奖励的价值。相反，因为厌恶唤起，盾型人格者更容易做到延迟满足。他们的问题是在做决策时容易向逃避的习惯妥协，继而被负强化引入歧途。比如我们刚刚提到的那个学生（很可能属于盾型人格者，而且很可能知道问题的答案，不然也不会想要举手），他就失去了一次体验成功和提升自信心的机会。他本可以通过合理的冒险（回答可能是错误的）获得奖励，结果却通过放弃举手（逃避）强化了压制唤起的习惯性做法。

盾型人格者偏爱负面激励，同时低估正面奖励，而剑型人格者正好相反。你还记得第 2 章提到的面临考试的学生吗？我们还以他们为例。是应该把时间花在实现短期愿望上，还是考虑考试成绩造成的长远影响？这是两种人格类型的学生都必须兼顾和权衡的。他们到底是选择复习，还是做一些能即时让自己高兴的事？最大的问题就在于，拖延复习的代价很大，所以学生们的关注点都会落在为复习做出的牺牲与拖延学习而付出的代价孰轻孰重上。对于剑型人格者，几个小时的学习时间本可以用来玩网游、看电影或刷社交媒体。不学习的后果虽然有很多，但他们不会因为不学习而失去任何奖励。

如你所知，盾型人格者的行事风格偏谨慎保守，他们不太愿意冒险。这不是因为他们对奖励的渴望程度不及剑型人格者，而是因为他们更加看重为获得奖励而失去或放弃的东西。换句话说，相比获得额外的奖励，他们更不愿意放弃或失去任何东西。在预期奖励时，盾型人格者的想法里总会掺杂诸如"如果我这样做，那件事就很有可能会发生"这样的杂音。在做出最终决定之前的评估阶段，剑型人格者和盾型人格者会以不同的方式看待奖励。盾型人格者把坚决不看电视当作收益（降低了考砸的概率），而剑型人格者则觉得学习是一种损失，它挤占了本可以用来获得快乐的时间，这种想法时刻诱惑着他们，直到意志力的锁链断裂。

无论是预期的奖励，还是到手的奖励，二者对多巴胺神经元来说都一样。它们具有同等的价值，大脑对待它们的方式也类似。这意味着我们会根据对奖励的预期制订计划，并将其作为决策的基础。你要记住，如果我们的预期总是与实际的奖励相符，多巴胺的释放就会变得越来越少；只有当实际的收益超出预期时，多巴胺的水平才会节节攀升。我们的大脑不断地调高我们对奖励的预期，所以再多的奖励都会很快缩水，变得稀松平常，不再能触发多巴胺分泌量的激增。多巴胺的水涨船高的特点不仅驱使着我们追求奖励，而且驱使着我们不断追求更大的奖励。

身为人类，渴求更多的奖励似乎是我们与生俱来的本能。它很可能是好胜心和求知欲的来源，具有生存和进化价值。毫无疑问，这种内在倾向也是驱动物质世界运行的引擎，每一桩成功的市场营销案例背后都是对人类秉性的准确把握。我们购买的每一辆新车、每一套新房子、每一个新包，背后很可能都是预测误差在起作用。不仅如此，同样的原理也在从反方向发力——因恐惧而产生的动机。每一位耸人听闻的预言家、每一个能让人长命百岁的承诺，还有你买的每一罐有抗衰老效果的面霜，都是因为你相信自己的预期可以成真。

在其他条件保持一致的前提下，大脑内的化学物质失衡会产生重要的现实意义。盾型人格者对负强化更敏感，因此他们更看重安全性较高的选择；而追求奖励的剑型人格者则倾向于能带来正强化的预期。小心谨慎不是剑型人格者的行事风格，这对社交能力的锻炼和自信心的培养当然是有利的，但也会让人做出明明没有足够的经济能力却要透支信用卡买昂贵的珠宝首饰这种事。反观盾型人格者，他不应该害怕被拒绝，而是应该勇敢地邀约心仪的女士，与此同时，他还应该继续保持谨慎的天性。很明显，盾型人格者和剑型人格者都可以从对方的人生剧本里学到不少东西。

那要怎样才能做到呢？我们发现，对那些自认为是盾型人格的人来说，仔细看看负强化究竟给自己的行为带来了多大的影响，这是非常有帮助的。请记住，负强化之所以会让你感觉良好，并不是因为它本身对解决问题有多大的帮助，而是因为它能让你从焦虑或危险的情景里暂时解脱。很多时候，人在面对这样的情况时会只顾着安逸和舒适，而忽视某个决定是否健康、是否有建设性或是否能促进个人能力的提升。另外，更重要或更确切的是，许多令盾型人格者烦恼的恐惧，仅仅是不准确的臆想，因为他们缺乏对现实世界的认知和体验。相比通过各种各样的经历学习和成长，盾型人格者觉得不断地逃避才是最有效的策略。沉湎于逃避的做法会带来两种结果：它会让人越发害怕同样的经历，而不是弱化恐惧；它会让人错失一些重要且有益的学习机会。

　　盾型人格者需要更频繁地说"行"和"是"，而剑型人格者的情况则稍有不同，他们需要说更多的"不行"和"否"。剑型人格者的神经系统不像盾型人格者那样，没有与生俱来的对行为进行筛选和把关的机制，所以必须后天构建一道筛网。想做到这一点，他们首先要意识到自己会因为一时冲动，没来得及细想后果就应承别人。一句简单的"等一下"能在这种时刻为他们争取足够的时间，对冲动行为的后果进行必要的思考和权衡。这样做绝不会让剑型人格者变成盾型人格者，我们还从来没有见过哪个剑型人格者在学会稍加谨慎后却未能从中受益的。只不过，想做到这一点就要付出努力。对盾型人格者来说自然而然的事，对剑型人格者来说却不然。不过，其实这些让剑型人格者感觉不自然的事，真的可以在他们需要的时候成为解决问题的利器。

对模棱两可的容忍度和二分法思维

　　没有人喜欢模棱两可的东西，它让人心烦意乱，因为面面俱到地甄别事物的细节实在太耗费精力了。为了做出最终的决定、构建成熟的想法和清晰地阐述观点，我们都喜欢走两点之间最短的路径。我们想要绝对的是或否，纯粹的黑或白，哪怕明知道现实其实是渐变的灰。模糊性带给人不好的感受，混杂的信息不偏不倚地戳在我们不舒服的那个点上。这种让人迷惑和矛盾的情况在日常生活中时常出现，对此，绝大多数人都会用某种滤镜将其过滤掉，以保持思绪和感受的清晰度。

　　我们来看看在特朗普和拜登的竞选结果出炉后，美国民众是如何应对国内政治所面临的不确定性的。2020年的新冠肺炎疫情给美国社会造成了诸多意料之外的影响，其中包括巨大的危机感和前途未卜的不确定感。我们由此认识到，现代社会的掌控力并没有我们想象中的那么牢靠。当年的选举就是在这样的氛围里举行的，拜登最终获胜，而特朗普拒不承认失败，这让本就不明朗的政治局势雪上加霜。尽管各州和最高联邦法院均认为特朗普竞选团队声称的选举存在舞弊的说法没有依据，但仍有数百万美国人和七八成共和党成员认为选举过程遭到了操纵，选举结果被人窃取了。面对铺天盖地的新闻，美国人是如何加以区分的呢？人类是一种天生就会给事物分类、贴标签的动物，这与剑型人格或盾型人格无关。在讲故事的时候，绝大多数人都是偏心和小气的，总在以自认为有道理的方式，把世界描绘成契合自己态度和价值观的模样。

相当多的人把社交媒体作为获取消息的来源。脸书之所以能取得如此巨大的成功，原因之一就是它迎合了用户希望定制新闻源的需要。出于吸引眼球和增加用户黏性的目的，新闻网站减小了帮助用户增长见闻的权重，它们的商业模式倾向于让用户看到他们想看的新闻，听到他们想听的消息，不断印证和强化他们对世界已有的认知。这样一来，失之偏颇的报道成了人们眼中的真相，我们看似在信息的海洋里徜徉，其实不过是在信息的茧房里徘徊。我们的大脑对事实和可能性有极为不同的观感，除此之外，语言也在这个过程中发挥着重要的作用。事实性信息比"可能性"信息更能激发大脑的活动，诸如"可能"和"也许"之类的词激发的大脑皮质活动要弱于"是"和"有"。这就是为什么大脑很容易受到谎言的蛊惑，尤其在谎言被重复多次之后。

我们是如何在这种被模糊化的现实里自处的呢？在寻求解释的过程中，我们倾向于用意识形态的滤镜过滤庞杂的信息，从特定的角度进行释义，以迎合自己的偏见。这种现象被称为证真偏差，它是指通过特定的视角释义新证据，以证实和巩固已有的信念或倾向。

将过于复杂的情况和事物简化总是很有吸引力，因为这样做可以让这个世界显得更容易预测、变数更少。我们在 2020 年的美国大选之后看到了类似的情况。总统大选的成败受到很多因素的影响，总有人认为选举结果不符合他们的意愿，甚至令他们震惊。那些对 2020 年美国总统选举结果满意的人看到的仅仅是拜登获胜，而那些不满意的人则要为眼前的结果寻找合理的解释，他们的做法就是编故事。最主流的剧本是指控选举舞弊，对很多人来说，相信投票过程遭到了系统性操控能够很好地解释令他们不满意的结果，让他们眼中的世界重新变得清晰、有秩序。

我们理解事物和寻找因果关系的需求，源于我们想要活在一个可预测的世界里。但是，对秩序和确定性的渴望也有其阴暗面——歪曲现实。最近的一项研究发现，一个人越是强烈地想要看清世界秩序，就越有可能把不符合自己观念的叙事看作他人故意捏造的产物。有些信息虽然不符合我们的喜好，但它们却符合事实，相比承认这一点，我们更愿意相信自己仿佛在一片混沌中感知到了秩序。

给事物贴上标签，使它们契合自己设想的故事情节，是我们为减少模糊性带来的不适感而做的努力之一。每一个好故事都需要主角和对手，也就是英雄和反派。社会心理学的相关研究认为，在感觉自己对生活缺乏掌控力时，人们采取的措施之一就是把自己遭遇的不幸归咎于某些模棱两可的东西。历史上发生过这样的事情，离我们最近的例子是民粹主义和民族主义在世界范围内的兴起。在以我们的经验为模板的故事里，没有什么东西比一个明确的敌人更能有效地将众多零碎的事件串联在一起，尤其是那种强大的黑暗势力。

这跟大脑的化学物质平衡又有什么关系呢？虽然盾型人格者和

剑型人格者都不喜欢模棱两可的情况，讨厌程度也不相上下，但他们的认识和反应却略有不同。剑型人格者倾向于把不确定的事物当作障碍，即在走向终点或得出结论的过程中需要努力排除的东西。往往在时机还未成熟的时候，剑型人格者就急急忙忙地想把所有的要点都连成线。盾型人格者不追求速度，在碰到似是而非的情况时会选择放慢脚步，因为他们担心不明朗的形势中隐藏着危险。盾型人格者也想减少迷惑的感受，只不过他们不愿意拿自己的安危作为赌注。

人类的大脑钟爱清晰的条理。我们喜欢对事物进行明确的分类，一旦遇到模棱两可的情况就犯了难。我们喜欢简便的分类方法，比如正常和不正常，正确和错误，好和坏。

对唯奖励和结果论的剑型人格者来说，当机立断比深思熟虑更重要。如果事情做得不够圆满，该怎么办？做完就可以了，还管什么圆不圆满！这种不求精准而只求速度的偏好，源于他们对模糊性的厌恶。模棱两可、细微和复杂的区别构成了认知上的一个又一个瓶颈，细致的甄别会拖慢思考的速度。所以，很多剑型人格者宁愿直接从这些"暂停"的路标上碾过，他们认为没有必要去处理这些问题，而要将它们视作与决策和计划无关的冗余信息。

想看看现实生活中的例子吗？比如，两个洽谈生意的人要过目一份满是法律名词的合同。他们都知道这只是一份格式合同，也都想快点儿结束眼前的例行公事，但其中一个人会花时间通读整份文件，并对某一条款的措辞提出异议，表示它会影响签署的意愿。你可以大胆猜测一下，到底是剑型人格者还是盾型人格者会做这样的事？

我们都喜欢明确的答案，而模棱两可的细节会让事情变得混乱。每当遇到这样的情况，剑型人格者就会吼道："他们在说什么呢！？

要说重点。这事也太复杂了。"这种想听重点的需求会压缩事情的中间地带，把我们推向非黑即白的极端。除了非黑即白，有时也可能是非此即彼。但很多时候，现实中没有结果明确的选择，而是许多种可能性交织在一起。

对模棱两可的厌恶造成了二分法思维。对于这种僵化的思维方式，英国哲学家艾伦·沃茨（Alan Watts）的一句话胜过千言万语："这就像本打算去商店买一条面包，结果却只买了点儿面包皮。"有时候，"细节决定成败"的说法还真能站得住脚。要是操之过急，一门心思地想要快点得出非黑即白的结论，就有可能忽略微妙的细节，遗漏事物的深层意义。这些东西犹如面包的馅料和配料，但遗憾的是，同现实中的面包不同，要完全消化它们可不容易。

如果你通过自测发现自己有剑型人格的倾向，那你或许可以在这里暂停一下，问问自己是不是喜欢对事物进行快速分类和定性。你是那种"让我们直奔主题"的人吗？你是不是经常急着得出结论？只要上述任何一个问题的回答为"是"，你就可以认为自己有剑型人格的倾向，并且需要提醒自己放慢速度。一味冒进会使人忽略那些对决策至关重要的细节信息。当你感觉自己的脾气又要上来时，深吸一口气，然后提醒自己：多一分耐心和谨慎，就多一分保护和周全。

盾型人格者在这方面面临的困境有所不同。他们容易迷失在琐碎的细节里，却对显而易见的大局熟视无睹。如果你觉得自己属于这种情况，那你可以问问自己，比如，"没错，但这又意味着什么呢？"，或者"那么，你考虑的这些东西会对整个形势造成什么影响呢？"。关键在于，你也不希望自己疲于应对细枝末节的事，以至于无法采取必要的行动。

保持专注力，注意细节

人与人的专注力是有区别的。有全局思维、不怕冒险、行事风风火火的剑型人格者很容易分心，而凡事以小心为上的盾型人格者则更专注，也更注重细节。这是盾型人格者与生俱来的特质，是警惕性的副产品：如果你的雷达总是在扫描潜在的危险，那你洞察细节的能力自然不会太差。

集中注意力是进行高效思考的必要条件，而神经系统恰到好处的唤起水平则是与注意力相关的重要因素。你应该知道，神经系统的唤起水平是一种先天因素，它的高低决定了我们大脑的类型或应对压力的风格。专注力的保持依赖于强度适当的唤起，这是理解它的关键点。有一名患者曾这样描述自己的注意力："一旦别人开始解释一些复杂的东西，我就会走神。"良好的专注力无疑是注重细节的前提条件，毕竟，一个无法集中注意力的人只会觉得细节太过支离破碎，以至于看不见或感受不到。当你把心思放在其他地方时，你会发现自己虽然翻动着书页，却想不起来刚刚读了些什么。这种情况会发生在我们的唤起太弱或太强的时候，只有让中枢神经系统的唤起水平介于某个相当狭窄的区间内，我们才能产生安全和舒适的感受。

专注力是一种与生俱来的特质。有的人天生拥有极强的专注力，有的人则不然，二者之间的差异早在童年时期就露出端倪了。如果你很难安静地坐下来写作业，很难记住刚刚读过的书的内容，那你很可能属于剑型人格。尽管你可能从小因为不遵守纪律而被批评，但这并不是你的错，要怪就得怪你的神经系统和它那不争气的唤起水平。你只是在寻求足够的刺激，以便让神经系统维持觉醒和忙碌的状态。当某项活动提供的刺激无法满足你集中注意力的需要时，你就很可能分心。

由于盾型人格者的神经系统往往处于过度唤起的状态，这类人往往更善于集中注意力和区分事情的轻重缓急。他们能做到聚精会神，但并不一定是因为他们想要这么做或有意这么做。没错，他们良好的专注力是无心插柳的结果：谨小慎微是盾型人格者与生俱来的行事策略，用于抑制唤起。因为在他们看来，知道得越多，未知的东西就会越少，他们也能越安心。

所以，强度适当的唤起能让我们的注意力更集中。同样，警觉性（相当于唤起）的适当提升是好的，而过度提升则是不好的。研究显示，一定程度的焦虑有助于提高考试成绩，但如果焦虑程度过高，它又会对考试成绩造成负面影响。这符合常见的倒U形曲线：随着程度从低到高，一个因素的影响也会从促进转变为抑制。

专注力是盾型人格者的宝贵财富，不过，一旦唤起水平过高，就会对注意力的集中产生负面影响。焦虑会破坏专注力，造成注意力涣散等结果。在这种情况下，要把注意力集中在外界事物上会很难，因为内心的唤起正在兴风作浪，导致人们疲于理解、合理化以及逃避由此引发的感受。认知能力的范围是有限的，如果被焦虑大量占用，自然就会出现无暇顾及细节的情况。

如前文所说，许多学生都被认为有注意力不集中和心静不下来的问题。最常见的诊断是注意障碍，也叫注意缺陷多动障碍。按照一般的逻辑，这些在教室里蹦蹦跳跳的孩子可能是因为神经系统的唤起太强烈了。但事实并非如此，他们不是唤起过度，而是唤起不够。于是，他们四处寻找增强唤起的方式，目的是让自己的感受恢复正常，让生活回到正轨，并弥补神经系统的不足。

治疗注意缺陷多动障碍的常见方法是服用苯丙胺类药物，比如阿德拉、右苯丙胺和哌甲酯，它们能提高大脑额叶皮质的多巴胺含量，从而显著提高专注力。还有证据显示，转运蛋白无法有效地将多巴胺运输到上述脑区是造成注意缺陷的原因之一，也是导致这类病症的患者多巴胺水平下降的原因之一。放任神经递质的失衡对剑型人格者的认知能力发展有明确的负面影响。另外，如你所知，多巴胺的失衡还与容易冲动的行事风格有关，这进一步增加了剑型人格者集中注意力的难度。针对这类病症的用药依然富有争议性，因为有的家长不愿意用药物治疗孩子的注意障碍或注意缺陷多动障碍。但你不妨这样想：糖尿病患者是胰腺的内分泌功能出现了问题，因而无法合成足够的胰岛素；注意缺陷多动障碍患者则是大脑的合成功能出现了问题，因而无法合成足够的多巴胺。这个类比涉及两种器官，它们都出于某种原因而无法合成某种重要的化学物质。同样的问题，自然可以用相同的思路解决。作为人体器官，大脑的情感比胰腺充沛得多，这对那些因为神经递质失衡而无法集中注意力或提高认知水平的孩子来说可不是好事。行为疗法对这类病症的患者来说也非常关键，但为了让疗效最大化，相关的治疗也应该从纠正脑内化学物质的失衡着手。

注意缺陷和阅读障碍之间有所重叠。在阅读障碍人群中，大约1/3的人被确诊患有注意缺陷多动障碍。不过有意思的是，被诊断患有阅读障碍的儿童也有其他独特的表现。阅读障碍是一种在日常生活中十分常见的综合征，它虽然会降低人的阅读能力，但似乎也会让我们更擅长处理人际关系。据称，有许多研究报告提出，一些患有阅读障碍的孩子在社交方面表现得比普通人更得心应手。另外，一项最近的研究对有和没有阅读障碍的孩子进行了比较，并发现那些患有阅读障碍的孩子往往具有更强的情感表达欲望，在支持情绪形成和自我意识的关键性脑区，这些孩子的神经元连接也更强。由此可见，很多患有阅读障碍的孩子似乎在人际交往方面拥有明显的优势，他们的情商也更高。

你肯定记得，剑型人格者把更多的注意力放在外部世界，对社交生活中的你来我往高度敏感，他们更在意速度的快慢而不关心精确性的高低，喜欢诸如"是"之类的词，讨厌类似"不"的回答。剑型人格者的神经系统相对不那么嘈杂，这或许就是为什么他们能把注意力放在许多地方，广泛关注外界事物，而不至于像盾型人格者那样，动不动就深陷细节中难以自拔。盾型人格者的专注力更多源于内驱力，他们更关心事物琐碎的细节，希望知道其中是否隐含着对自己不利的危险；而剑型人格者不会把注意力放在规避伤害上，他们更关心是否有机会得到某种形式的奖励。剑型人格者和盾型人格者对感受的价值有不同的看法。剑型人格者更看重新鲜感和刺激感、人际交往及直截了当的结论，它们都是有可能带来积极结果的东西。盾型人格者则更看重熟悉感和可预测性，他们要花很多的时间深思熟虑，甄别所有可能带来隐患的因素。这里需要强调的一点是：这两种人格不分好坏，它们时常导致人们做出迥异的决定和选择，最后得到相应的结果。

我们姑且在此提醒你一下，为什么你要花费力气来了解唤起对自己的意义。最基本的收获是通过我们的介绍，你知道有人喜欢唤起而有人不喜欢，而且这两种倾向有各自的优缺点。理解这些缺点能让你认清自己的短板，知道应该如何努力才能将其反过来善加利用，并转化为自身的优势。

剑型人格者最主要的缺点是他们容易漠视、贬低和掩饰关键的细节，但事后又常常为自己的考虑不周而后悔不已。我们的决定都会造成相应的后果，人人都不喜欢懊悔的感觉，而它在很大程度上是可以避免的。下面这两个练习可能会对你有所帮助，第一种叫回顾性练习，第二种叫前瞻性练习。想想你以前做过但事后非常懊悔的决定，比如你把省吃俭用积攒的钱拿去投资，结果落得血本无归。看看你能不能想到四五件这样的事。对于每一件事，思考一下你在做决定时遗漏或忽视了哪些细节，把它们写下来。在这一步，你必须尽可能地坦诚，并细致地复盘。完成之后，你就可以做前瞻性练习了。仔细阅读你罗列的细节，强迫自己寻找它们的共性，也就是你重蹈的"覆辙"。你把注意力放在了哪里，又忽略了哪些细节？将这份清单放在便于随时查看的地方，下次需要做重要的决定时，就把它拿出来复习一遍，确保你不会再犯相同的错误。你把注意力错放在了什么地方？你漏掉了哪些细节？对于眼前的决定，看看你能否利用上述信息，确保这次能将注意力放在对你最有益的那些方面，不再忽略曾被你无视的重要细节。

剑型人格者太容易被正面的奖励诱惑，以致他们常常忽视负面的细节，而盾型人格者面临的困境则不一样。规避隐患的目标支配着他们的注意力，使他们容易忽略决策过程中的积极因素。盾型人格不会对坏事掉以轻心，但他们缺乏对好事的敏感性。他们对负面结果抱有十二分的警惕，却常常因此忽略积极因素。尽管盾型人格者相当善于集中注意力和挖掘细节，但无论遇到什么情况，他们都要不遗余力地思考和斟酌——面面俱到对于盾型人格者实在太重要了。

对于盾型人格者，列一张心愿清单将非常有帮助，上面可以写他们尚未实现的愿望，也可以写因为身不由己而错过的机会。比如，"我肯定愿意在当初市场不景气的时候买下那套房子"，或者"我真希望自己能在那天的晚宴上更积极一些"。看看你能不能想到四五个类似的心愿，针对每一个愿望，想想你当时在逃避什么（让你犹豫的关注点），并把它们写下来。通常情况下，这些逃避的理由都与盾型人格者不想犯错或不想经历情感上的挫折有关。尽量把逃避的理由写得具体一些。对于你罗列的每一个愿望，虽然你考虑到了某些不利的方面，代价却是忽略了某些积极的方面。如果你当时说了"是"而非"否"，你能得到哪些积极的结果，把它们全部写下来。下次需要做决定的时候，在脑子里重复一下这个练习。请记住，你有时过于小心谨慎了。尝试做出改变，哪怕是在做决定时，也要赋予潜在的好处和隐藏的风险以同等权重。要求自己尽可能多且细致地罗列果敢的决定能为你带来哪些收益。我们并不是想把盾型人格的人改造成一个鲁莽的人，而是想让你少钻牛角尖。

反馈和前馈

我们的决策建立在复杂的事前权衡（前馈）或对于事后影响的关注（反馈）之上。我们只有在做自己最擅长的事时才会感觉最舒服，对剑型人格者来说，能够清晰地描绘他们的预期，并依靠前馈精确地预测未来——将过去的经历串联起来——这便是舒适区了。相反，盾型人格者天生的高水平唤起导致他们更在意反馈。这并不是说盾型人格者不依靠预测和前馈，而是相比剑型人格者，他们更看重事态的实时变化（反馈）。因为习惯了感官信号像炮弹一样连续不断地输入，盾型人格者倾向于依据眼前的情况（实时反馈）调整自己的行为。正是这种时刻审视自己的行为对周围环境造成了什么影响的倾向，使他们在复杂多变的环境里显得格外出色（此外，拥有足够多的兴奋性神经递质可能也有所帮助，比如去甲肾上腺素）。

为什么前馈和反馈如此重要？因为它们的目标是在先天的基础上，让你学习并获得那些可能对你有利但不太容易拥有的能力。奖励导向的剑型人格者非常善于预测出积极的结果，他们的做法是归纳总结过去的经验，这种方法在形势明朗时最容易见效。当然，一旦过去的经验不能对眼前的情况起良好的指导作用，剑型人格者就会陷入困境，比如不得不面对某些从未遇见的变量或变化。剑型人格者的这个问题部分源于他们会反复采取同样的做法，即使情况有变也依然一根筋，这是剑型人格者僵化死板的表现之一。除此之外，其他因素还包括他们不愿意善加利用反馈去改进自己的行为。

就这一点而言，下定决心将注意力放在任何可察觉的改变（反馈）上，并相信类似的信息对于改进自身行为有价值，这是剑型人格者能送给自己的最好的礼物。有助于做到这一点的最有效方法是，在内心进行苏格拉底式对话。问问你自己：我的做法能有效果吗？如果不能，眼前有什么改进方法，可以让我得到我想要的结果？除此之外，下面这个问题是你最应该问自己的：我有没有因为某些细节与计划或想要实现的目标相冲突而忽视了它们？记住，看到与处理或仔细考虑有着天壤之别。从表面上看，剑型人格者和盾型人格者没有任何区别，同样的东西映入眼帘，能从其中看出多少相关细节或对细节有多关注，才是他们之间的不同之处。

德里克周末去墨西哥的拉巴斯钓鱼。他和他的钓友们都玩得很开心，回家的时候还带走了100多磅①的鱼。没过几天，德里克就决定买一条商业渔船，他认为这肯定会是一笔回报丰厚的好买卖。当他把这个想法挨个告诉钓友后，他们每个人都认为德里克的这项计划的前景堪忧。我们就不详细介绍德里克的钓友们谈到哪些具体细节了，总之，他们给出了很多务实的反对理由，并且都认为这笔生意会黄。但他们没能劝退德里克，他最终还是买了一艘昂贵的船，然后开着它去了拉巴斯。一个月后，新冠肺炎疫情袭来，当地的旅游业遭受重创。我相信你肯定能猜到德里克的投资计划最后以怎样

---

① 1磅≈0.45千克。——编者注

的结果收场了。

对于自己的创业计划，德里克表现出了异乎寻常的专注度，他全力以赴地筹划和准备。但他欠缺的是在得到无数负面反馈后，重新对自己的计划进行评估的行动。他并不是没有看见或听见钓友们的反对理由，他只是选择视而不见、充耳不闻。

在进行决策时，盾型人格的缺点或许不同。出于自我保护的天性，盾型人格者倾向于把注意力放在可能会出问题的地方。他们的问题是过分在意负面反馈，并因此降低了对正面反馈的关注度。当然，反馈仅仅是信息的一种。当收到反馈时，我们的任务是对它们进行释义和评估，而盾型人格者容易对原本是中性或正面的反馈视而不见。

安妮最近跟我们讲述了她在一场派对上的遭遇。在那里，一位迷人的男士吸引了安妮的注意。当时她正在和一个女性朋友聊天，偶然发现这位男士三番五次地朝自己这边看，神情十分害羞。显然，他对安妮有意思。意识到这点后，她主动与这位男士对上了视线，并向他微笑致意，期待他能走过来搭话。出于礼貌，安妮并没有打断正侃侃而谈的女性朋友。她又往男士那边望了一眼，希望能引起他的注意。按理说，此时这名男士应该已经收到相当多的正面反馈了。但即便有这些积极的暗示，他依然没有采取行动。很遗憾，或许就是出于这个原因，二人的故事到此为止。但凡安妮的回应在那位男士的眼里有一丁点儿积极反馈的意思，他都会愿意为爱勇敢一次。但他没有行动，所以这个男人肯定属于盾型人格。

对于盾型人格者，一味磨炼自己对反馈信号的感知能力，并不会让他们真正地成长。他们需要有针对性地提高自己对正面反馈的敏感性。悲观的天性已经让他们在防患于未然这一点上做得足够出色了，他们真正需要的是一双发现积极信息的慧眼。我们不是让他们放弃悲观主义的倾向，而是建议他们用同等权重的眼光看待积极信息。

思考的速度

诺贝尔经济学奖得主丹尼尔·卡尼曼在《思考，快与慢》中提出了一种解释人类思考和决策行为的双系统模型。1号系统以速度见长，它基于印象和直觉，做出的决定更类似于我们的本能反应。这个系统时刻都在运行，不断产生直觉和看法。我们的大脑非常吃这一套，它喜欢根据连贯、有条理和简单易懂的故事进行决策。人类几乎不会舍近求远，这肯定是因为容易的事消耗的热量比较少。不过，作为追求速度的代价，1号系统经常因为潜意识里的偏见而产生草率的看法、妄下定论和做出错误的决策。我们的大脑对1号系统的偏爱是阴谋论吸引人的根本原因，我们总想通过编造清楚易懂的故事，从多数时候混乱的事物里梳理出清晰的脉络。就人类思维而言，很少有比混乱无序更能引起不安的东西。无序会让人联想到混乱的随机性，并产生一种失控感。强行以简单的方式解释实际上并不简单的一连串事实，只是因为一旦你相信了这套说辞，就可以从中获取更强的掌控感，形形色色的阴谋论也因此能够长盛不衰。

我们通常只在遇到问题或发生意想不到的情况时才会求助于2号系统。每到这种时候，我们都会有意识地放慢思考的速度，从更慎重和更具批判性的角度看问题。2号系统的运行速度慢于1号系统，但它的分析能力更强，更贴近问题解决导向，因而需要更坚实的数据和证据基础。

你或许能够想见，在决策的过程中，骚动的唤起会导致盾型人格者比剑型人格者愿意花更多的时间在速度较慢的2号系统上。这是因为盾型人格者更忌惮伤害，保护欲更强，但1号系统不仅速度快，它提供的故事版本也总是过于简单且以目标为导向的，这很难让盾型人格者信服。他们更注重规避风险，倾向于更仔细地确认是否遗漏了相关信息。相反，剑型人格者则没有那么在乎结果是好是坏，他们更关心能不能提高唤起水平。事实上，正是天生对唤起的渴求造成了他们的盲点，使他们在潜意识里忽视事物的精准性，而只注重速度和条理性。

盾型人格者并不一定比剑型人格者更喜欢进行分析性思考，他们是被自己的天性裹挟着才这么做的。事实是，如果不这样做，他们就会感觉不舒服。这既成就了他们，也妨碍了他们。注重细节让他思虑周全，但很容易犯过于保守的错误。只不过相比过于冒进的错误，盾型人格者更不在意行事保守一些。造成这种情况的原因当然是他们倾向于高估负面结果，同时低估正面奖励。

因为缺乏能压制神经系统唤起的血清素，盾型人格者很难通过天然的途径安抚自己的情绪，这让他们容易陷入焦虑，所以盾型人格者的杏仁核要比剑型人格者的更忙碌。繁忙的杏仁核会发出更多的保守信号，更频繁地处于过度警觉的状态，导致更强烈的唤起。盾型人格者在很小的时候就明白了，只要把注意力转向内部世界，就能对强烈的唤起起到一定的压制作用。这也是为什么他们在日常生活中喜欢花时间沉思，因为每当这时，他们就可以享受片刻的平静和安宁，并且暂时从嘈杂的外部世界中抽身。

惯例的构建

剑型人格者天生喜欢构建惯例，因为这样做对增强唤起有利。还没开始行动就能知道结果，对奖励的预期可以促进多巴胺释放，这正是他们做事喜欢按部就班的原因。

过于强烈的唤起导致盾型人格者更愿意关注眼前的感受，不幸的是，这会使他们看不见"头顶的胡萝卜"，也就没有动力像剑型人格者那样构建有益身心健康的惯例。我们以日常锻炼为例，盾型人格者很可能不会把关注点放在锻炼之后感觉会有多好上，而是会强调眼前的一些感受，比如，"我现在没有锻炼的兴致"，或者"我觉得太麻烦了，而且外面实在热得要命！"。对盾型人格者来说，大棒往往比胡萝卜更能吸引他们的注意力，并成为他们行事的动机。"你得减掉 20 磅，并且开始锻炼，不然就会得心脏病和脑卒中"，类似这种从医生口中说出的话有助于激发盾型人格者的积极性。

需要澄清的是，我们在这里所说的惯例和习惯有微妙的区别。习惯是我们在无意识地重复某种行为的过程中自然形成的，没有经过甄别和挑选；而惯例则是我们主动构建的。我们通常直到习惯形成之后才会发现它们的存在，而惯例往往需要一定的计划和主观意图。和习惯一样，惯例本身也没有好坏之分，只在具体的个体身上体现出是否健康的区别。你可以把惯例看成是有意识培养的习惯。剑型人格者渴望将能够引发唤起的行为串联在一起。请记住，促进多巴胺释放的是对于奖励的预期。只要你告诉剑型人格者怎样才能刺激多巴胺分泌，他们就一定会付诸实践。

构建惯例就是一种有效的方法。设定目标，去实现它，在这个过程中你可能会遭遇一些挫折和意外，但只要最后得到的是奖励，每一次类似的经历都是在促进惯例的构建。大脑不会区分惯例的好坏，对所有惯例都一视同仁。无论什么事，只要一件事成为惯例——不管是疯狂地网上购物，还是早晨 6 点在跑步机上锻炼——它对大脑来说就是有意义的，虽然前者让人家财散尽，而后者有益于健康。剑型人格者面临的核心挑战是，如何利用前额皮质主导的判断力鉴别一个尚未成熟的惯例究竟会将他们引向何方。

很多时候，我们只是胡乱地把一堆惯例组合在一起，其中一些有益健康，另一些则不然。同样常见的情况是，在面对那些能够促进唤起但对自己不利的惯例时，前额皮质会陷入难以取舍的境地。

剑型人格者可以利用下面这种方法评判自己生活中的惯例是否有益。我们要求患者以寻常的方式过完一周，在此期间，他们要把清醒时做过的每一件事都记录下来，然后进行复盘，看其中有没有固定的模式可循。这种复盘的意识是梳理哪些行为模式有益而哪些无益的第一步。在本书的后续内容中，我们将罗列一些建立健康惯例的具体方法，涉及饮食、锻炼、睡眠和情绪管理（自我安抚），让剑型人格者能充分发挥他们的优势和利用天生的倾向。

盾型人格者不是天生的惯例构建者。由于不需要寻求更强的唤起，他们不像剑型人格者那样，有构建惯例以获得奖励的动机。剑型人格者倾向于用过去的经验预测未来，而盾型人格者则更愿意活在当下。这不是因为他们信奉禅宗的哲理，而是因为时刻的戒备能让他们更有安全感。出于这份警惕心，他们的想法往往更接近于"我打算再等等，看看自己到底想不想干这件事"，而不是"无论想不想，我都要做这件事，因为我知道结果有多好"这种有利于惯例构建的典型思维。

盾型人格者不是不会构建惯例，但问题是他们会构建一些有害健康的惯例。阿萨会在下班回家的路上拐个弯，把车开进一家酒类专卖店的停车场。进了店铺，还没走上两米，售货员就已经拿出了半品脱的皇冠伏特加酒和一包嘀嗒糖，并摆放在柜台上。阿萨朝售货员会心一笑，边掏钱包边说："本，你说我这么容易被猜透是不是不太好。"回到车里，阿萨拧开酒瓶盖，喝了一大口酒。他打开广播，一边听着音乐，一边慢悠悠地喝酒，直到酒瓶见底。把空瓶丢进附近的垃圾桶后，他重新回到车里，往嘴里塞了几颗嘀嗒糖，然后发动了引擎。在回家的路上，他满脑子想的都是怎样才能在吃晚饭的时候再喝上几杯红酒，并且不会遭到孩子们的白眼，也不用听老婆唠叨酗酒有害健康之类的话。是的，这就是阿萨构建的一个日常惯例，但它绝对是不健康的，而且酒后驾车也是违法的。

盾型人格者当然也能通过复盘日常生活中有哪些惯例而获益。我们建议你在至少一周的时间里，仔细记录自己清醒的时候做过什么事。如果你已经构建了成熟的惯例，那么一周的时间通常足够你把它们梳理出来。在这些惯例中，你认为有多少是有益健康的，又有多少是有害健康的？你觉得有多少惯例构建的初衷是逃避不适感？你是否经常发现自己一边说着"我应该……"之类的话，一边却找借口拖延？你是不是因为想到了做这些事时的不适感才找借口的？对你有益的惯例通常都会带来些许不好的感受，逃避不适感的盾型人格者倾向于延迟痛苦到来的时间。但你要记住，躲得过初一躲不过十五，延迟痛苦（比如不去锻炼）只会放大痛苦（久坐的生活方式对健康的危害是可预见的，而且后果非常严重）。

不同的惯例——包括有益的和有害的——往往能和谐共存，除非你主动去改变这种情况。这并不是因为我们无法区分惯例的好坏，鉴别哪些惯例对我们有益并不难，难的是放弃那些对我们有害的惯例。在接下来的章节中，我们将鼓励你采取行动，同有害的惯例划清界限。要做到这一点，剑型人格者必须心甘情愿地放弃以增加唤起为唯一目的且没有其他意义的惯例。难就难在他们必须学会忍受较低水平的唤起，以及放弃不健康的惯例所带来的不适感。而我们对盾型人格者的要求则与此不同，他们必须迈出勇敢的一步，相信健康的惯例带来的回报能够补偿他们在构建这种惯例的过程中承受的不适感。我们会展示如何充分利用大脑化学物质的天然失衡来达到这个目的。

剑型脑与盾型脑
在工作中的表现

第 4 章

如何扫清阻挡在抱负、成功和决策前的障碍

在我们的职业生涯中，大脑内的化学物质在最基础的层面上扮演着强大的角色，并且多数时候不为人所知。

我们接下来要讲的是不同类型的大脑与工作的关系。在形形色色的工作和职责背后，看不见的神经化学物质如暗流般涌动，影响着我们在事业上所能达到的高度。不同类型的大脑在面对压力时会采取不一样的行动，而在日常生活中，很少有其他东西能比工作更让人备感压力。工作犹如现代社会的丛林，秉持着优胜劣汰、适者生存的法则，弱肉强食的斗争时有发生。

我们都知道外部环境对个人事业的成败有决定性的影响，比如接受了多少文化教育和专业技能的培训。不过，我们接下来要审视的是一些对工作而言至关重要的内在因素，它们受大脑化学物质的影响。每个人都有自己独特的信念，它是我们全神贯注追求的目标，也是支撑我们前行的信念。它更通俗的名称是"抱负"。

实现抱负和成功的障碍

　　抱负是成功的必要不充分条件。虽然有抱负的人并不一定能成功，但成功人士鲜少是胸无大志者。对有些人来说，雄心源于持久的热情和渴望，而对另一些人来说，他们滋养雄心的肥料其实是恐惧和不安全感。前者是意愿，而后者是需求，两者的结合具有强大的力量，虽然它们的权重有高有低、因人而异，但我们的行为动机大多来自这两个方面。按照世俗的标准，抱负能促使我们锲而不舍地追求目标，没有抱负的人很难获得成功。然而，对成就的渴望并不总能得到正面评价。事实上，在有些古老的文明里，有抱负可能是一件不好的事，它使人堕落，沉迷于世俗的追求，让人无缘体会宁静、智慧的精神生活。即使到了今天，我们在谈论抱负的时候也依然会将其区分为"雄心"和"野心"。通常而言，雄心指的是一个人对自己的天赋善加利用，无须做出过多的牺牲或付出惨重的代价；而野心则是赤裸裸的争斗，贪婪而盲目，全然不顾给自己和他人带来的破坏性结果。

　　遗憾的是，对抱负的科学阐释并不多，因为用学术研究的方法剖析抱负收效甚微，这在很大程度上要归咎于它的定义不清。不过，下面这些事是比较明确的。在迈尔斯–布里格斯人格类型测验（MBTI）[①]的 4 个心理维度中，外向型和内向型（你可以把它们等同于剑型和盾型）是差异最大的一对。在测试结果为外向型的人中，有 85% 自认为很有抱负，而持同样认知的人在内向型人格者中的比例仅为 67%。一项为期 3 年的研究调查了内向型员工和外向型员工在升迁率上的差异，结果发现，在心理测试中表现得越有抱负的人，

[①]　这就是俗称的"16 人格测试"。该测试把心理偏好分为 4 个维度，每个维度包含两种相反的心理偏好，共 8 种倾向。每个维度只能二选一，最后以 4 个维度的组合描述测试者的性格。——译者注

升职的概率就越大。其他研究也认为，乐观的性格与反映成功和完美的客观指标之间存在相关性。剑型人格者在这方面确实有优势。

世事如此艰难，我们是如何通过历练找到生存之道的呢？父母和亲人起到了榜样的作用，他们的言语和行动塑造了我们，把我们变成了该有的样子。当然，我们会以怎样的方式表达抱负，这取决于个人的认知能力、恐惧及教育和社会经济背景。此外，它还受到愤怒、嫉妒、竞争意识、精力、性冲动和自我认知等因素的影响。但在所有这些错综复杂的因素中，中枢神经系统的化学物质平衡起着根本性作用。在实现抱负和获得成功的道路上，剑型人格者和盾型人格者各自的倾向既能使他们在某些方面受益，又会在另一些方面让他们受阻。

在最近的一次回顾中，拉里为自己没能抓住竞选机会而惋惜，尽管他曾对学生会的工作很感兴趣。他用略带悲伤的语气回忆道："我记得自己很想参选其中的几个部门，就连竞选的演讲稿都写好了。可我实在太紧张了，到了最后关头还是放弃了。"拉里是个没有抱负的人吗？我们认为他不是的。他真心希望自己能得到锻炼，只是最后没有付诸实践。低水平的血清素让他眼里的梦想黯然失色，剥夺了他可以改善自我认知的机会——他没有选择接受锻炼，而是屈从于不舒服的感受，采取了逃避行为，最后剩下的只有懊悔，而他多么希望当初的自己没有临阵脱逃。

我们来仔细看看盾型人格者可能会在追寻梦想的道路上让自己陷入哪些麻烦。

盾型人格者如何在成功的路上自我设障

如果你的神经系统异常兴奋，导致你的性格底色是倾向于逃避、厌恶风险和悲观的，那你还能学会如何应对类似"抱负"这样宏大的议题吗？虽然不容易，但只要你肯付出认识和行动上的努力，还是有可能的。因为强烈的保护欲，盾型人格者倾向于压抑自己的抱负，尤其是在那些压力大、容易招致批评、可能引发情感冲突和需要冒险的情况下。这并不是因为盾型人格者不思进取或不想打破陈规，而是因为他们有时会步障自蔽。

越是远大和复杂的志向，包含的不确定性就会越大。在面对未卜的前途和未知的结果时，剑型人格者通常相当肯定事情会朝着他们预期的方向发展。他们很可能会说："明白了，那何不一试呢？"盾型人格者则讨厌不确定性，他们只会站在原地，看着剑型人格者与不确定性共舞。他们不仅对这种情况敬而远之，有时甚至会为自己的"明智"选择而沾沾自喜。不确定性会让盾型人格的忧患意识警铃大作，相比之下，乐观的天性让剑型人格者对未知的事物有更高的包容度。我们都生活在一个以或然性为基础的世界里，谁也说不好明天会发生什么，但盾型人格者更容易考虑到最差的情况，并过分强调自己为此付出的代价。这种思维方式深深影响了他们的决策。

那么，盾型人格者是如何看待他们心中的抱负的呢？工作上的抱负是指，设定一个具体的目标，然后朝着这个目标努力。想要研究盾型人格者对抱负的看法，一定绕不过三个对他们实现抱负和取得成功有重大影响的因素：逃避、厌恶风险和悲观。

逃避：重新释义唤起。我们在前文中探讨过，盾型人格者会想方设法地约束和限制唤起，以调节他们那闹哄哄的神经系统。正是这个过程圈定了抱负的边界，限制了盾型人格者的志向。

下面介绍一种很好的练习，有助于建立个人的评判尺度，看看你对唤起的认知是否真的干扰了抱负的实现或限制了你的成功。花点儿时间想一想，你有哪些想做的事，如果你能一直保持放松和舒适的感觉，你想尝试做哪些事？如果你不再焦虑和犹豫，你又想做些什么？不要只是思考，要把你的想法写下来。你可能需要花几天的时间才能列出一张像样的清单。提醒一下，你最好不要写"如果能保证不失败，我想做些什么"。任何困难的事都有可能失败，直面失败和吸取教训是学习的必经之路。没有人能保证你不会遭遇失败。实际上，失败常常是积极的信号，它意味着你在拓展自我、锻炼自己和挑战极限。不要排斥失败，你可以换一种措辞，比如，"如果不再紧张或焦虑，我想做些什么"。

紧张和不适的感觉是唤起最常见的副作用。对于盾型人格者，稍强的唤起会通过边缘系统发出信号，抑制奖赏回路，同时激活警报。盾型人格者对这些信号的解读会反映在他们追求目标的惯常方式上，在他们眼里，这些信号要么只是一种强烈的情绪，要么就是危险的征兆。如果给它们贴上危险的标签，可能就会促使盾型人格者做出一些消极的选择。每当他们对类似的负面感受说"不"时，解脱感便会油然而生，这种感觉被当成了奖励，给放弃的行为盖上了认可的印章。

逃避是一种旨在减少唤起的策略，有时甚至是为了减少对唤起的预期。在认知行为疗法中，我们会训练逃避成性的人，让他们更习惯于唤起的感受。方法之一是模拟过度唤起的感受。你可以做短而有力的深呼吸练习，至少持续一分钟。这样可以使人产生焦虑症发作的症状，只不过它持续的时间非常短。这个练习的目的很简单，如果你能主动让自己陷入可怕的焦虑，体验脑子乱哄哄的感受，就会逐渐意识到只要你自己不火上浇油，焦虑不过是一场会自动平息的化学风暴而已。不仅如此，我们还知道自己完全有能力掌控这些感觉。通过主动诱导焦虑，我们会了解到强烈的唤起其实没有那么危险。

这种方法能够奏效的窍门是，你要学会给自己创造机会，把危险的感受置于可控的范畴之内。盾型人格者经常会感觉自己处于焦虑的边缘。在你陷入焦虑或预感到自己即将陷入焦虑时，试着重新解读自己的感受。比如，有些人会将自己的感受描述成"哦，这不过是一场化学风暴而已"，还有些人会用"很强烈，但也很有趣"或"我感觉很兴奋"之类的表述，这些其实算不上重新解读，而是对神经系统的精准描述。重新解读焦虑的意义在于，只要你坚持这样做，稍加实践和练习，给情绪和感受（尤其是强烈的唤起）贴上正面的新标签，就能改变那些不适感对你的影响。这种改变会让你愿意去尝试更多的新事物，减少逃避行为。

回到你列的那张清单，看看只要你感觉舒服和放松就有可能会做的那些事。挑出其中几件事，设想一下，如果你愿意尝试，会产生什么样的感觉。（尽可能具体地把你的感受记录下来。）如果这样的设想让你略感焦虑，那很正常。因为你正在想象你通常情况下不会做的事，它们对你来说是全新的，当然会激发唤起。你可以对自己说："这种感受是正常的。"这个练习不是一劳永逸的，你需要在几天时间内重复进行，并且每次挑选的事都要比之前的更具挑战性。检验练习效果的方法很简单，你的最终目标是挑出一件事，并付诸实践。不要犹豫！

另一个可能对你有帮助的练习是罗列一份"逃避事项清单"，它应当包含你倾向于逃避但有助于你取得成功的所有事。

首先，列出你在工作中可能会逃避的项目。比如，在领导看好的前提下，你却因为自己心里没底而不敢自荐，也不敢接手重点项目。其次，列出导致你做出逃避决定的所有物理、情感和环境因素。比如，你会因为自己肩负重任而恶心反胃，一想到有人正在监督你的工作就感到焦虑，或者你不愿意在临下班前突然接到工作应酬的邀请。再次，写下你觉着自己可能从逃避行为中获得哪些奖励（舒适和解脱的感受，无论多么稍纵即逝）。这一步的关键是你要诚实地面对自己，不留丝毫情面。减少唤起总能成为你逃避的奖励，不管它持续的时间有多么短暂。

至此，你应该对自己在用哪些手段暗中阻挠目标的实现有了一定的认识。最后，给自己想要逃避的事项排序，从"抵触情绪最小"到"抵触情绪最大"。作为对自己的挑战，把你排在第一位（"抵触情绪最小"）的那件事付诸实践。

你会感到有些畏难，因为你不仅要扩大自己的舒适圈，还要学会忍受陌生感和不能逃避造成的情绪波动。一旦你搞定了"抵触情绪最小"的那件事，尝到了不逃避的滋味，你就可以继续尝试清单上的下一项了。

改变你对风险的预期。盾型人格者天生的特点是，相比获得满足感，他们更害怕遇到困难；相比愉悦的情绪，他们更担心不适感。这样的特点会在无形中影响和干扰盾型人格者，阻碍他们实现抱负。抱负的内涵当然不只是完成一系列任务或计划，也不等同于个人技能。抱负是一种态度，它意味着你相信自己，并认为自己的所作所为都是值得的。除此之外，它还关乎你对风险的预期。

事实上，绝大多数人都没有反思过自己是如何评估风险的，我们只是在无意间把自己的风险观念融入了行动。大多数盾型人格者天生就厌恶风险。从婴儿时期开始，对他们闹哄哄的神经系统而言，绝大多数会增强（或仅仅是可能增强）唤起的事都会触发危险警报。早在学会用语言沟通之前，他们就已经归纳了一份清单，把他们身边的事物分成危险和不危险两大类。这种归纳在绝大多数情况下都是无意识的，而且他们的评判大都是错误的。不幸的是，这些不准确的风险预期会伴随着他们长大成人，并顺理成章地变成了他们评判风险的依据。

未经实践检验的风险预期模式有很多缺点，它限制了我们对于世界的探索，影响了我们的自信心和自尊心。盾型人格者知道自己不愿意冒险，但长年累月之后，很多人便用各种各样的借口伪装自己，形成了一套为自己的逃避行为开脱的说辞。

约翰是一家大型修车厂的职工。他从零起步学会了修挡泥板、熟练使用喷漆枪，并很快得到了晋升，负责与保险公司对接定损的估价业务。约翰是一个管得住钱包的人，他把工资的一大部分放进了一个共同基金的投资账户。尽管他高中毕业之后没有继续读书，但他有抱负、头脑聪明，而且目标明确：他要开一家属于自己的修车厂。约翰为自己的创业梦想积攒了足够的资金，但就在这时，次贷危机爆发了。洛杉矶的房地产行业遭受重创，而约翰的妻子则鼓励他利用这个时机，从他们一直观望的几个地产项目中定下一个合适的。一处完美的房产被业主以白菜价挂到了市场上，约翰和妻子坐下来认真地算了算价格。无论怎么看，他们都觉得出手的时机到了，约翰就快要实现自己的梦想了。他走进一家中介公司，但因为担心房价还会继续暴跌，又空着手走了出来。在接下来的几年里，同样的戏码反复上演，约翰每次都会找不同的房产经纪人，但每次都不了了之。就这样，在犹豫不决中，约翰眼睁睁地看着房产的价格先是一泻千里，然后又涨了上去，但他就是下不了决心。过去的约翰有多谨慎，现在的他就有多懊悔。

如果你的风险预期被大脑的化学物质失衡牵着鼻子走，而不是基于逻辑思维或优秀的商业头脑，那你就很容易郁郁不得志。"不得志"并不总是体现在错失商机上，它还有很多不易察觉的表现。比如，你在与你的直属上司的沟通中，没能让对方真正理解你做出的贡献，也没有得到应有的赏识。克莱尔是一家制药公司的董事，她曾在与我们进行的某次谈话中谈到了人力资源部打给她的一通电话。人力专员希望她对高管们的去留意向发表一下看法，说说哪些人有离职的风险，而哪些人没有。最后，公司认为只有那些不给涨薪很可能会离职的高管可以获得加薪。这件事告诉我们一个什么道理？公司很看重那些劳苦功高、德才配位而且敢于承担重任的员工，它们愿意表彰给团队带来价值的人。

并不是所有风险预期模式都很抽象，有的其实相当直观。科林一直希望能得到别人的注意和认可，但他讨厌冒险、害怕受到批评，所以他从不积极地表现自己。科林是加州大学洛杉矶分校工商管理学硕士，他在一家国有银行工作，是这家银行有史以来最年轻的投资经理。在与首席投资官商讨事务的员工会议上，科林时常想提出一些中肯和重要的意见，但他的手就是举不起来，同他人分享自己的想法对他来说太难了。事实上，他心里的答案有时候确实比别人好，因为他总会提前做功课。他其实对自己的学识和能力很自信，甚至有点儿自负。但即便如此，也无法战胜他在员工会议上的社交焦虑：会议室的门一关，科林就开始紧张，直到会议结束，他总是什么也没做、什么也没说。逃避是科林应对不适感的默认方式，无论他给自己设定什么样的目标，逃避都会成为实现那些目标的障碍。

如果科林想要变得不那么厌恶风险，一些基于认知行为疗法的个性化策略或许会对他有所帮助。以下就是我们为科林量身定制的练习：

第一步：明确设定目标。 首先，科林要清晰地列出他的目标。他写道："我想在员工会议上发表和维护自己的观点。"请留意他的表述方式，这种说法与"我希望自己能心情舒畅，充满自信，这样才能在员工会议上发表观点"不同。自信是通过勇敢的行动争取来的奖励，而不是勇敢行动的前提。

第二步：判断动机的强弱。其次，我们要求科林评估其动机的强弱，按照从1到10打分。清楚地说明事情的优先级非常重要，只有这样才能知道哪些事是他不愿意做的。毕竟，这个练习的最终目的是让他学会忍受他过去一直在逃避的、不舒服的感受。

第三步：列出风险预期。科林列了两份清单：一份是威胁（可能的负面结果），另一份是价值（可能的正面结果）。科林在价值那一列写了7个条目，但在威胁那一列只写了一个条目："我的声音会发抖，大脑一片空白。"

第四步：重构感受。我们要求科林重新解读或构建他在设想事情的发展时产生的感受：不要把心神不宁的感受释义为焦虑，而要把它当成兴奋。

第五步：情景演练。科林先是在脑子里把想说的话练习了5次。然后，他必须将同样的话大声说出来，同样练习5次。之后，他开始对着镜子练习，有一次是当着理发师的面，最后一次练习发生在通勤的火车上，他假装自己正在打电话。

第六步：逃避的行为和勇敢的行动。在员工会议开始之前，科林深吸了几口气，告诉自己要兴奋起来。其实作为一名盾型人格者，就算他不这样做也会兴奋。如果他在这种时候告诉自己要冷静，预期和实际感受的错位就会让他感到越发不安。

第七步：巩固正面结果。在员工会议上大放光彩后，科林没有忘记非常重要的一步：有意识地巩固。他需要将正面结果烙印在自己的脑海里，加深印象，并经常回想。这正是我们逐步重塑大脑的方式。有些人觉得给自己写张字条很管用，还有些人会把成功的经历大声地说给别人听或说给自己听。至于科林，他选择全神贯注地抱着他的狗，把他在会议上的出色表现讲给狗听。

对风险的低容忍度有时是一种非常令人不悦甚至是尴尬的心态。不过，厌恶风险并不总是给人带来痛苦。因为提防威胁的警觉性很高，盾型人格者很容易焦虑，但奇怪的是，他们也会因此获得安全感。安全感就是盾型人格者得到的奖励，也是他们的警戒心根深蒂固、不易改变的原因。

对于盾型人格者，确保厌恶风险的倾向能使自己处于有利而非不利的地位，是他们追求抱负和理想的决定性因素。"风险"是相对于评估事情的后果和掌控事情的走向而言的。在心理学看来，风险代表不确定性及我们对模糊性的容忍度。同生活中的其他方面一样，盾型人格者在选择职业发展路径时也会不自觉地选择那些认同适度的风险厌恶是优点并且要求从业者忍受不确定性的工作。换句话说，他们更有可能避开那些需要从业者承担和忍受适度的风险的工作。比如，我们在一项针对外科大夫和内科大夫的研究中看到，外科大夫对确定性的需求比内科大夫高得多。在分析令人困惑和费解的数据时，为了患者的福祉，内科大夫需要尽量全面地考虑各种可能性。相比之下，外科大夫（剑型人格的比例更高）如果想得太多，他们就很难给患者开刀了。你可以想象印地方程式赛车手踩下油门时的那种决心："我一定能完成这场比赛。"世界上有很多行业（甚至是同一个行业内的很多岗位）都需要从业者具有风险厌恶的特质。

除了职业生涯的选择，盾型人格者表达抱负的方式还与他们对结果的预期息息相关。抱负和理想体现在个人生活的方方面面。我们之所以会产生实现抱负的冲动，是为了在创造价值后得到他人的关注和认可，这是一个不可或缺的因素。有时候我们只要心领神会就可以了，但也有些时候，我们的付出需要得到实实在在的回报。为了实现自己的抱负，我们需要展现自己的独特性和天赋，充分相信自己的能力，为此我们势必要承担合理的风险。你应该还记得科林吧，他已经开始这样做了。他鼓起勇气当众表达自己的想法，这种冒险的举动最终给他带来了回报。盾型人格者要有奋不顾身的勇气和更加高远的志向，要学会将自信转化为行动，也要明白反射性的逃避其实是一种自我保护的倾向，而且，这种倾向对风险的预期往往很不准确。就承担风险而言，盾型人格者的核心任务是想方设法让自己点头同意。愿意冒险不仅是对自身价值的肯定，也是你在现实世界中采取实际行动的前提，它增加了你被其他人注意到的可能性，让你有机会得到他人公正的评价。我们在介绍为科林量身定制的练习时说过，勇气不可能靠白日做梦获得，而是需要培养的；它不是我们采取行动的必要条件，而是我们采取勇敢的行动所获得的回报。

你只有采取行动，才有可能推动自己向前。往往是那些看似可怕、需要勇气的事，会让你感觉自己非常勇敢。这种对自己刮目相看的感觉非常好，可以促使你在其他事情上也表现得很勇敢，从而形成良性循环。

疑虑和悲观。阿梅莉亚·埃尔哈特（Amelia Earhart）[①] 24 岁那年的一天，她正和一位朋友站在一片空地上。一位从上空飞过的飞行员恰巧看见了他们，于是驾机俯冲下来。飞行员只想吓吓他们，原以为他们会仓皇逃跑。但当飞机从俯冲的状态被拉起时，阿梅莉亚痴痴地站在原地，说道："那架红色的小飞机在从我头顶掠过的时候一定对我说了什么。"无论她当时究竟在想什么，你都可以肯定那绝

[①] 阿梅莉亚·埃尔哈特（1897—1937），美国传奇女飞行员。——译者注

对不是"我这辈子也做不到像他那样!",这件令她印象深刻的事改变了她的整个人生和航空史。虽然埃尔哈特不是她那个时代最伟大的女飞行员,也不是最优秀的领航员,但她不具备那种经常阻碍盾型人格者实现抱负的特点——疑虑重重。她清楚地知道自己想要什么,在追求梦想时有着明确的目标和满腔的热情。

有意思的是,在思考我们想要做什么和达成某个目标的过程中,疑虑的影响并不总是负面的。在一项由学生参与的实验中,受试者被分为两组,研究人员分别告诉他们一句话:一组是"我行的",另一组是"我行吗?"。受试者需要先重复研究人员的话,再被告知实验内容。受试者要根据给定的一个单词,通过重新排列字母的顺序,想出尽可能多的新单词。你觉得哪一组受试者的表现会更好?如果你的答案是说"我行吗?"的那一组,恭喜你,你答对了。先有所怀疑,再在问题顺利解决后获得成就感,这能给人带来积极的反馈,要么是内心的声音变得更加坚定,要么是更加认可自己。关于这种有益的疑虑,后文会做更多的介绍。

我们说过,盾型人格者容易悲观。这是出于自我保护的天性,他们总是未雨绸缪,思考和预测哪里有隐藏的威胁。这种谨慎的态度当然有其有利的一面,盾型人格者的预见性经常能让他们免于犯错误。但不利的一面是,他们的预警系统也会把固醇类激素视作威胁,扼杀或削弱他们的志向或抱负。

叔本华、尼采和加缪堪称历史上最悲观的三大哲学家。他们都找到了合适的方法,让悲观的思维模式能为己所用。不过,并不是每个人都有像他们这样的好运气。我们怀疑,这几位哲学家的悲观主义倾向是天生的,也就是说,他们消极的想法和理论可能是在不知不觉间受到了血清素失衡的影响。"不知不觉"是这里的关键词,正是因为他们没有发觉大脑化学失衡造成的这种影响,中性的批判性思维才会顺势倒向消极的一边。通过逻辑推理和事实查证得到的消极看法或许是准确的，而失衡的血清素则会让人罔顾事实和经验，自动加上消极的滤镜。只要认清隐藏的影响因素（个人的大脑化学物质），我们就有可能打开思路，尽量避免在决策中因为过于保守而犯错。此外，审视自己的想法和感受有没有在无意中被悲观的态度牵着鼻子走，以及这些想法和感受是否在我们想做一件事的时候影响了我们，这样的反思或许会对你有所帮助，让你茅塞顿开。

话虽如此，但事实上，当你在为这样或那样的后果而担忧焦虑的时候，劝你要乐观一些的话帮助不大。强行让别人往乐观的方面想必然是徒劳的，它丝毫不能减轻焦虑，还会使他们感到尴尬和窘迫，无异于火上浇油。

但是，盾型人格者千万不要灰心。某些消极想法有时候也能带来收益，比如"防御性悲观"，针对这种消极思维方式可以带来怎样的效应，相关研究积累了大量有趣的证据。防御性悲观本质上是一种个人对未来的消极预期，它使人相信一件事的结果会是不好的（即使类似的事情曾经在过去发生过，而且结果不错），因此他们会一面降低预期，一面事无巨细地罗列出所有可能会出差错的环节，以便做好准备或提前规避风险。你要记住，焦虑感来自大脑皮质的兴奋或唤起，通过前文所说的办法，你不仅可以控制住这股躁动的力量，还能将它重新运用到对你有益的方面。在感到焦虑的时候，我们有两种选择：一是任由它在我们的脑袋里翻江倒海；二是控制住这股力量，将它运用到排除和弥补所有可能造成事情失控、导致灾难性结果的小障碍上。

我们认为可能有许多盾型人格者在新冠感染疫情防控期间采取了防御性的悲观策略，这主要是他们的天性使然。一丝不苟的态度和行为无疑拯救了一些人的生命，实际上，对负面结果处处严防死守确实可以带来一些健康方面的好处。在令人沮丧的封控期间，虽然盾型人格者比剑型人格更容易忧心忡忡，但他们也是最有可能认真洗手、给东西消毒和戴口罩的人。

一项针对焦虑型大学生的跟踪研究发现，那些会采取防御性悲观策略的人拥有更强的自信心和自尊心，这或许是因为他们想象、预测和规避了更多的负面结果。

对于那些想实践一下的人，你们可以试试下面这个练习。比如，你要在会议上做一次现场展示。你可以先把与这件事成功有关的所有细节都写下来，再考虑它们可能会出现哪些意外情况。任何细枝末节的因素都不应该被遗漏，比如，你可以写"找不到车钥匙了"，"想穿的衬衣沾上了一块污渍"，"忘记提前查赶到目的地需要花多少时间"，"汽车的油不够了"，"没有给笔记本和手机充电"，"演示文件的顺序没有排好"，"现场停电了，而我没有补救方案"，等等。强迫自己把这些可能发生的状况复盘是一种可以减轻焦虑的预演。设想最糟糕的情况可以让你更安心，并且做好迎接任何挑战的准备。

总结一下，对盾型人格者来说，他们在通往成功的道路上最常遇到的绊脚石包括：逃避倾向，风险厌恶心理，以及因为消极和负面的想法而踌躇不前。需要记住的重点是，逃避的倾向并非源于逻辑、天赋、能力、潜能乃至现实，而是由你的大脑化学系统产生的虚像。你没必要受这种倾向的摆布，只要你对它的来源有所认知，就能在很大程度上摆脱它的支配。如果你还想进一步摆脱它的束缚，那就完全要看你自己能做到哪一步了。向前跨一步，你就会感觉到神经系统的唤起。但那只是唤起，是你独一无二的大脑化学系统在与你交谈。它一点儿也不危险，从来不曾有人死于唤起。因为不喜欢唤起的感受而选择逃避，在做决策的时候罔顾逻辑、欲求和对自己的信任，这才是危险的。

过于谨慎、消极和过分厌恶风险也是一样的道理。一件事有风险并不意味着它就一定不好。盾型人格者冒的险太少，而他们得到的收益也常常和他们的胆量成比例。厌恶风险的思维模式不是演绎逻辑和理性思维的产物，而是因为神经系统里的血清素太少了。忧患意识非常重要，因为它对生存来说极具价值，但根据失衡的大脑化学物质设定危险的阈值就不是最明智的选择了。对于工作，盾型人格者应当努力在某些可能获得积极回报的方面做一些风险不大的尝试。

另一个可能有用的练习是，选择一个你认为总是"谨慎行事"的人（显然是盾型人格者），把你认为这个人身上有哪些对他不利的逃避行为都写下来。你能在自己身上看到这个人的影子吗？你有没有觉得好像在看镜子里的自己？这个练习并不是让你挑别人的毛病，而是为了让你更清楚客观地看待自己。你可能会感到羞愧，甚至可能会笑话自己，这都没关系，你的目的是更好地认识自己和理解自己的行为。

现在我们来说消极的想法。事实上，如果你属于盾型人格者，根本无须怀疑自己有没有消极想法，肯定俯拾即是。消极的想法本身没有什么，只有当你被这种想法牵着鼻子走、变成井底之蛙时，它们才会成为大问题。那些天生悲观的人或许应该试着用上面所说的方法克制一下让自己感到害怕的想法。虽然他们永远也不可能变成乐观主义者，但这并不意味着他们只能放任悲观的心绪侵蚀人生的大厦，眼睁睁看着自己的生活变成自我实现的预言。只要把评估威胁的能量用到对自己有利的事上，你或许就会发现，随着经历的事情越来越多，你的自信心也会增强，甚至能在这个过程中变得开朗一些。

我们都喜欢掌控局面的感觉，这很可能是人的基本需求之一，从出生之日起就成了我们生命的驱动力。学会理解和更好地包容

（或者说驾驭）自己的大脑化学系统，是真正且持久地掌控我们生活的先决条件。

剑型人格者在通向成功的路上会遇到哪些障碍

我们曾提到，阿梅莉亚·埃尔哈特并不是技术最顶尖的飞行员或领航员，甚至连最好的通信员都算不上。她总是搞不清无线电的零件是否齐全，也不知道如何正确地使用它们。但无论技术上有多少短板，她都能用渴望、信念和胆量弥补这些不足。埃尔哈特的丈夫同时也是她的"公关先生"，为传播她的事迹立下了汗马功劳。两人的关系非常独特，像好搭档一样共同创造了引人注目的事业。我们之所以用"引人注目"这个词，是因为埃尔哈特不是被人从幕后推到台前的，而是从露台上一跃而起登上舞台的。对她来说，有关飞行的一切都恰到好处。在那个年代，一旦飞机的轮胎离开地面，与埃尔哈特相伴的就只有兴奋、未知和危险了。克制内心的冲动和制订周密的计划，充其量算是中等重要的事。乏味枯燥的事项清单、飞行训练和琐碎的细节很难让埃尔哈特长时间地集中注意力。当然，她仍成为传奇，并留下了许多秘密，但也过早结束了职业生涯。

阿梅莉亚·埃尔哈特显然属于剑型人格者。同许多剑型人格者一样，她拥有迷人的"特质"。她的杏仁核很可能既不警觉也不聒噪，但她的奖赏回路一定非常敏感，这是许多剑型人格者的共同特征。

能够刺激奖赏回路的神经递质是我们的老朋友多巴胺。没有多巴胺，我们就存活不下去。如果不想办法隔三岔五地刺激多巴胺释放一下，活在世上的我们同长在石头上的地衣也就没有多大的区别了。但问题在于，我们的大脑只认识奖励，却不善于分辨哪些奖励对我们有利而哪些对我们有害。

作为奖赏回路的一部分，大脑中有一部分特化的神经元构成了"激励显著性回路"（由一组多巴胺能神经元构成的网络，负责发出欲望和愿望的信号）。正是因为这个回路的存在，剑型人格者才会遇到麻烦。由于缺乏多巴胺，他们会比盾型人格者更纵容一时的冲动，更不容易接受延迟满足，也更渴望新鲜的事物。这些剑型人格者特有的倾向阻碍了他们实现个人的抱负、取得事业的成功和做出准确的决策。

获得多巴胺是为了产生警觉和正常的感受，当这种反射性倾向占据主导地位时，大脑就被裹挟了，引发了强迫性行为，比如吸毒、暴饮暴食、性瘾和赌瘾。即便情况没有严重到这种地步，多巴胺缺乏的问题依然会对剑型人格者在工作和日常生活中的决策产生负面影响。

寻求新鲜的事物。盾型人格者经常置身于熟悉的舒适区内，他们并不喜欢新鲜事物。与盾型人格者不同，对新鲜事物的追求是剑型人格者行事的动力。任何报名航天员培训项目的人，都不太可能因为小时候从树上掉下来过就留下了心理阴影，不仅如此，他们还会在成长的过程中不断寻找更刺激的挑战。厌恶新鲜事物让盾型人格者有了很多沉思和神游的时间，而剑型人格者则需要从外部世界获得持续的刺激。

促进多巴胺释放的是我们对奖励的预期。注意这里的关键词是"预期"，你应该还记得，多巴胺是为了让你产生行动的动机，而不是事后享受成果。它能让我们行动起来，但你觉察不到它的作用，而且一旦得到了想要的结果，多巴胺的效力就到此为止了。也就是说，这种愉悦感出现在事情尘埃落定之前。所有的事情本身都不会刺激多巴胺的分泌（比如坐下来老实报税），只有畅想新鲜且有趣的事才能达到这个效果。你可以想见，对那些多巴胺天生不足的人，生活中的新鲜事物无异于一大包巧克力豆。新鲜的事物与中枢系统神经的兴奋性密切相关。重复做同样的事是没用的，如果你想增强大脑的唤起，就需要找一些新鲜的事来做。不过，"找一些新鲜的事来做"也很可能会给剑型人格者带来麻烦。

许多剑型人格者在孩提时代都被认为有容易分心的毛病。在小的时候，他们走神的表现可能是上课不专心，视线总是被窗边那只嗡嗡作响的苍蝇吸引。长大之后，他们走神的表现也变得复杂起来，工作跟进得断断续续；把大量的时间花在网购上；突然想到从前弹吉他的日子是多么浪漫，于是放下手头的工作，开始搜索老搭档的名字，想重组当年的乐队。

38岁的薇拉具备成为一名成功作家的所有条件，这也是她一直以来的志向。但令她惊讶和失望的是，她至今未能得偿所愿。薇拉基本靠自学成才，只断断续续地接受过一段不完整的正规教育。她的本科专业是英语，学了几年却没能拿到学士学位，这是她不愿提及的往事。之后，她自学写作的基本功，大量阅读她感兴趣的内容。20多岁时薇拉不断地告诉自己要拿到学位；30岁后她都在干一些无趣的工作，因为难度不大，所以她能够把精力放在她热爱的写作上。薇拉一直在写作，她的文字水平也得到了专业人士的认可与鼓励。对她而言，这些都已经算不上新鲜事了。她的写作事业同她的个人生活如出一辙，虽然偶有这样或那样的高光时刻，但大多是沉闷无味的平凡时光，只有文字难产的痛苦和一支接一支的香烟与她为伴。薇拉形容自己是一位直觉型作家，属于那种被动等待艺术女神缪斯降临的创作者。但是，等待缪斯降临其实是她对自己的纵容，是她在工作中遇到瓶颈时，由于不能顺利解决眼前的难题而选择逃避的表现。

搞笑的、智慧的，还有愤世嫉俗的，薇拉写过上百个有开头却没有结尾的故事。她刻画了许多个性鲜明的角色，但它们都只是停留在笔记本的草稿上，散落在公寓的各个角落里。在梦中，薇拉看到这些有趣的角色活了过来，它们在一个个层次分明、扣人心弦的故事里挣扎和成长。翻开笔记本，空白的页面总是很快就被她的新想法和新角色填得满满当当，而旧的故事却没有什么进展，这便是她一直以来的生活。

直到最近薇拉才开始认真反思，事业的不顺利可能与她的大脑化学物质有关：她沉溺于新鲜事物，很容易分心，以致无法完成艰苦的后续创作。她有生以来头一次克制住了构思新作品的冲动，而是根据过去的创作思路写了一份详细的故事大纲。与她合作的第三个编辑曾建议她这样做，但那已经是一年前的事了，薇拉希望那位编辑还记得她是谁！不过，无论最后的结果如何，作为提高专注力迈出的第一步，她为自己能取得这样的进展而高兴。

新鲜的事物可以自然而然地吸引我们的注意力，大脑的构造决定了我们会忽视熟悉的旧事物，而关注陌生的新鲜事物。容易被新鲜事物吸引的特点在人类进化史上有重要的意义，因为这种强烈的神经信号含有与隐患和奖励相关的关键信息。当我们把注意力放在新鲜事物上时，大脑就会释放多巴胺，提醒我们留心事物的潜在价值。我们说过，多巴胺的作用是让欲望变得更强烈、更迫切，从而促使你采取行动。然而，渴望多巴胺的分泌并不代表你一定会"喜欢"心心念念的那个结果。换句话说，即使我们不"喜欢"一件事，我们也依然"想要做"这件事——一种矛盾的欲望。比如，薇拉不喜欢分心，但她实在忍不住在创作的时候三心二意。

说实话，注意力分散是如今每个人都要面对的挑战。今天，绝大多数人都有无法长时间集中注意力的问题。从事市场营销工作的人肯定认识到了这一点。电视广告的技术含量几乎全部体现在它们能否有效地操控观众上。简单地说，营销行业的从业者利用机器测量眼睛注视广告的时间，他们会根据这个时长决定画面剪辑的节奏，保证让观众的眼睛在刚刚厌倦时就迅速接上广告的下一帧画面。人类的大脑拥有惊人的可塑性，这意味着大脑能够根据输入的信息和刺激重塑神经元。不幸的是，在过去几十年的训练和熏陶下，我们的注意力已经变得越来越难集中了。

微软公司的科学家利用脑电图对大脑活动进行了研究，结果发现人们保持注意力的平均时长从2000年的12秒下降到2013年的8秒。就连金鱼都能做到9秒钟不分心！对于注意力下降的原因，我们目前只能做一些推测。很遗憾，现代科技似乎脱不了干系，它们对大脑的重塑使注意力下降的问题雪上加霜。相关研究显示，相比过去，我们会把更多的时间花在没有重点的闲聊上，而不注重话题的深度和耐心的思考。

这是所有人的共性问题，但剑型人格者尤其如此。想象一下你坐在办公桌前，正为一件难办的事情举棋不定。这项任务艰巨又复杂，你的决定将产生深远的影响，压力重重的你深深地吸了一口气。突然，屏幕上弹出了信息提示，你如释重负，是一位老朋友发来的午餐邀约。你回完信息，又查看了一下邮箱，然后不知不觉地浏览起你最喜欢的新闻网页。就看一小会儿，你对自己这样说。一则新闻的标题吸引了你的眼球，你必须仔细看个究竟。多巴胺正在释放，而你已经把那项重要的工作抛到了脑后。

剑型脑很容易被新鲜事物绑架。新鲜事物会刺激多巴胺的分泌，仿佛在说："看呀，那里好像有你想要的东西。"如果我们生活在一个静态世界里，认真对待这种突发事件或许是有益的。但身处现代世界，想获得新鲜的刺激很简单，不过是敲几下键盘的事。这样做能激发薇拉的新想法吗？可以。能引导她的思维不断发散，产生无穷无尽的新想法和值得挖掘的新内容吗？可以。能让薇拉保持兴奋和活力吗？可以。这样对她好吗？不好，部分原因在于大脑不一定喜欢它想要的东西。比如，昨天让薇拉兴奋无比的新想法今天看起来却很平淡，而且她已经意识到了它的空洞，如果想让它变得丰满和有深度，就势必要为此付出单调乏味的努力。遗憾的是，昨天的薇拉因为想到一个有趣的点子而踌躇满志，可今天的她面对艰辛的创作工作却不愿意坚持了。

科学研究显示，正念冥想对大脑有益，它可以让神经元保持健康，防止大脑萎缩，适合像薇拉这样的人。薇拉坚持每天冥想 20 分钟，连续 6 个星期后她发现自己没那么容易分心了，注意力集中的时间也比以前长了。

延迟满足和克制冲动。这两种心理过程对很多剑型人格者来说都是密不可分的，而且会成为他们实现目标和取得工作成果的隐形障碍。清清楚楚地知道自己的内心，然后取长补短，保证自己在心仪的工作中无往不利，这本身就已经非常不容易了，更何况多巴胺失衡造成的各种影响并不会立刻显现出来，它给剑型人格者的感觉仅仅是"我们不一直这样吗？"。一点儿也没错，神经系统的兴奋性不足是剑型人格者的正常状态，已经成为他们自我认同的一部分。他们需要做的是，学会区分哪些决定是建立在逻辑和理性基础之上的，而哪些决定是在大脑化学物质的影响下做出的。

奖励导向的剑型人格者很难做到延迟满足。别看薇拉并没有取得什么惊天动地的成就，她的抱负却十分远大。早在上高中的时候她就立下了目标，总有一天要创作出超越自我的惊世之作，而绝不满足于写好笑、凄美和充满人文色彩的文字。想要实现这个梦想就必须投入时间潜心写作，但因为唤起之于她的意义，从结果来看，这显然不是一件容易的事。

"我是个短跑选手，而不是马拉松选手。"她告诉我们，"我一直想写人人都想读的轰动性的长篇小说。哦，是啊，我知道我是个梦想家，对吧？所有作家都会这么想，但我每次写到第5页的时候就坐不住了，必须起身去擦个窗户或用吸尘器打扫一下房间。如果按照我设想的那种写作方式，我就要强迫自己坐在桌边把整个故事大纲梳理出来，不仅要从头到尾构思一遍，还要逐字逐句地把它写出来。这些步骤都太折磨人了，光是在脑子里过一遍，就已经让我无法忍受了。"

用短期利益换取长远收益是一种非常宝贵的能力。我们在棉花糖实验里介绍过儿童的延迟满足情况，如果接受考验的是成年人，比如，让他们在立刻获得一个人见人爱的小奖励（一张礼品券）和一个需要等待2~4周才能获得的大奖励（一张面值更大的礼品券）之间做选择，他们的脑子里会发生什么？利用大脑成像技术，科学家发现对于那些选择立刻获得小奖励的人，他们脑内的奖赏回路表现出了极强的活跃性；而对于那些选择用等待换取大奖励的人，展现出较强活跃性的大脑部位是前额皮质——负责深思熟虑和精打细算的脑回路。虽然这个研究没有把参与者划分成盾型和剑型，但你可以相当肯定地认为，那些选择立刻领取礼品券且奖励中心非常活跃的人就是我们所说的剑型人格者。

我们从感官（包括视觉、听觉、嗅觉，以及对于奖励的预期）中获得的信息，促进了中枢神经系统对多巴胺的分泌。如果大脑中的多巴胺不足，我们的行动就会变得较为冲动。薇拉很难不去做那些能够很快完成并立刻让她获得多巴胺的事，因为一直以来，她都习惯用这种方式应对百无聊赖的感觉和隐隐发作的不良情绪。可悲的是，她发现身边的朋友们都能制定并实现长远的目标，这让薇拉相信问题出在自己身上，并归咎于懒惰。实际上，她的问题与懒惰没有任何关系。职业生涯的不顺利，再加上她认为自己无法取得成功的原因是"性格存在缺陷"，导致她失去了自信，也破坏了她对自己天赋的信心。

对于她认为自己失败的地方，我们向她解释了造成这些情况的根本原因，她听完后显然如释重负。薇拉想试着改变大脑化学物质对自己生活的影响，这并不容易，但事实证明她是一个非常热情且有行动力的学生。我们教给她的方法或许对其他的剑型人格者也有用。薇拉每周都必须做三件事。首先，她每天晚上 11:00 之后就要关闭手机，直到第二天的早饭时间再打开。其次，她每天下午 6:00 前不刷社交媒体，也不看新闻。不出所料，这让她每天多出了大量的空闲时间。最后，她要做的第三件事（也是这个练习中难度最大的一件事）是，在每天例行的冥想之外，再拿出两个时间段，每次花 10 分钟，用来放空大脑。具体来说，她要坐在一张舒服的椅子上，双脚踩着地面，双手平放在大腿上，紧闭双眼。这听起来好像没什么，但对剑型人格者来说可不容易做到。这个练习的目标是让她主动创造没有外界干扰和刺激的独处时间。

你可能会好奇这个练习的效果如何。现在，薇拉的小说已经写了 150 页了（这比她之前写过的最长的故事多出了 140 页），而且每天都在稳步推进。并不是诱惑通通消失了，也不是她的大脑不再喜欢多巴胺分泌的感觉了，而是薇拉通过练习变得更熟悉这种感觉了。现在的她会把突然想到的点子记下来，然后继续回去做手头的事。

速度、恒心和错误。如你所知，奖励导向的剑型人格者对风险的认知和评估与盾型人格者不一样。潜在的奖励是甜蜜的诱惑，能提高他们对风险的容忍度。你已经见识过承担合理的风险对一个人来说有多重要了，但如果走向另一个极端，又会出现新的问题。把心中的抱负转化成现实世界中的成功，需要我们遵循特定的路径。

遗憾的是，不怕风险的人往往喜欢走捷径，导致成功的概率降低。我们认识的每一个剑型人格者都不会把"稳扎稳打"作为他们的座右铭。用准确性换取速度，剑型人格者倾向于采取快刀斩乱麻的方式解决问题。但在通往成功的路上，任何一个节点都对精确性有要求，这就需要我们去关注细节。追求速度免不了要牺牲对细节、耐心和精确性的要求，但不拘小节并不是剑型人格者唯一的问题，他们还缺乏耐心。剑型人格者和盾型人格者的智力水平不相上下，但盾型人格者在面对难度逐步提升的任务时显得更有耐心。同等情况下，当盾型人格者还在坚持的时候，剑型人格者很可能已经不想继续下去了。我们尚不清楚他们选择放弃究竟是因为分心、觉得无聊，还是累了。

无论我们想追求什么样的目标，天生的犯错倾向都是成功最大的敌人。盾型人格者容易因为保守而犯错，剑型人格者则正好相反，他们容易因为冒进而犯错。喜欢刺激和奖励的剑型人格者天生就是快速的反应者，他们倾向于先行动再思考。盾型人格者更谨慎些，他们倾向于先思考后行动。这个关键的区别导致了剑型人格者的一个缺点，即他们把更多的注意力放在对回报的预期上，而忽略了有没有风险。我们发现下面的建议对剑型人格者很有帮助：当你需要做一个至关重要或影响深远的决定时，强迫自己暂停一下，不要想一切顺利会如何，而是仔细想想哪里有出错的可能。因为满脑子都是对刺激的渴望，剑型人格者自然希望事情的进展快一些，毕竟当你有明确的目标时，向前迈出的每一步都如此激动人心。正是这种强烈的兴奋之情致使剑型人格者对盾型人格者看到的那些红灯视而不见。忽视红灯的警告可能酿成严重的错误，降低成功的可能性。

让我们回过头来考虑这样一个问题：成功到底是什么？笼统而言，我们对成功的定义显然是主观的，它可以包含许许多多不同的方面。如果把范围缩小到工作上，我们可以认为成功指充分发挥个人的好奇心、天赋和必要的技能，通过付出劳动得到成果，同时收获相应的认可。当然，你可能觉得这个定义还是有些主观。那么用最简单的话说，如果你没有抱怨，没有感到懊悔，而且喜欢自己正在做的事，就可以算作在工作上取得了成功。

在这个文化环境、地缘政治和经济瞬息万变的时代，衡量一个人是否成功犹如移动靶射击，是件相当困难的事。我们能清楚说出自己的志向吗？我们是否在为心中的抱负而努力？我们对自身价值的认知是否与外界给予的回报相匹配？我们目前的工作有吸引力吗？我们是否从工作中获得了满足感？再过一两年，市场对我们的价值会做怎样的评判？虽然我们还可以问很多类似的问题，但这些就足够了，你可以看到工作对不同的人来说具有不同的意义，很难一概而论。

无论你是怎样看待成功的，我们都希望你尽可能地获得你想要的那种成功。为此，我们在这里教授你一些宝贵的软技能，它们需要你协调自己的大脑化学反应和挑战自己做事的倾向。没有任何训练有素的战士会只带一面盾或一柄剑就出门。为了获得成功，我们既需要宝剑的攻击力，也需要盾牌的保护力。盾型人格者可以从剑型人格者天生的倾向里学到一些宝贵的东西，反之亦然。

盾型人格者更有耐心，他们不像剑型人格者那么容易半途而废。剑型人格者应该提醒自己，他们想要的东西不一定非得马上得到。他们需要先给做出的决策打个问号，看看它们到底是不是基于逻辑和充分的理由，而不是出于无聊和疲劳的原因。有时候，耐心的等待是更聪明的选择。而盾型人格者需要考虑忧郁和悲观的情绪是不是与自己的大脑化学物质失衡有关，要学会主动抓住更多的机会，对于那些会增加唤起的情况，告诉自己有能力应付即可。相信自己的技能，多多地施展它们，把赌注押在自己身上。些许的享乐主义倾向不会要了盾型人格者的命，反而会让他们感觉良好。剑型人格者似乎就不用担心这些问题，他们有魅力、乐观，在与他人的交往中表现得游刃有余。剑型人格者虽然行动力很强，但有时又过于争强好胜。他们会通过胁迫的方式让别人顺从他们，但研究显示，如果想把建立共识当作领导宗旨，那强硬的做法只会起到相反的作用。而对于盾型人格者，是时候展示他们大胆的一面了。他们很善于建立共识，但如果能大胆一些，更多地表达自己的想法和点子，那他们一定可以成为更优秀的领导者。

剑型人格者应该问问自己，对于奖励的渴望如何影响了决策的精确性；盾型人格者则应该反思，逃避的倾向有没有导致他们停滞不前。设想一下，如果你稍稍朝与本能相反的方向倾斜，或许就能得到积极的回报。不妨尝试和体验一下。你要知道，阻碍你前进的不过是流淌在你身体里的少量化学物质而已。

我们知道这些建议实践起来并不容易，原因是你的大脑一直在利用化学物质支配你的行动，而且这种情况已经持续很长时间了。但困难并不意味着做不到。你有没有羡慕另一种人格的某种特质，或者觉得要做到很难，却愿意挑战自我，以获得更强的自控力？请接受这样的挑战，看看自己能做到什么程度，以及一段时间之后它能给你带来什么。不要忘记"不积跬步，无以至千里"这句话，即使再小的进步也是有意义的。

第 5 章

─────

不同大脑类型如何适应需求多变的工作

　　大脑化学物质失衡如何影响"决定成功的因素"，并帮助我们在瞬息万变的现代社会存活下来。

　　新冠肺炎疫情就像海啸一样席卷了人类社会。技术一直都是社会变革的驱动力，而新冠病毒的袭击犹如给技术添加了一罐加速剂。突然流行的远程办公方式促使我们中的大多数人不得不学习新的职场技能。从前的出差变成了视频会议，面对面的会议变成了邮件沟通，而以往的邮件则变成了即时信息。公司雇用员工的方式也变了，全美有 1/3 的机构用临时工替代了全职员工。因为上述种种变化，我们还受到了比从前更严密的审查。监控技术变得越来越多，有针对电子邮件、聊天软件的，还有针对计算机使用情况的。没错，你随时随地都被监控着，而且这些情况一时半会儿不会改变。在一项有数百名商界领袖参与的调查中，有 2/5 的人表示，他们任职的机构已经决定在疫情防控结束后保留之前的部分改变了，尤其是通过让员工居家办公延长工作时间和拓展数字服务这两项改革。

　　那么，我们应如何调整脚步，才不会在这场有组织的兵荒马乱里掉队呢？我们认为方法之一是确保自己的竞争力，这要求你适应和融入周围环境的变化。为了做到这一点，你需要调动自己的全部意识和意愿，全力以赴。在询问企业主和公司领导的看法后，我们列出了在今天的企业文化中受到重视的个人品质。这些"关乎成功的因素"包括责任心、灵活性、自信心、自律性和自主性。你肯定知道这些品质是什么，也肯定明白它们的可贵之处，所以我们在这里就不赘述了。接下来要探讨的问题是：有哪些因素会阻碍我们把这些品质一以贯之地落到实处。大脑化学物质的失衡给这几种韧性品质带来了意料之中的困难。贯彻这些品质不需要任何专业知识、专长或技巧，它们就是我们所说的软技能——不是愿望、意图，也不是预期，而是我们实际的行动，是我们在工作中日复一日的表现。

责任心

从表面上看，人人都需要责任心是那么显而易见的道理。责任心是我们在认识到自己可以影响和塑造周围的环境后，预设自己要有某种担当的想法。你很可能是那种对工作抱有责任感的人，大多数兢兢业业的人都是如此。不过，导致我们陷入麻烦的正是那些需要我们视之为责任的东西。良好的责任心应该建立在坦诚的态度和清晰的头脑之上，可失衡的大脑化学物质却会让人变成职场混球而不自知。这话似乎有些不中听，是吗？如果你仔细看看下面的例子，就会知道此言非虚。

如果有人问："谁认为自己是有责任心的人？"盾型人格的吉姆肯定会第一个举手。他工作努力、顾家，是那种在你需要帮助的时候能指望得上的人。新冠肺炎疫情导致公司和他所在的部门业绩缩水，他的团队一直没有缓过劲来，已经连续 4 个季度没有完成业绩目标了。吉姆对待职业生涯的态度非常认真，他不仅关心自己的前途，也很在乎下属的福祉。你应该会喜欢他，因为他是那种会看着你的眼睛问你最近过得如何的人，与他对视的那一刻，你会感觉到他真的很关心你的回答。疫情防控期间，吉姆在家办公，他对新冠病毒十分忌惮，家人的安危更是让他一刻都不敢放松。

如今，吉姆已经回到办公室上班，与他一起回归的还有半个团队的成员（另一半仍在远程办公），他觉得自己已经使尽了浑身解数。但实际上，吉姆的努力只是把团队变成了他的一言堂，反而降低了工作效率。他会告诉你，自己之所以要采取微观管理方式，是因为随着员工们纷纷远程办公，保持联系变得更困难，如果不这样做，可能就管不住团队了。他认为他对工作时长的要求也是可以理解的，毕竟他们团队的业绩不佳。这还不是故事的全部。吉姆不明白的是，身为团队负责人，虽然他在给下属设置合理的绩效和激励机制时一直都很用心和仔细，但团队依旧表现不佳。面对这种状况，吉姆不但没有后退一步，从大局上找问题，反而一头钻入了微观管理的牛角尖。吉姆的真正问题在于，他没有合理地分配团队成员的工作。他的猜忌和不由分说地从能够胜任的成员手中接管项目的做法，导致员工士气非常低迷。久而久之，他们不仅失去了动力，而且越来越习惯于让吉姆接手他们的工作。吉姆因为焦虑而插手项目的做法让他对害怕失败的恐惧成了一个自我实现的预言。

逃避是驱使吉姆采取微观管理方式的动力。虽然他的团队里有超过一半的人都是他亲手招聘来的，他平时也是一位非常有经验的老师，但他就是很难相信员工的能力，也不允许他们顺其自然地从失败和错误中学习。虽然他会把合理地分配工作与鼓励员工发挥自主性的话挂在嘴边，但你很少见到他这样做。事实上，吉姆并不是在尽心尽力地为团队的成长和效率付出，他害怕失败，他做的一切都是在对抗焦虑和恐惧。当卖力地工作成了一个人减轻焦虑的手段时，那结果就不可能是积极正面的。

吉姆从来都是个焦虑的人。依靠自己、以不打扰他人的方式妥善处理焦虑情绪是健康的，也是有责任心的表现，而通过摆布他人来缓解自己的焦虑则不然。当我们指出这一点时，吉姆起初显得很不高兴。但稍做分析，事情就变得明朗起来了。吉姆谈到了放弃控制权对他来说有多难。很快，他又讲起了家里的事，提到这种控制一切的欲望如何使他变成了一个"直升机"家长①，这让他的妻子很是担忧。

我们要求吉姆做一张统计表，把他的下属按能力从低到高排序。吉姆要给每个团队成员布置一项合适的任务，并将相应的任务全权交给那个人负责。这让吉姆感到压力很大，因为任务的分配要基于对他人的信任，而信任无疑会撕开一道焦虑的口子。对于每一项任务，他都写上了"最害怕发生的情况"，并在旁边留了空，以便任务完成后，按照从 1 分到 5 分的标准给结果打分。

经过一番劝说和鼓励，吉姆终于同意这样做了。不过，在为期3 个月的实际尝试中，他发现"最害怕发生的情况"其实是最少发生的，而让他惊讶的是，4 分和 5 分才是最常见的分数。

如果内心全是对失败的焦虑和恐惧，只想着如何应对自己的负面情绪，我们就不可能设身处地地为同事的成长和工作效率着想。你是否经常反省自己从而了解自己的情感动机？如果你属于盾型人格，你是否意识到自己的焦虑程度和逃避倾向曾影响了你在工作中的责任心？你是否经常掩饰自己的行为，表面上不承认，实际却是

---

① "直升机"家长指过分介入儿女的生活，像直升机一样盘旋在孩子身边的家长。——译者注

为了缓解自己的压力？你是否经常深究自己的焦虑和恐惧？这些都是吉姆觉得很难回答的问题。得知自己对待下属的行为在一定程度上与大脑内特定的化学物质有关后，他长舒了一口气。或许，对自己认识的加深给了他在现实中直面疑虑的自信，事实如何我们不得而知。但我们知道，自从吉姆试着把工作完全交给下属后，他的焦虑感就慢慢地消失了，取而代之的是他对团队成员能力日益增长的信任，而这是过去的他做不到的。

艾米丽属于剑型人格，在一家大型保险公司担任法律总顾问，她在责任心方面的问题与吉姆截然不同。她的脾气非常暴躁。一出现问题，在她看来那一定是别人的错。她在公司可谓众叛亲离，没人信任她，也没有人真诚待她，这是有可能葬送她职业生涯的隐患之一。在工作之外，她也是个可怕的人。其他人要么尽量与她保持距离，要么不得不凡事都顺着她。一旦艾米丽发现或误以为自己有什么做得不好的地方，她就会从周围的人身上挑毛病。但是，她从来不挑自己的毛病。

当艾米丽感到焦虑不安（她大部分时间都有这种感受）时，她就会通过暴跳如雷的方式来发泄，有时候还会对别人恶语相加。盾型人格者很容易自责，他们更愿意把自己的错误放在内心消化，而剑型人格者则倾向于从外界寻找原因。尽管剑型人格者乐于享受唤起的感觉，但当唤起太过强烈时，他们也会感到不舒服，并为此寻找减少和释放兴奋感的途径。艾米丽的每一天都在唤起水平逼近临界点的状态中度过，这使她成了一个没有责任心的人。她被神经系统的唤起彻底淹没，难以自拔。

我们要求她参与责任心问卷里的自我控制/情绪调节子测试，内容如下：

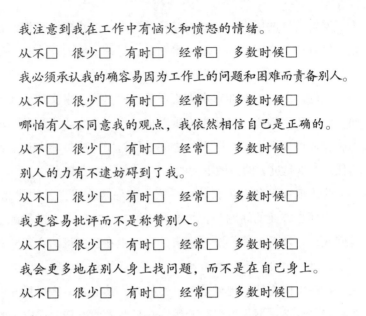

我注意到我在工作中有恼火和愤怒的情绪。

从不□ 很少□ 有时□ 经常□ 多数时候□

我必须承认我的确容易因为工作上的问题和困难而责备别人。

从不□ 很少□ 有时□ 经常□ 多数时候□

哪怕有人不同意我的观点，我依然相信自己是正确的。

从不□ 很少□ 有时□ 经常□ 多数时候□

别人的力有不逮妨碍到了我。

从不□ 很少□ 有时□ 经常□ 多数时候□

我更容易批评而不是称赞别人。

从不□ 很少□ 有时□ 经常□ 多数时候□

我会更多地在别人身上找问题，而不是在自己身上。

从不□ 很少□ 有时□ 经常□ 多数时候□

  艾米丽的测试结果让她很伤神，但对这个结果她显然并不意外。就在接受这个测试的当天，艾米丽又对她的助理发了一通火，因为她错过了一场重要的电话会议。艾米丽责怪助理没有提醒自己这件事，她扯着嗓门喊道："你必须更主动、更有责任心，这事没完，你别想就这么算了！"当艾米丽跺着脚回到办公室时，她看到了助理发来的即时信息和邮件，提醒她查看工作日程，按时参加当天的电话会。所以，应当为这件事负责任的其实是艾米丽本人，而不是被她冤枉的助理。

  直到看着勾选的那一个个"多数时候"，艾米丽才如梦初醒。当我们向她解释她的行为是受到了大脑类型的影响时，艾米丽只是稍感宽慰。不过，这样的认识足以让她接受我们的建议，重新夺回行为的控制权。虽然艾米丽不能改变自己的大脑化学物质，但她的确学会了如何驾驭它们，从而更好地控制自己的愤怒。艾米丽坚持做了一个月的正念冥想，还尝试了一种专门为向外发泄压力的剑型人格者设计的情绪调节手段。这种调节手段的目标是通过有意识的自我管理和控制，将压力的控制权从外部转移到内部。

以下是我们教给艾米丽的练习要点，目的是让她意识到自己有选择的自由。表达愤怒并不一定要通过反射性行为。我们建议艾米丽在产生发泄愤怒的冲动时，做以下几件事：

1. 以平常心看待表达负面情绪的冲动（默默地记下自己的感受，以及想要大声地把这些感受吼出来的冲动）。
2. 提醒自己，这种自我知觉和情绪上的暂停是有意为之，有重要的意义。
3. 刻意地将顺从反射变为主动选择（如何表达愤怒仅仅是一种"选择"，那我们就会意识到自己并不是"非这么做不可"）。
4. 练习克制（挑战自己，不要发火、责备和挖苦，而是解决眼前的问题）。

艾米丽给自己制定了一系列目标和奖励（奖励是剑型人格者最大的动力）。她将自己有意识地克制冲动行为的做法都记录下来。艾米丽的第一个目标是连续 10 次克制她那招牌式的、怒火冲天的推卸责任和抱怨的行为。经历过几次失败，她在三个星期后终于成功赢得了第一份奖励——做一次按摩。然后，为了提升自己延迟满足的能力（对绝大多数剑型人格者都有好处），艾米丽把第二份奖励的门槛抬高到连续 20 次忍住不发脾气。只要能达成这个目标，她就可以去水疗馆舒舒服服地过一个周末。

艾米丽觉得这样的挑战非常有趣。她惊讶地意识到，自从她不再批评别人，一切事情反而更在她的掌控之中了。不仅如此，艾米丽还发现她的努力换来了意外的回报。有一天，她的一个孩子问她："你为什么对我们这么好？"艾米丽马上明白了有些事正在往好的方向转变。

那么，你可能很好奇，艾米丽到底是如何对付强烈的唤起的呢？毕竟对她来说，责备别人总能给她一种掌控全局的虚假感受。然而，在艾米丽有意识地克制自己的冲动后，她真正体会到了自我控制的感觉。她发现抑制怒火的爆发能使自己的心态趋于平静。"我以前认为如果不把心里的愤怒痛痛快快地宣泄出来，我就会爆炸。但说来也奇怪，只要你不冲动，那种强烈的情绪反而会自然消退。"如今的她变得比从前更有责任心了，不只是对周围的人，也是对她自己。

焦虑和愤怒会扭曲人的责任心，二者都与强烈的唤起有关。盾型人格者将唤起解读为焦虑，并默默地将其内化；而剑型人格者则把它解读为愤怒，并设法发泄出来。这两种强烈的唤起都会干扰责任心和清晰的思维。为了让自己成为有责任心的人，盾型人格者应该确保自己的决策是建立在逻辑和理性基础之上的，而不是为了安抚和照顾自己的感受；剑型人格者可能需要注意自己在工作中有没有易怒和喜欢推卸责任的毛病，解决问题时得从自身入手。

灵活性

如同我们在前文中所说，盾型人格者在成长中比大多数剑型人格者都更容易产生情绪反应。强烈到让人不舒服的唤起是盾型人格者的特质，这导致他们一直处于低水平的焦虑状态。因为大脑里有一对吵闹的杏仁核，在日常生活中，他们会对感官、认知和情感方面的需求做出即时反应。想要做到高效的切换，他们就得从很小的时候开始学习如何顺畅地从一件事切换到下一件事。这种对变化的即时反应（他们很擅长）让盾型人格者学会了随机应变。从根本上来说，正是情感丰富的天性让盾型人格者在面对变化时有了很大的灵活性和适应性。

利蒂希娅成功经营着一家美发沙龙。她拥有自己的私人场地，她的客户（主要是女性）都非常喜欢她精心准备的卡布奇诺和意式浓缩咖啡，并愿意为她周到的服务支付额外的价格。利蒂希娅是一位单亲妈妈，她深爱着自己那两个上日托的孩子。她认为自己正处于人生的巅峰状态。

新冠肺炎疫情暴发后，利蒂希娅的沙龙暂停营业了，她一心期盼着疫情赶紧过去，一切尽快恢复如常。然而，情况迟迟没有好转。她以为从前的规则和流程都不会改变，她曾经把生意和生活料理得这么好，以后也应该能顺风顺水。但是，事情的发展并不顺利。曾经悠闲随和的利蒂希娅突然变得暴躁和焦虑，她感觉一切都失控了。

老客户已经习惯了足不出户的生活，而且很多人对新冠病毒都心有余悸。利蒂希娅收到了不少客户的请求，想让她提供上门服务。不仅是利蒂希娅的客户，就连沙龙的员工也想为客户提供预约上门服务。利蒂希娅对她的员工一向友好和体贴，但当他们也开始提出各种各样的要求时，她只觉得焦虑陡增。利蒂希娅曾为自己为人随和、应变能力强而骄傲，但眼下的情况一片混乱，好像所有事情都失控了。

一旦感觉自己处于失控的边缘，不得不改变对风险的认识，盾型人格者就会失去灵活性。利蒂希娅平常管理宽松，当她大段大段地往外放绳子的时候，她发现绳子脱手了。工资表需要调整，客户预约的管理模式需要变得更灵活，员工不愿按时到沙龙出勤，而且有一半的员工拒绝遵从客户希望所有工作人员都佩戴口罩的想法。

盾型人格者倾向于讨好别人，并且讨厌风险。但利蒂希娅知道，她不可能取悦每一个人，而且每一种问题解决方案都充满了危险。在面对需要承担合理风险以应对变故的时刻，她最宝贵的变通的本领悄无声息地消失了。

利蒂希娅需要深吸一口气，然后提醒自己她感受到的有些危险并不是真的，而只是某些化学物质在她的脑袋里作祟的结果。利蒂希娅和她的会计根据眼前的情况，重新制定了沙龙的经营方针。她知道新的规则不会让每一个人都高兴，但她也知道旧的规则不再适用了。于是，利蒂希娅抑制住自己的焦虑，逼着自己去适应变化并做出调整。虽然沙龙的经营状况发生了剧变，但现在她的生意已经有了起色。

在不得不直面自己对风险的厌恶情绪时，盾型人格者就顾不上什么灵活性了。不要忘记，灵活性是盾型人格者安抚焦虑情绪的副产品，随着外部环境的变化而改变会让他们感觉相对更安全一些。对盾型人格者来说，难的不是适应多变的环境，而是在新形势的逼迫下，他们不得不改变自己看待和评估风险的方式。如果你是盾型人格者，就得注意风险使你难受的原因，并确保这种厌恶感不是源于你想抱残守缺和墨守成规的将就心态。

再来看剑型人格者，他们拥有一些妨碍灵活性的内在特质。轻松应对变化可不是剑型人格者的强项。剑型人格者最擅长处理的情况是：只要碰到A问题，就用A原则来应对，保证获得理想的结果。可是，在商业模型越分越细、变化成为主流的今天，单一的A原则往往无法有效地解决A问题，以前或许可以，但现在的A问题已经变得比过去复杂多了。对喜欢并且严重依赖过往经验的剑型人格者来说，要做到灵活应变是很难的。

埃里克觉得他的事业好像陷入了低谷，他的人生好像迷失了方向，却没有意识到之所以会造成这种不知所措的局面，他自己负有不可推卸的责任。埃里克是一位 52 岁的银行高管，他正在为一个很多人都会遇到的难题头疼：他需要做出改变，但他很不情愿。他拒绝改变的理由是："听着，我知道银行业刚刚经历了几年的萧条期，但这并不意味着你就要把过去的那一套丢入废纸篓，然后用全新的方法来做事。我干这行已经 25 年了，我的从业经验总该能派上点儿用场吧。我们过去做得不错，我认为把所有的流程都推翻重来是没有必要的。"虽然经验确实很宝贵，但如果你是一个想干大事并一路向前的人，这种故步自封的态度就是不可取的。

灵活应变不仅要靠学习新的东西，忘掉已经学会的东西同样重要。盾型人格者丰富的情感促使他们不断地重新学习，而忘掉已经学会的东西则是重新学习的必要前提。不幸的是，这对剑型人格者来说很难。埃里克喜欢频繁出差，同他手下的每一位地区经理面谈。面对面的交流，同事之间的情谊，会面后的宴请和开怀畅饮，这些都让他乐此不疲。埃里克当然明白为什么疫情防控期间不应该出差，他只能不情愿地代之以线上会议。不过，使用任何技术都需要遵循特定的学习曲线。埃里克发现自己不愿意改变，不想坚持学习，也没有充分享受到技术带来的便利。银行有一套拓展手机功能的软件系统，能把工作手机来电转接到员工的电脑上，方便他们用耳机或电脑的麦克风接听。埃里克却不愿意使用这套系统，依旧用手机给同事和客户打电话。这降低了他的沟通效率，因为他手机里保存的公司号码不全，他也不使用软件的快速拨号功能。哪怕收到在线会议邀请，他也总是用语音模式，因为这比需要打开摄像头的视频模式要简单。

埃里克缺乏某种重要的东西。他期盼周围的同事能恢复到往常的样子，他觉得那让他感觉更熟悉、更舒服。自从用视频会议替代乘机出差后，公司节省了大笔的差旅费用，埃里克也知道这一点。另外，把会议从线下转到线上后，沟通的质量和效率似乎也没有变低，这个事实他也清楚。因为总是念叨想回到过去，埃里克没少遭到别人的白眼，对此他也心知肚明。但事实上，那些美好的旧日时光已经一去不复返了。哪怕埃里克能把1/10用来抱怨的时间花在学习新技术上，他的同事也不会在背后给他取"勒德分子"这样的绰号。

在美联储发布银行监管的新规后，情况急转直下。你应该能猜到，服从监管条例是银行和金融业的基本从业要求。美联储的报告冗长又晦涩，但埃里克只需要掌握其中一小部分内容。新规定让他惊恐万分，他想方设法绕了过去。他的助理担心埃里克是故意在回避美联储的监管要求，于是越过了上级，直接把情况通报给人力部门。

埃里克正是在这种情况下找到了我们。我们很快就发现，他的顽固和不知变通不仅仅体现在工作中，也涉及生活的方方面面。埃里克有很多根深蒂固的陈年旧习。他一直保持着大学时期的锻炼方式。他希望每周一吃牛排、每周三吃鲑鱼、每周五吃比萨饼，如果妻子没有按照这个例行菜单做饭，他就会感觉怅然若失。他一直在用同一个品牌的剃须刀片、剃须膏和肥皂，记忆中从来没用过别的品牌。当我们指出他好像有些死板和墨守成规时，他笑了，说他的妻子也老拿这一点开他的玩笑。他接着告诉我们，他很喜欢每天沿同一条路线开车上班，这么做让他感觉心情舒畅。他笑着摇了摇头，说道："我穿的一直都是同一款内裤。"

没错，构建惯例当然是好事，但当环境的变化让你不得不做出改变时，顺应变化才是更好的选择。这时候，你需要的就是灵活性，而剑型人格者的死板和他们对改变的抗拒则成了灵活应变的阻碍。

埃里克不只是抗拒改变，他还把沉湎于过去当作一件浪漫的事。不过，别看他处处表现得如此固执，但他心里其实很清楚，他的死板给自己的职业发展造成了很大的问题。

当我们猜中了他可能会做的一些事后，他像看超能力者一样看着我们。我们向他保证绝没有这回事，我们之所以能猜中，是因为我们对他大脑化学物质的失衡情况已有了大致的了解。"你的意思是，我会做这些事情，"他说道，"是因为我身上的那些化学物质？我一直以为这些都是我从我的父亲身上学来的呢。"我们告诉他，这些确实都和他的父亲有关，但除了生活中的耳濡目染，他们的相似之处还来自遗传上的一脉相承。

埃里克秉持着一件东西"只要没坏，就不要修理"的哲学观念，并将其奉为金科玉律。无论是他讲述的故事，还是他的叙事认同，都把改变视为隐藏的敌人。我们把帮助他改变故事的讲述方式作为切入点。第一步是让他明白自己的僵化死板与大脑化学物质失衡和习惯带来的舒适感有关。一旦他认识到习惯只是一种由熟悉感驱使的下意识行为，而不是有意识的选择，他就可以获得前所未有的自由。我们让埃里克从小事做起，在某些习以为常的地方尝试做出微小的改变。不久前他有了一个大发现。"你们知道我学到了什么吗？"他问道，"我发现我总认为自己的做事方式是最好的，我刚刚才意识到事实并非如此，它们就只是我做事的方式。没有什么更好和更差的区别，它们只是我习惯的做事方式而已。"

埃里克还学到了，想要做出改变就要付出努力，以及在改变的过程中要经受一些不适感。他意识到自己口中的故事并不是有关命运的预言，他应该用自己的选择编辑它，主动与它互动并改变它。变化从敌人变成了一种挑战，而愿意接受这份挑战的结果是，他的抱怨和牢骚越来越少，而适应能力越来越强。他给自己买了另一个品牌的剃须套装，还帮女儿在Zoom（一款视频会议软件）上开了一个能和同学聊天的会议室。

自信心

并不是每个人都能像博尔特跑得那么快，像勒布朗·詹姆斯一样主宰篮球赛场，或者打出像塞雷娜·威廉姆斯那样的反手回球。顶尖的运动能力和遗传有关。我们可以通过努力提高运动技巧，但普通人不可避免会碰到生理极限。我们都在特定的方面有各自的天花板，虽然我们可以不断地提升自我，但终究会撞到这样的天花板上。不过，我们在这里探讨的有关成功的因素不太一样。它们是你的心态，既不固定也不稳定，你可以通过与它们互动，使它们发生建设性的改变。

尽管职场上的自信心很像内心的一种常态，但事实上，它是相当不稳定的。自信是无法度量的。它既不等同于个人魅力，也不是感召力或魄力，并且和一个人是否外向或是不是社交达人没有任何关系。自信心与具体的情况和情景有关。

虽然我们接下来要讲的故事好像不是那么贴合主题，但它至少能让你看到，为什么自信心是不稳定的，而且取决于具体的情景。很多年前，一名心理学教授招募了好几对学生（年轻的女性和男性）。每一对学生都必须是专一的情侣，而且至少交往了6个月。这项研究的目的是观察这些情侣在遭遇陌生乃至棘手的情况时会有怎样的表现。于是，教授和这些学生一起乘坐飞机去了西藏。在那里，他们和一群夏尔巴人开始了前往珠峰大本营的攀登。在他们距离目的地只剩一小段路的时候天气开始变坏，到达大本营后，一场可怕的暴风雪困住了他们。冰冷的风暴卷走了他们的几顶帐篷，出发之前，谁也没有想到会遭遇如此可怕的险境。虽然这个实验的本意就是让学生们经历一些困难，但这场暴风雪纯属意外，因为没有人能预见它的发生。在这种情况下，夏尔巴人显得尤为能干和可靠。读到这里，别忘了，这些学生之所以能够入选这次活动，是因为他们每一对都是男女朋友关系。在这场暴风雪肆虐的第二天，有相当多的女学生抛弃了她们的男朋友，转而和夏尔巴人建立了亲密关系。在大学校园里，这些女生的男朋友绝对算得上具有领袖气质的阿尔法男，但在这空气稀薄的珠峰大本营，夏尔巴人却成了领头大哥。由此可见，情景很重要。

人类都是天生的故事讲述者。到我们成年的时候，无论有没有意识到，我们都已经构建出了属于自己的叙事认同或个人故事，这种视角或故事里包含的重大事件不仅塑造了我们的生活，还让我们对自己产生了特定的看法。随着时间的推移，我们不断地往自己的故事里添加素材，久而久之，它就成了我们应该做何感受和如何评价自己的参照系。你可以问任何人："从一分到十分，你会给自己的快乐程度打几分？"他们的回答取决于他们如何看待自己独特的人生故事。在这一点上，自信心同快乐是一样的道理。

其实，心理治疗中有一类专门针对个人叙事的方法，它们研究一个人对自己生活的认识，想用积极且有益的方式编辑和修饰这些有关个人生活的故事。有意思的是，已经有证据显示，这种干预治疗的效果同冥想、认知行为疗法不相上下。

与生活的其他方面一样，自信心是我们取得成功的重要因素。我们尝试给工作上的自信心下一个定义：自信心是内心的一系列信念，它让我们相信自己具备必需的核心技能，能够轻松地承担一定的工作职责。

在一次国际性的销售会议上，两名地区经理趁着工作午餐的时间开展了一场有关新销售策略的头脑风暴。当天晚些时候，其中一名地区经理举手发言，把午饭时讨论的相关策略告知了整个团队。而且，她在一开始就提到了另一位地区经理的功劳，但只有她壮着胆子把这些想法说了出来，然后一一回复了其他人的提问。在共同参与头脑风暴的两个人中，你觉得哪一个会给其他团队成员留下深刻的印象？

如果你属于剑型人格者，你就拥有了一种先天的内在优势。唤起对你来说是一件积极的事，这对于自信心的培养也是正面的。因为大脑独特的化学物质，你表现得更乐观，同样重要的是，你对风险的容忍度更高，不容易受到社交焦虑的影响。换句话说，因为喜欢微微的唤起，你总能第一个举起手。但是，对剑型人格者来说，唤起是一把双刃剑。你应该能想到问题出在哪里，相比关注细节，剑型人格者更容易被多巴胺牵着鼻子走。而关注细节涉及的是那些安静的甚至是乏味的工作，它们往往要求你通过记录和举证提出有大局观的想法。但剑型人格者往往会忽略这些。

克雷格有很多绝妙的点子，同事们都知道他是点子王。但他们也知道，在进入详细的论证和规划之前他就会放弃他的点子。不过，这对自信心倒是没有什么影响。克雷格的关键问题在于，他总是一副自信心爆棚的样子，而且从来不懂得说"不"。他是一名建筑师，找到我们的时候一脸焦虑和疲惫。除此之外，尽管他每天破晓前都会在跑步机上锻炼一个小时，但血压依然居高不下。

他描述了自己的日程，我们两个听完之后，只想找个地方好好睡一觉。他每天要上 9 到 10 个小时的班，回家后快速地吃完晚饭，就得给双胞胎洗澡，给他们读睡前故事，之后再去电脑上处理一两个他正在推进的私人研发项目。每晚都是妻子催促两三次之后，他才会上床休息。每晚最多能睡 5 个小时，清晨手忙脚乱地关掉闹钟，随即走向家里的跑步机。他总是最早到办公室和最后离开的那个人。他通常会点一份腌牛肉燕麦三明治作为午饭，狼吞虎咽的午餐时间是他一天中唯一能喘口气的时候。

克雷格很勤奋，也很有天赋。毋庸置疑，只要是他想做的事，几乎没有什么是他做不到的，但前提是他能专注地做一件事。然而，他并没有这样做，他的风格是同时处理很多件事。除了繁忙的建筑设计工作，他还在开发一款提升办公效率的应用程序，并且希望把它卖给大公司。开发应用程序的工作需要他对接多名程序员，不出所料，他坚持自己主导设计这款应用程序的"外观"。最近，他所在的行业协会询问他是否有兴趣开设一档周更的播客节目。于是，克雷格在家里自建了一个迷你录音棚，在里面写稿和录音。除了这些工作，他还在写一本书，主题是新型材料给建筑设计带来的影响。他已经是两个董事会的成员了，最近又收到了第三个董事会的邀请。光是想想这一大堆事就让人身心俱疲。但这还没完，克雷格说，他正在考虑给孩子们的足球队当义务教练。

我们不知道克雷格这么拼命究竟是为了赢得他人的崇拜，还是博取别人的同情，也许二者兼有。但我们把话题引回到他为什么来见我们的问题上。克雷格发觉总有人在他背后指指点点，说他债台高筑而无心工作。事实上，他当时刚刚失去两个重要的项目，而且无力挽回。

想做的事太多，而且每件事都有成功的希望，类似的情况的确会令人难以抉择。我们当然不想打击克雷格的乐观心态，也不想让他对自己产生怀疑，但我们想让他看到，当他无休无止地给自己安排工作时，大脑中的化学物质扮演了怎样的角色。我们解释道，误把多巴胺不足等同于无聊和麻木的感受，是导致他闲不住的原因。我们接着告诉他，出于相同的原因，他几乎愿意去做任何事，确保不给自己留下沉思和冥想的时间。克雷格显然不太相信我们的说法，但他说的下一句话彻底出卖了他："我愿意尝试你们提出的任何建议，只要不是让我无事可做就行。"他这么一说，我们反倒知道应该让他干什么了。有时候，你不想做的事恰恰就是你需要做的事，如果你想做出些许改变，这往往是一个显而易见的切入点。

"有能力"是不足以形容克雷格的，而且他对自己的才能没有任何怀疑。但是，这种信心在某种程度上只是他调节低水平唤起的副产品。他焦躁不安地从一件事切换到另一件事，就是为了保证自己能得到稳定的刺激输入。大多数项目都要求他注意枯燥但必要的细节，这些强度过低的刺激对克雷格来说毫无吸引力，他只想把它们放在一边，然后寻找"更有趣"的东西。执着地寻找更有趣的事，导致他的生意陷入了危机。

我们给克雷格布置了两项任务。第一，我们要求他在手机上安装一个正念冥想的应用程序，他答应进行为期10天的冥想练习。第二，我们指导他列了一张清单，并给这张清单取名为"我愿意忽略的细节"。我们向他解释道，第一项任务可以提高他在低刺激时期的忍耐力，不过作为回报，他将变得更不容易分心。但事实上，他的冥想练习效果并不好。起初，他声称，越是把注意力放在自己的呼吸上，他就越抗拒呼吸。于是我们改变了练习的内容，代之以容易忍受的"无意义时刻"：在15分钟的时间内，他需要双目紧闭，坐在一个安静的空间内，除此之外，没有其他要求。这样的练习克雷格尚能应付。

他在"我愿意忽略的细节"这项任务中的表现，出乎我们的意料。克雷格拿出整整三页纸，对我们说："想不到我脑子里居然有这么多还没处理的事情，难怪我的生意会做不成。如果是别人如此粗心大意，那我肯定忍受不了他们。"他一边用手掌拍着那几张纸，一边继续说道："读这份清单的时候，我只想立刻到网上好好搜索并比较一番，然后把一直拖着没下单的便携式比萨饼烤箱买回来。"

这就对了！没有哪个剑型人格者不喜欢买新东西。我们从一开始就知道应该如何激励克雷格，才能让他努力地完成第二项任务，他订购的那台比萨饼烤箱将成为他完成这项任务的奖励。真正的自信心需要证明。尽管克雷格有积极的态度和行动，但他做事常常有始无终，缺乏对细节的关注，这妨碍了他的成功。他主动想要处理"那些无法引起我兴趣的东西"，这样的意愿给他的工作带来了巨大的改变。"我知道自己忽略了许多细节，但当我停下来的时候，我意识到小事其实并不小，我不做是因为我太容易分心。不再三心二意之后，我做成的事反而比以前更多了。这种感觉相当不错。"

影响盾型人格者的自信心的因素比剑型人格者要隐晦得多。由于盾型人格者更熟悉事物不好的一面，他们通常会采取防备的姿态。剑型人格者会忽视重要的细节，盾型人格者则会一头扎进细节的海洋里而无法自拔。对盾型人格者来说，细节就像老朋友一样，越是沉溺其中，他们就感觉越安全。唤起造成的隐隐骚动的感受，使得盾型人格厌恶风险，喜欢逃避。种种因素的组合导致自信心的培养变得不那么容易。自信心的表达需要一定的胆量，它让盾型人格者内心煎熬，坐立难安，因为觉得还缺少一点儿信息而不敢采取任何行动。

贝丝遇上了麻烦：她认为自己手头的数据还不够，所以不愿意仓促下结论，这让她的老板感到愤怒和不耐烦。让我们来了解一下贝丝。她出生在一个人丁兴旺的天主教家庭，是家里最小的女儿。在福特汉姆大学接受了耶稣会的教育后，贝丝决定当一名修女。从小和两个姐姐、四个哥哥一起长大的她想投身研究和宗教服务，过上梦寐以求的井井有条和平静的生活。

因为一些意料之外的转折，贝丝逐渐开始怀疑心中的那份"呼唤"。在距离最终的宣誓仪式只剩几天的时候，她放弃了投身宗教服务的想法。她凭借自己的教育经历和兴趣，在洛杉矶的一家大型天主教会医院找到了一份行政工作。

贝丝对待工作尽职尽责，她接手了一项收集和分析数据的任务，研究结果将被用于优化传染病的防控程序，保障患者的安全，这让她十分激动。6个月之后，提交结果的日子到了。尽管她没日没夜地工作，但速度快从来不是她的长项，准确性才是。毕竟，她属于盾型人格。

当我们见到贝丝的时候，她正为自己即将失去这份她喜爱的工作而焦虑。在年中总结上，上司告诉贝丝，如果她不能马上拿出研究结果，就会找别人来接手她的工作。贝丝不知道哪种情况更糟糕：是失去工作，还是为了追求速度而牺牲准确性，草率地得出她不太有把握的结论？贝丝焦虑不已，什么也吃不下，内心还有一股对自己缺乏自信的怒火。同样的情况已不是第一次出现了，这让她对自己近来所做的决定充满了怀疑。

对于在自信心方面出了问题的盾型人格者，我们要做的第一件事是帮助他们区分清楚事实和大脑化学物质造成的假象。这样做有两层用意。第一，学会区分"这样真的很危险"和"我感觉这样很危险，但事实可能并非如此"，这有助于缓解焦虑。第二，这样的认识为我们进一步的治疗做了铺垫，我们的目标是让盾型人格适当地冒险。通过经受风险，盾型人格者才能慢慢建立起自信。

按照贝丝的工作推进情况，她可能还要花6个月的时间，再收集一大批数据，但已有的数据和分析足以让她对95%的问题得出明确的结论，对另外5%的问题也可以得出临时性结论。贝丝说得越多，情况就越明朗：她的完美主义倾向才是这份报告迟迟无法完成的罪魁祸首。随后，她说出了问题的关键所在：她被告知，报告完成后，她还要向委员会做口头汇报。其实，一直都是她对公开演讲的恐惧在作怪。只要她还在不断地收集数据，就可以不用当众发言。她不知道要如何应对强烈唤起的感受，不得不选择让自己的天赋和才能打折扣。

为了消除她对强烈唤起的恐惧，我们设计了一种焦虑缓解法，类似于第 4 章中给科林的建议。针对贝丝，我们稍稍做了改变：临近结束的时候，她需要在我们面前完成一次汇报。时间一天天过去，贝丝为了逃避给我们做汇报，找了各种借口。我们只是不断地提醒她，如果她想保住自己的工作，就必须克服这种不适感。模拟汇报的日子终于到了，贝丝穿着一套合身的灰黑色西装，如同初次见面般向我们做了自我介绍。她完整地展示了她的工作内容，从头到尾无可挑剔。真正的汇报在两周之后进行，她的表现得到了上司的高度赞扬，她的所有努力最终都有了回报。

自律性和自主性

是什么东西触发了人的自主性？当然，它肯定和下面这些因素有关：抱负，对前景的设想与认识，还有强烈的好奇心和想象力。自律性和自主性不仅能给人带来良好的感受，也能促使我们在工作时全力以赴。实际上，自我激励被视为影响个人整体表现的最重要的因素之一。至于这种品质为什么在工作中显得如此宝贵，原因是相当明显的，尤其当你自己就是雇主，而且正在寻觅工作能力强的人才或试图挽留人才时。既然如此，这样一种不仅在企业中显得非常宝贵，而且能让个人感到满足和充满活力的品质，究竟有什么东西会妨碍到它呢？

可悲的是，妨碍自主性的因素有很多，并且它们都与唤起对我们的影响有关。盾型人格者和剑型人格者的内在动机面临着类似的障碍，但造成这些障碍的原因却像他们的大脑化学物质一样天差地别。盾型人格者和剑型人格者都有可能过度依赖外部的反馈和引导，也都会因此误判任务的核心问题。让我们来看看他们为什么会这样吧。

> 克里斯有很多未被开发的潜力。他浑身散发着乐观的气息，脸上挂着极富感染力的笑容，他的出现总能带动全场气氛，让周围的人感觉自己得到了重视和欣赏。尽管克里斯愿意承担额外的工作项目，但遗憾的是，他的热情消退得很快，做事总是雷声大雨点小。

这段描述来自克里斯的年度评价。在向我们展示这段话前，他先说了这样一段话："我是个非常积极能干的人。我不需要别人告诉我应该做什么，或者如何兼顾每一件应当由我负责的事。可让我惊讶的是，经理告诉我，他希望我能够在未来的工作中'多一些自主性'。这是他的原话，我一个字都没改。真是太侮辱人了！我觉得像是当头挨了一棒。"

我们是如何对待批评的呢？没有人喜欢听到关于自己的负面评价，但愤怒和否认是相当无益的反应。随着克里斯和我们一一复盘他的年度评价，一条清晰的脉络渐渐地浮现出来。他可以算是第一个自称有自律性和自主性的人，但事实并非如此。为了维持内在的动机，剑型人格者会产生一些典型的盲点，我们从克里斯身上看出了类似的端倪。

如前文所说，那些中枢神经系统不够活跃的人会对奖励格外敏感。对于克里斯，这意味着他所做的决定——无论是大是小——都或多或少地带有促进多巴胺释放、增强唤起和让自己感觉更舒服的目的。当然，这些过程都发生在无意识的状态下，所以他自己并未发觉。

那么，渴望奖励的倾向会对克里斯的自我激励能力造成什么影响？我们要求他写下工作职责，并把它们分成两列。第一列的标题是"相对有趣"，第二列的标题则是"相对无趣"。克里斯是个聪明人，在完成这项任务后，他抬起头笑着对我们说道："我知道你们想干什么。第二列的职责更难做到持之以恒。听着，我开始的时候总是非常有动力的，但处理许多枯燥的细节实在是太无聊了，我忍不住把这件事放下，转头去做另一件更有趣的事。"

克里斯说的转头去做"更有趣的事"属于冲动行为的范畴，而处理"枯燥的细节"则需要他做到延迟满足。这两个方面都与剑型人格者的大脑化学物质以及他们对奖励的敏感性有关，它们造成了一个常见的难题——容易分心。而容易分心是自律性和自主性的劲敌。

以此为基础，分心往往会导致拖延症。在与我们讨论了因为注意力分散造成的结果后，克里斯告诉我们半途而废是他一贯的行事风格。"我很容易对事物丧失兴趣，这话挺难说出口的。"他说道，同时视线移向了别处，"有时候，只要碰了壁或觉得眼前的事太难，我就会选择放弃。在我小的时候，他们让我吃哌甲酯。我以前讨厌吃这药，但它确实能让我更专注。"

容易厌倦、丧失兴趣或注意力，以及缺乏耐性（说放弃就放弃），这些都是剑型人格者的弱点，也是注意缺陷多动障碍的症状。我们建议克里斯练习正念冥想，他用一个轻蔑的白眼做了回应。但他在得知下面这项研究后改变了主意，同意进行为期 12 个星期的冥想练习。科学家利迪亚·泽洛斯卡（Lidia Zylowska）和她的同事们发现，78%的研究参与者（顺便一提，参与这项研究的人都被确诊患有成人注意缺陷多动障碍）在进行正念冥想后反映，他们的注意缺陷多动障碍的症状有所减轻。不仅如此，研究人员还发现，这些参与者在注意力测试中的表现都有了显著的提升。

拖延症和做事半途而废还经常与另一种剑型人格者的倾向有关，即依赖外部导向，而且这种依赖大多数时候都是无意识的。剑型人格者最擅长应付前馈的情况。与反馈不同，前馈不以事后的表现作为评判，而是在任务开始前就做出明确的预期。"因为我的不足而冲我大发雷霆，这样的做法不能有效地激发我的动力。它就像指着我的裤裆说拉链没拉一样，除了让我感觉不好之外，没有任何别的作用。"

当我们向克里斯解释前馈的概念时，他来了劲头，说道："没错，我就是想让经理把事情分个轻重缓急，列出具体的预期，再定好时间表。但这是不可能的。我的经理不会把时间花在这些事情上。"我们同意他的说法，大多数经理都没有时间、意愿和精力为下属做这些。克里斯需要学会自己动手，于是，我们给他布置了一项任务。

克里斯带着一张画好的图表走了进来，上面详细地列出了他正在跟进的 6 个项目。他似乎对自己的成果很满意。对于图上的每一个项目，克里斯都标注了详细的信息，比如具体的职责范围和预期，他还给每个项目都设定了完成时间。克里斯打算自己给自己提供前馈信息。当我们让他不要操之过急时，他显得有些失望。我们指出，如果想要获得持续的动力，他还需要克服另一个障碍——对任务核心内容的错误把握。对于任务的轻重缓急，剑型人格者的辨别能力就像瑞士奶酪一样千疮百孔。他们会有类似无意视盲（由于注意力集中在一件事上而忽略了另一件事的心理现象）的表现，我们让克里斯看了一段能够反映这种心理现象的视频。视频上有一群人在传球，克里斯的任务是给传球次数计数。"13 次。"他说。"你还看到了什么能让你眼前一亮的东西？"我们问道。他回答说没有，于是我们打算让他再看一遍，并且在播放之前告诉他，他漏掉了视频里的那头大熊。克里斯简直不敢相信自己的眼睛。就在那群人传球的同时，一个穿着熊套装的男人走到视频中央，转向镜头，然后又滑着月球步淡出了屏幕。你可以在网上搜到类似的测试视频（关键词为"无意视盲"）。

我们想用这个视频说明，把注意力优先放在自己认为最有趣或最有可能让自己感到兴奋的任务上，这是剑型人格者常有的倾向。毕竟，容易被奖励吸引且总在寻求兴奋和刺激的剑型人格者，会自然而然地去做那些最有可能给他们带来快乐和享受的事情。让观看视频的人把注意力集中在传球次数上，是导致他们产生无意视盲的原因。对于剑型人格者，这种现象与他们在无意识地寻求唤起有关。我们要求克里斯再仔细地检查一下他带来的那张图表，这一次不要再把熊漏掉了。他的任务是重新看一遍他罗列的细节，不被兴趣和兴奋左右，而是有意识地按照事情的重要性和紧迫性论先后。带着懊恼和"我简直不敢相信"的混合情绪，克里斯调整了 6 个项目中 4 个的先后顺序。

在克里斯离开之前，我们让他大声朗读了那段不怎么中听的年度评价。我们从他的语气里明显可以听出，他之前的愤怒已经消失殆尽，取而代之的是真正的个人责任心和自律性。我们向他介绍了一些或许能帮助他驾驭大脑化学物质的方法，并衷心希望他在之后的日子里能用上它们。克里斯已经认识到他独特的大脑化学物质对他的决策施加的影响，并努力去减少它不利的一面。

我们说过，盾型人格者在自律性和自主性上遇到的问题同剑型人格者非常相似，但二者的原因天差地别。诚然，并非所有的盾型人格者都有这方面的难题，但如果他们有，类似的障碍将会深刻地影响他们的表现。

相比设法刺激神经的活动，盾型人格者更喜欢去规避伤害，这是他们行为的一大动力。盾型人格者的避害本性让他们相对稳定地处于过度警觉的状态，这种长期的戒备情绪可能会妨碍他们的自律性和积极性。警觉性不是免费的，维持它的代价是投入大量的能量和精力。盾型人格者的过度警觉会导致他们思虑过多和自我怀疑，还会让他们因为陷入完美主义的泥淖而动弹不得，所有这些都无异于抽吸精力的海绵。

能否成功地完成任务是与自律性和动力相关的另一个变量。盾型人格者经常在重要的事情上掉链子，这并不是因为他们懒惰或缺乏专业技能，而是因为他们不愿意在必要的时候当机立断。正如你所知，盾型人格者讨厌冒险，很多时候他们宁愿游手好闲地过活，也不愿意冒着可能把事情搞砸的风险放手一搏。我们在前文中说过，这种倾向导致盾型人格者容易犯过于保守的错误。在这方面，我们发现对盾型人格者来说，要求他们列一张"虽然我一直担忧，但从未发生过的事"的清单会大有帮助。臆想的恐惧很容易偷偷地游回潜意识的深井，被我们抛在脑后。但是，如果白纸黑字地把我们担忧的这些东西记录下来，它们就会成为更方便提取也更有影响力的记忆。这样的记忆可以在自我怀疑的时刻作为事实性证据，帮助我们辨别出虚假的恐惧。

不愿忍受风险是盾型人格者没有持续的动力去完成任务的主要原因。虽然他们不会像剑型人格者那么迅速和轻易地放弃一件事，但导致他们最后放弃的罪魁祸首往往是风险。我们都倾向于认为自己做出的决定是基于逻辑的，但事实上，我们的情绪——尤其是恐惧（盾型人格者）和欲望（剑型人格者）——在决策中起到了巨大的作用。《风险究竟有多大？：为何我们的恐惧总是与事实不符？》（*How Risky Is It, Really?: Why Our Fears Don't Always Match the Facts*）一书的作者戴维·罗佩克（David Ropeik）是这样说的："风险决策并不是一种有意识的决策，而且它没有事实性证据作为基础，所以不符合我们对理性决策的定义。它是基于情绪的，取决于我们对信息的具体感受，而这种感受又与我们的生活境况、接受的教育、健康、年龄等因素有关。"除此以外，我们还要在这些因素后面加上并着重强调"大脑化学物质失衡"。

如你所知，杏仁核是与风险评估和决策相关的关键脑区之一。它们通过向其他脑区发出威胁的预警信号，触发我们的恐惧感。接到警报后，人体开始释放压力激素，并做好三选一的准备：逃跑、战斗，或者什么也不做。当然，杏仁核的本意是保护我们免受伤害。微观决策虽然是推进任务的必要条件，但盾型人格者那躁动不安的杏仁核却放大了微观决策可能造成的不良后果，导致事情难以推进。有的盾型人格者奉行着一种不言而喻的原则：有怀疑，便放弃。

不过，人类的决策不完全受恐惧感的支配。我们的大脑有一套制衡恐惧的系统——腹内侧前额皮质，它的功能是评估杏仁核是否反应过度，这让大脑对决策的评判多了几分理性。腹内侧前额皮质与杏仁核联系紧密，相互影响。杏仁核向腹内侧前额皮质发出信号，指明潜在的威胁；腹内侧前额皮质则对这个警报和具体的情景稍做分析，判定威胁是否严重以及应该做何反应。

对盾型人格者来说，处理风险可能是一件棘手的事。为了争夺发号施令的权力，杏仁核和前额皮质会陷入一种竞争状态。你还记得盾型人格者的杏仁核大多很吵闹吗？一对过度活跃的杏仁核无法做到每一次都欣然地接受来自前额皮质的不要冲动的指令。盾型人格者脑内的血清素太少了，杏仁核经常占据上风，所以他们会把大大小小的决定建立在恐惧而不是理性的基础上。类似的决策回路在剑型人格者的大脑内也存在，与盾型人格者一样，当需要在几种针锋相对的行为中做出选择时，这些回路之间的较量就会变得激烈起来。不过二者的区别在于，盾型人格者更在意代价，而剑型人格者则更关注可能的收益。

虽然盾型人格者对风险的厌恶是他们难以干净利落地完成一件事的主要原因，但他们其实还存在另一个与此密切相关的问题：他们容易陷入对反馈的迷恋和依赖。盾型人格者喜欢反馈带给他们的信息、进步的感受和鼓励。因为独特的大脑化学物质，盾型人格者经常受到自我怀疑的折磨，向前看和做决断对他们来说都很难。反馈当然能让艰难的抉择变得容易一些，但这种对反馈的偏爱也有不利的一面。管理者通常不喜欢过多和过于频繁地给下属提供反馈。反过来，如果总是在时机不成熟的时候等待或要求反馈，这往往会被视为缺乏自信心和安全感的表现。

对于这种情况，我们发现设法给自己提供反馈是一种有益的做法。而且，这种方法适用于所有任务或工作。你可以花点儿时间，一步一步地复盘你的工作（既可以写在纸上，也可以在脑子里想）。对于每一个环节，如果你顺利完成了目标，就给自己点个"赞"；如果你还没有完成，就给自己点个"踩"。大多数人都会发现自己得到的"赞"比"踩"多。对那些你认为做得还不够好的地方，可以问自己下面这些问题："为什么我觉得这样不行？""我是否需要更多的信息，才能继续推进？""我是在拖延吗？""我是不是有些完美主义了？""如果我现在就做某些决定，是不是能让事情有所进展？"

有趣的是，这个复盘的过程其实反映了你与你自己的关系。许多盾型人格者和自己的关系都很紧张，他们需要学会做自己的盟友，而不是吹毛求疵的批评者。与自己建立积极的关系需要勇气，比如，相信自己的勇气，以及逼迫自己做出艰难决定的勇气。想一想，你的工作中有没有什么难以抉择的环节，如果有，那有没有什么决定是你今天做了之后可以把对自己的"踩"变成"赞"的？没有人比盾型人格者更需要有建设性的自我安抚了。给自己多一些鼓励，当然，逼迫自己的效果会更好。相信自己，做那些有必要做的决定。良好的自我关系有一部分来自自律，还有一部分来自鼓励。

第三个阻碍成功的难题是对核心任务的错误把握。我们已经解释过剑型人格者对此的误解了，盾型人格者在这方面有他们自己的问题，而且二者的原因不同。盾型人格者有时会说服自己专注于工作的某些方面，同时忽略其他方面，而且他们并没有意识到做出这种选择的深层原因是什么。当一个人总是采取防御的心理姿态时，这个世界对于他来说就特别像一个危机四伏的地方。盾型人格者希望逃避困难带来的压力，因此，一项工作的难度会影响它在盾型人格者眼里的重要性和优先级。正因为如此，我们发现，经常区分工作的轻重缓急是有益的，尤其是对盾型人格者而言。除此之外，在评估一项任务的优先级时，不光要站在重要性的角度上，还要站在做这件事会给你带来多大的焦虑的角度上，这样做对你同样有帮助。对于更让你焦虑的事，你是不是更有可能把它们往后拖？如果是，就优先从这些事情入手，正面迎击你的焦虑感。

如果坦诚地评价自己，那么没有人在工作中是十全十美的。我们都有各自的问题，在自己更擅长的方面更容易做出武断的决定。对于自身的不足，就算我们遮遮掩掩或自欺欺人，也无法改变它们存在的事实。尽管我们在工作中表现出的个人风格并不完全源于大脑化学物质失衡，但我们在这里探讨的内容显然与其直接相关。我们建议你花点儿时间，想一想你在工作中有哪些表现反映了你的大脑类型。你有没有从中发现某种共性？你有没有在上文的故事和问题中看到自己的影子？如果有，你是否增加了对自己的认知？具体是什么？你想从哪个地方入手，做出小小的改变？无论是怎样的改变，真正的障碍都只有一个，那就是唤起造成的不适感。你必须有强烈的意愿，面对和摆脱这种感受对你的支配，打破大脑类型构建的惯例，因为它们严重妨碍了你在工作中取得更好的成绩或更大的成就。要想为了你自己好，你就应该让自己有点儿不舒服。

第 6 章

如何处理好与上司、下属和同级的关系

善用与盾型、剑型人格相关的知识，更有效地维护你与上司、下属和同级的关系。

除非你的同事里有神经科学家，否则你现在肯定是办公室里最懂大脑中的化学物质的人了。不过，你可能还想问，前文中介绍的关于剑型人格和盾型人格的理论是不是过于简单化了。没错，我们确实简化了很多东西，没有展开论证它们的对错。在十字路口看到绿灯便以为可以安全通行，这也是一种过度简化。但我们依然是这样说和做的，原因在于，首先，这个规则能够保障交通的运行；其次，这种简单化的处理在绝大多数情况下都是安全的，却不是万无一失的。现实世界中的情况更加复杂，而且矛盾重重。不过，这也不代表过度简化就没有意义，它让我们能够通过归纳和总结看清事物的共性和趋势，不至于靠瞎蒙的方式去预测行为和决定的结果。我们认为相比"这种大脑分型理论究竟是不是过度简化了事实"的问题，更值得我们关注的问题应该是"它到底有没有用"。答案是完全肯定的。随着你对大脑化学物质的认识越发深入，我们将向你展示，如何把这些知识应用到工作中，用于处理职场人际关系。

在正式进入本章的内容之前，你可以做做下面这个小实验。想一想有哪些人对你在工作中取得成功来说是至关重要的，把他们的名字写下来。请务必记下每一个帮助你获得职业安全感并让你有机会施展才能的贵人，他们可以是你的顶头上司，也可以是你的直接下属，抑或是有工作交集的平级同事。你甚至可以写下你的爱人或伴侣的名字，只要你认为合适。能上这份名单的肯定都是你认识的人，我们想让你充分利用对这些人的了解，让你的人际关系更上一层楼。读到这里，你已经学到了很多有关盾型和剑型人格者的知识，知道他们各自的想法和行为特征，以及他们的长处和短处。我们想让你把这些认识付诸实践。看一看你列的名单，回想与其中每一个人的交往经历。接下来就是这个实验有意思的部分了：在每个人的名字旁边标注"盾型"或"剑型"。是的，有些人或许不容易判断，但只要你仔细想想他们的样子，就一定能猜个八九不离十。完成这一步后，你对他们的看法将发生巨大的转变。原先你可能不明白，但现在你可能会更理解他们的某些行为，不再像过去那么斤斤计较，也不轻易觉得自己被他人针对了。更重要的是，知道他们的大脑类型后，你可以选择用恰当的方式与他们相处，善待他人，也成就自己。

你已经知道自己是盾型或剑型人格，现在你又分辨出了身边那些重要人物的大脑类型。重要人物既可以是那些帮助你的人，也可以是妨碍你的人，这两种人的重要性其实不相上下。在你继续阅读的过程中，这些信息将成为宝贵的参照系。

无论你所在的公司推崇哪一种企业文化，自上而下、扁平化、混沌（自由放任），抑或相互倾轧的丛林法则，知道不同的大脑类型以及每种类型的长处和短处，都是一种管理的利器。哪怕你没有直接下属，不用管理别人，也需要处理和经营同上司及平级同事的关系。这种利器与经营哪种关系无关，它可以朝上、向下，也可以平移。如果你想处理好与上级的关系，他们的大脑类型将是你最可靠的决策依据。它也能让你成为更好的领导者，你会懂得如何提升团队的协作效率，如何激发下属的士气。对于平级的同事，你会知道如何建立良性的合作关系，成就你自己的成功和幸福。

作为上司

如果你从事的是管理工作，那你显然已经做对了很多事，而我们的目标是进一步完善你的领导技能。在这方面，我们可以帮助你提升对下属的认识，具体的方法是对你们的互动方式提一些小而重要的建议。你可以把自己与下属的关系看成是两个权力有差异的人之间的关系，你也可以换个角度去看：没有地位的高低之分，只有两种不同的大脑类型在互动，对日常互动的结果施加有力的影响。

身为管理者（这里指需要监督他人工作情况的人），除了确保下属在正常工作之外，你还得兼顾自己的工作和职责。正因为如此，混乱和草率的管理才会屡见不鲜，尤其在你业务繁忙、到处"灭火"的时候，就更顾不上管理下属了。

我们相信，高效的管理者往往是优秀的老师，而高质量的教学需要投入时间、精力和专注力。遗憾的是，在今天的职场中，这三样东西总是供不应求，甚至稀缺。我们很乐意提供一些建议和技巧，帮助你成为优秀的老师，同时节省你的时间。想要获得这种提升，你需要多做一点儿观察和倾听的工作。但这些付出必定是有回报的，从此以后，你将拥有更高的工作和管理效率，节省更多的精力并承担更少的压力。此外，我们认为高效的管理者也是开明、真诚，并且愿意放权给下属的。正是这些特质结出了合作的硕果，你应该认识到自己作为管理者的重要性，清楚管理的目的是保证团队目标的实现，只有这样你才能走向成功。

下面的几个例子展示了几种不同的管理策略，它们都行之有效，增强了团队的工作效率、合作与放权。

在第一个例子中，我们将分享珍妮丝的故事。从表面上看，珍妮丝是一位并不出众的女士，不光认识她的人这样想，她自己也这样认为。但是，只要你稍加了解就会发现，她是个非常有意思的人，而且她一点儿也不平庸。25 岁的珍妮丝上小学时接受过智力测验，结果显示她的智商高达 143（智商高于 125 的人只占总人口的大约 5%）。虽然智力超群，但珍妮丝的高中上得很吃力。她用了 6 年时间才获得文科学士学位，而普通人只需要 4 年。凭借惊人的词汇量和优异的表达能力，她成功通过面试，在航空航天领域找到了一份起薪为 9 万美元的工作，职业前景一片光明。

但入职不到一年，她就觉得自己的饭碗可能保不住了。珍妮丝是典型的盾型人格者，她总是兴致勃勃地发起提议，却从未对自己做过的事感到满意。她不期待得到表扬，而是总想着自己会被开除——每天如此！对她来说，世界上只有糟糕的情况和更糟糕的情况：她害怕别人检查和评价她的工作，但她更担心不提交工作报告的后果。珍妮丝不知道她是多么频繁地给自己设置不必要的障碍。把工作带回家做，在办公室加班到很晚，这些对她来说都是家常便饭。虽然没有告诉任何人，但在每周的例会前，珍妮丝都会吃一粒普萘洛尔（一种 β 受体阻滞剂，对克服怯场很有帮助），以免在对经理说话时声音发颤。

珍妮丝把"追求完美是保证品质的最大敌人"这句话抬到了新的高度。她总是不断地把工作推翻重来，但这并没有提升工作的质量，只是让它们变得不同罢了。珍妮丝很少犯错，但比犯错更少见的是按时提交工作报告。在回顾她的经历时，我们发现了她的韦氏儿童智力量表成绩。除了超高的智商，她在专注力和细节关注能力这两项上的得分较低（相对于她的整体得分而言）。从这一点上，我们看到了她焦虑的早期证据，正是焦虑干扰了她的注意力和关注细节的能力。如你所知，盾型人格者往往是关注细节的高手，但这种能力在过度焦虑的状态下就不灵了。当然，如果你是一名经理，那你很可能无从得知这些细枝末节。但是，哪怕你只是看到珍妮丝在工作上表现欠佳，也应该不难推断出焦虑在其中扮演的角色。

　　如果你手下有这样一名员工，她资质过人、潜力巨大，却无法为团队做出她应有的贡献，那你要如何管理她呢？你或许能想象到一名剑型经理在管理像珍妮丝这样的下属时会觉得有多难。在剑型经理看来，光是过人的天赋就足以让珍妮丝自信满满了。事实上她并不这么觉得，只是剑型经理很可能会因为欣赏她的领悟能力，就推测她的聪慧能带给她信心。此外，剑型人格者讲求速度，做事喜欢风风火火。所以珍妮丝很可能会让剑型经理感到不耐烦，她的工作虽然做得很好，却总是做得太慢。她会被贴上不可靠的标签，并受到严厉的口头警告。

　　如果珍妮丝的经理和她一样，也是盾型人格呢？盾型经理（做事风格与珍妮丝相似）可能会因为过分的同情而耽误珍妮丝的工作，甚至伤害她的自信心。用对待伤患的态度对待焦虑的人，结果只会适得其反。这种做法其实是在强化他们杞人忧天和自我批判的天性，只会让他们的内心更脆弱，自我评价更低。他们需要别人的理解，而不是被像孩子一样对待。另外，盾型经理很有可能发现自己很容易对珍妮丝动怒（当在别人身上看到自己的缺点时，我们往往会做出消极的反应）。

不管珍妮丝的经理是盾型还是剑型人格，只要他能看出珍妮丝是盾型人格，就可以在双方的沟通上有针对性地下功夫，让交流和沟通变得更有效。

在互相尊重和开诚布公的基础上，上级和下属之间的沟通应当以促进共同目标的实现为目的。你希望看到下属拿出工作成果，他们同样希望自己能做出成绩。为此，珍妮丝和经理之间的对话可能是下面这个样子：

> 我刚刚读完了这份报告，我觉得你的工作做得很出色。显然，你很有天赋。唯一让我觉得欠缺的地方，就是你的工作报告又晚交了将近一个星期，拖累了其他同事的进度。我不清楚有没有人跟你说过，但我们都发现你的动作很慢。珍妮丝，我有点儿失望。你总是这样，虽然工作细致，但一直不能按时完成。你很能干，想做的事情也很多，规定的时间对你来说显然是不够的。我很好奇，你是不是对自己的要求太高了，或许就是出于这个原因，你的项目才会超时。

吃了普萘洛尔的珍妮丝用坚定的声音答道："接手任何项目都会让我很紧张。我一直在沿用学生时代的策略，把事情拖到最后一刻，然后疯狂地补救。一旦完成，我就会一遍一遍地修改。我永远都不满意，即便是在提交报告的那一刻。"

"这跟我预想的情况差不多。"她的经理可能会这么说，"我要交给你的下一项任务应该用不了一个星期的时间就可以完成。我们来做个小实验吧。我希望你明天就开始处理这项任务，周三交给我一份草稿，写到哪里算哪里，然后周五把终稿交到我的办公桌上。记住，没有什么东西是完美的，绝对没有。不要因为一味地追求完美而耽误了任务的按时完成。还有，珍妮丝，你应该试着给自己多一些鼓励，少一些批判。人有时候要对自己宽容一点儿。我希望你能记住，你是我们团队中非常宝贵的一分子。"

让我们来仔细分析一下珍妮丝和经理之间的这段对话。它的信息量远比看上去的要丰富，对像珍妮丝这样的盾型人格者来说，这段对话至少有5处贴心的地方（这种地方越多越好）。

第一处贴心的地方：丰富又真诚的反馈。你应该还记得，盾型人格者习惯于对实时发生的变化做出积极迅速的反应。具体到珍妮丝的工作中，这种变化指的是内容丰富的反馈信息。经理富有建设性的"好坏参半"的评价让她获得了非常具体的回应和改进的建议，这些都是盾型人格者乐于见到的。

第二处贴心的地方：触发回避伤害的警报。当面指出做事手脚慢的问题，以及使用"失望"之类的词，都会让本就提心吊胆的珍妮丝更加焦虑。这样做会激活盾型人格者的伤害规避系统。永远不要用"失望"这种会给别人造成情感负担的词去操弄人心，而是要像珍妮丝的经理一样，把它们用在真诚且恰当的评论里，才会对别人有所帮助。珍妮丝做事总是慢吞吞的，这对她的职业生涯有害，帮她拉响这个警报是为了她好。

第三处贴心的地方：指出完美主义和拖延症之间的因果关系。我们说过，完美主义和拖延症的结合是部分盾型人格者的常见弱点。如果被当面指出这些问题，盾型人格者就会觉察到每一处缺陷和不完美，并为它们的存在感到汗颜。但是，他们经常意识不到拖延症的病根正是自己对不完美的恐惧。你只需要说出事实即可，不要夹杂着看法和批评，这样可能会对盾型人格者帮助更大。类似的对话为盾型人格者深入认识"手脚慢"的做事风格创造了条件，更重要的是，它道出了问题的根源所在——完美主义。

第四处贴心的地方：合作。通过指出她做事手脚慢的原因，经理与珍妮丝站到了一起，共同对抗过分苛责自己的毛病。不仅如此，珍妮丝的经理还为她提供了一种摆脱完美主义倾向的方法。鼓励本身就蕴含着巨大的力量，经理不仅鼓励珍妮丝，而且鼓励她改善与自己的关系。经理要求她试着对自己少一些批评，多一些肯定。对于完美主义的问题，经理还给了她一种避免陷入其中的应对方法——让她没有拖延的机会。珍妮丝必须明白，她的问题的症结不在于时间不够，而在于她的时间管理效率不高。

第五处贴心的地方：唤醒她对奖励的敏感性。"工作细致""很有天赋""宝贵的一分子"，这些都是经理对珍妮丝的工作成果和她在团队中地位的积极评价。盾型人格者对奖励通常无动于衷。用言语赞扬珍妮丝的努力，或许就能唤醒她心中那份对奖励的渴望，并让渴望奖励取代害怕惩罚成为她做事的动力。认可她的优点和她对团队的价值，久而久之，就能让她变得更容易被奖励吸引和驱动。

接下来，我们想介绍另一位表现欠佳的员工，他是一位剑型人格的职员。在此之前，我们要先回顾一下剑型人格者的特点，以及他们容易受哪些因素的激励。为了补偿神经系统天生低水平的唤起，剑型人格者容易被外界的刺激吸引，从而分心。为什么？因为尝试新鲜事物比专注于熟悉的事物要刺激得多，特别是相对需要耗费大量注意力的工作而言。我们还说过什么？出于同样的原因，剑型人格者很难做到延迟满足。不过，剑型人格通常也更乐观，这是一把双刃剑。乐观是人际交往的加分项，是推销任何东西的法宝；但在需要踏实做事的时候，因为结果的重要性高于预期（我们要的是实打实地做事，而不是虚无的承诺），盲目的乐观反而成了缺点。我们还知道剑型人格者很喜欢奖励，因此他们对风险的容忍度更高，也不太在乎可能的惩罚和负面结果。这种心态导致他们很容易犯冒进的错误（高估积极结果出现的可能性）。奖励导向和乐观的心态会让我们高估一件事的好处，同时低估它的风险。在这种心态的影响下，我们会把小心谨慎抛在脑后，去做某些本不该做的事。

你可能还记得第 5 章提过的克里斯，上司给他的年度评价不怎么高。和珍妮丝一样，克里斯也是一个相当有潜力的人，但无论在他自己看来，还是在上司们的眼中，他的表现都不尽如人意。

经理给他的评价好坏参半：

> 克里斯有很多未被开发的潜力。他浑身散发着乐观的气息，脸上挂着极富感染力的笑容，他的出现总能带动全场气氛，让周围的人感觉自己得到了重视和欣赏。尽管克里斯愿意承担额外的工作项目，但遗憾的是，他的热情消退得很快，做事总是雷声大雨点小。

你应该还记得，这个评价让克里斯很生气。直到很长一段时间以后他才告诉我们，经理曾找他谈过话，称他的拖沓"严重妨碍了后续工作的推进"。经理还说了其他的话，大致的意思是"你得当心了，这是一次警告"。

我们既没有怀疑这条评价的准确性，也不怀疑经理其实是想帮助克里斯，但我们认为，要是当初经理知道克里斯是一名剑型人格的下属，并且能把剑型人格者独特的行为模式纳入考虑，那她给克里斯的反馈就会比现在这些有用得多。她与克里斯的谈话本可以更有建设性，让双方都受益。

我们再告诉你一些克里斯的背景信息。小时候，他是那种实验人员一离开房间就会迅速把棉花糖吞进肚子里的小孩。虽然克里斯识字很早，但他对文字材料的理解能力一直不及同龄人。上小学的时候，医生给他开了盐酸哌甲酯缓释片（一种苯丙胺类的兴奋剂）。上了高中，克里斯又开始服用阿德拉（一种苯丙胺类药物，药效比盐酸哌甲酯缓释片更强）。进入大学后，他依然会在备考熬夜的时候服用阿德拉。同很多剑型人格者一样，克里斯的生活充斥着未完成的任务。最近的例子包括：克里斯把一台健身自行车丢在车库里，连包装都没拆；克里斯答应妻子要把家里的篱笆换掉，可把旧的拆掉之后就没有了下文。他生活在一个意愿和兴趣主导的世界里，万丈豪情总是撑不过三分钟热度。

那么，克里斯的经理应该如何评价他才会更有建设性呢？我们建议把他的大脑类型考虑在内，然后这样说："克里斯，大家都很喜欢你热情似火的性格。面对面的时候，你是个讨人喜欢的人，思维敏捷、思路清晰，我们都能放心地把任务交给你，并相信你可以按时完成。然而，你的业绩就不是这么一回事了。你把重要的项目搁在一边，不管不顾，未能按时完成自己的工作，有时损失还相当严重。我觉得你对团队是有贡献的，但从目前的结果来看，你并非不可替代。话虽如此，但我们真心希望你能做出点儿成绩来。你目前同时跟进了6个项目，这可真够你忙活的。在我看来，这些项目的重要性和优先级都差不多。凭直觉，你认为哪个项目最有趣，哪个最枯燥？好的，我希望你把时间和精力都放在那个最无聊的项目上。我们下周再聊一次，届时你可以向我汇报一下项目的进展。你很擅长提出想法，但只有持续地跟进和费力地斟酌细节，才能让你的想法发挥出真正的价值。我希望你能给自己经手的每一个项目都设定好短期、中期和长期目标，并且限定好时间。你应该现实一点儿，收敛一下过分乐观的态度。当我们下周再见的时候，我希望你可以按时完成自己设定的目标。我想让你集中精力，克里斯。我不清楚你的工作习惯是什么，但我认为你一定知道，同时处理多项任务会影响工作效率。"

为什么说这样的反馈对克里斯和公司都会有帮助呢?

1. 因为它涉及注意力是否集中的问题。指出和评论真实存在的问题是非常有价值的,特别是用一种谅解的口吻。克里斯当然知道自己不是一个注重细节的人,并且容易分心。经理不光站到了他的一边,还给他献计献策,这样的做法会让他备受激励。剑型人格者喜欢回报丰厚的工作,付出的每一分努力都锱铢必较。他们认为枯燥和无聊的任务往往会被安排到最后。这名经理也可以提醒一下克里斯,先做无聊的工作会更好,这样一来,有趣的工作就变成了一种奖励,相当于他在努力完成枯燥工作后得到的回报。

2. 因为它用现实主义去对冲乐观主义。用限时完成工作的方式提醒克里斯现实一点儿,不要盲目乐观,让他直观地感受到不着边际的预期是会误事的。

3. 因为它指出他的缺点可能会给他带来负面结果。偏安一隅、对隐患视而不见,这种心态是非常危险的。这名经理没有拐弯抹角,而是直言不讳,因为克里斯需要知道他有哪些严重的缺点。绝大多数时候,盾型人格者都会留意可能伤害到他们的威胁。但剑型人格者不然,克里斯对潜在的负面结果没有那么敏感,因此他需要有人帮他指出来,以便他专注于手头的工作。好的一面是,他的经理在指出问题的同时,也希望他能做出点儿成绩。另外,她还交代了一些具体的步骤,以及完成这些任务的明确期限。

4. 因为它提供了前馈性指导。在上面的谈话中,这名经理做的最重要的一件事是,她为克里斯提供了非常具体的前馈性指导。剑型人格者经常低估他们完成一项任务所需的时间，以致揽下的事情过多，事后又为食言而感到内疚，也经常会对招惹他们的人大发雷霆。这名经理下达了非常明确的指令，定下了完成任务的期限。她帮克里斯划定了清晰的边界，让他能够专心去做手头的工作。

虽然这些都不能百分百保证克里斯取得成功，但它们为他在工作中发光发热创造了理解的氛围和有利的条件，提高了他做出成绩的可能性。无论是对克里斯还是对公司来说，这种双赢的局面都至关重要。

作为下属

那么，你自己又是怎样的下属呢？你在经营上下级关系中花了多少心思？认识上司的大脑类型能否助你一臂之力？想一想，他们是剑型人格还是盾型人格？仔细思考这些问题，你或许能从中找到一些头绪，改善自己与上司的关系。

假设你有一个剑型人格的上司。苏珊是一家大型技术公司的产品开发主管，她的直属上司是部门负责人布莱恩。最近苏珊怒气冲冲地走进了我们的办公室。为了和布莱恩会面，她留出了充足的时间，开车赶到他的办公室，他却迟到了。苏珊和布莱恩每周都要见面开会，有一次她像往常一样提早来到办公室，却被告知"他刚刚出去喝咖啡了，很快就会回来"。"20分钟可一点儿都不快。"苏珊抱怨道，"总有一天，我要晚到20分钟，就不用等他了。"

在接下来的一个小时里，我们从苏珊那里听到了很多关于她上司的逸事，显然，他是一个自以为是且没有自知之明的人，很难相处。苏珊并不是唯一在背后抱怨他的人，按照她的说法，他的大部分下属都有各自版本的"布莱恩故事"。大家平时还会互相分享，他们对布莱恩的评价一个比一个低。

"我懂他，"苏珊说，"你们知道，我明白他的想法。"此言非虚，因为苏珊也是剑型人格，她从布莱恩身上看到了自己的影子。但她又马上指出，他的情况更严重，因为他"级别更高，更以自我为中心"。我们的任务是鼓励她，充分利用已有的工具——她对布莱恩的大脑类型的认识。但在此之前，我们必须先帮苏珊解决她自己的问题。

如果苏珊想以更有效的方式处理她与布莱恩的关系，她就必须放下对布莱恩的近乎鄙夷的愤怒。剑型人格的苏珊倾向于对外发泄怒火，事实上，她确实有很多愤怒的理由。在过去的 3 年里，他们经历了两次裁员。苏珊在最近的一次裁员中失去了两位重要的同事，偏偏布莱恩还无视工作负荷的增加，于是苏珊只能让下属们承担更多的职责。雪上加霜的是，布莱恩居然要求她的团队参加他的两周一次的读书会。团队内部对这件事的共识是，布莱恩的读书会没有任何意义，只会挤占宝贵的时间，延误他们的生产进度。更可气的是，布莱恩正在筹划一期培训研讨会，他把整个生产团队当成了公司内部的焦点小组，用他们测试效果，而这个研讨会的主题居然是"团队激励"。一想到这个讽刺的主题，团队成员越发义愤填膺。他们本来就忙得不可开交了，这些会议（在苏珊看来，大多是没有必要的）只会增加他们的负担。还有布莱恩那喜欢显摆的毛病，他总是吹嘘自己的谈判能力。在公司要与有影响力的人接洽或找名人背书时，如果碰上他感兴趣的对象，布莱恩就会坚持参与其中。苏珊和团队中的其他人觉得布莱恩根本是置门店和部门的利益于不顾，认为他是个自私自利、只会耍嘴皮子的人。布莱恩在食堂里悠闲地聊天时，其他人却在忙碌地工作，苏珊不仅要干好自己分内的工作，还要为他代办各种事。是的，苏珊已经怒不可遏了。

愤怒，无论有多正当的理由，都会蒙蔽人的心智。布莱恩是那种玩弄政治手段的高手，他显然深谙见人说人话、见鬼说鬼话的职场套路。他认为自己刀枪不入，在公司里有很大的影响力。疫情的暴发和接踵而至的停工，预示着新一轮裁员即将到来。苏珊发现她不再像从前那般小心翼翼地遮掩自己对布莱恩的看法，她知道内心积压的怒火已经威胁到自己的前途：下一轮裁员到来时，她也有可能变成砧板上的肉，任人宰割。

这一次，苏珊不想像上次裁员那样，对即将发生的事袖手旁观。她决定干预裁员的结果。同样属于剑型人格的苏珊知道布莱恩很可能会受到前馈信息的影响，所以她特意找到布莱恩，试图用一套详细的计划和说辞，拯救团队里一名在她看来可能会被裁掉的设计师。"我觉得我们有办法保住艾伦。"她对布莱恩说，"产品目录更新之后，我们需要更多而不是更少的人手，我有个计划。"在讨论临近结束的时候，布莱恩已经把苏珊的计划当成自己的了，尽管他只是对她提出的核心要点做了几处微小的改动。

有一次，布莱恩在大厅叫住了苏珊，他说自己正在考虑让所有人读《情商》这本书，然后在即将到来的员工会议上一起讨论。当苏珊说"你的意思是再读一遍"时，她看到了布莱恩的表情变化，知道这话不能说下去了。苏珊只能尽力把不好听的话憋回去，比如"你知道这本书有多老吗？"。她没有当面顶撞布莱恩，而是换了一种说法："这本书很有趣，布莱恩，它让我想到了另一本书。你是个有大局观的人，那种什么都知道的通才，所以我推荐一本新一点儿的书——大卫·爱泼斯坦（David Epstein）的《成长的边界》（*Range*）。它讲的是预见大趋势的能力，而不是朝一个方向深耕的能力。"苏珊随后收到了一封电子邮件，内容是要求她的团队读《成长的边界》，她暗自欣喜。看似是布莱恩的主意，实则是她的。苏珊知道布莱恩跟她一样，也喜欢出风头。

苏珊和布莱恩的一对一会面已经有很长时间没有产出什么建设性成果了，她对布莱恩的所作所为十分不满，完全不想同他讨论事务。对他人的看法和成见导致我们闭目塞听，长此以往，我们就会错过很多宝贵的新信息。成见和信息，两者水火不容。所以，我们提议苏珊做一个小小的尝试：在同布莱恩会面时，不要带着预设和成见，而是怀着好奇心和愉悦感。

"他一点儿也不招人喜欢。"她反驳说。

"这不是很有意思吗？一个自以为魅力四射的人却一点儿也不吸引人。"

"我觉得这很可悲。"

"确实如你所说。但是，目睹别人毫无自知之明的表现，难道真的一点儿乐趣都没有吗？"

"我看到的是一个缺乏安全感的小男孩，一边对着女孩们吹牛，一边撞翻了桌子上的玻璃杯。"

"这种感觉就对了。"

想要更好地处理与布莱恩的上下级关系，苏珊需要做的最重要的一件事，就是把指向布莱恩的愤怒和不敬转化成较轻的抵触情绪，而这一切的前提则是认识布莱恩的大脑类型。

在接下来的几个星期里，我们和苏珊一起进行了几次共情练习，目的是给她愤怒的情绪降温，以及让她初步认识到自己总是把责任推给别人的倾向。第一个练习是激发她的好奇心，她的任务是了解三件她从前不知道的关于布莱恩的私事，虽然她告诉我们，她既不关心也不想知道布莱恩的私事，但她还是同意尝试，权当给我们找乐子。苏珊最后了解到的三件事分别是：布莱恩出生在美国的内布拉斯加州，他在高中时期打过橄榄球，他喜欢墨西哥菜。

我们让苏珊做的第二件事是，与布莱恩分享一个她自己的故事。她问起了他进入科技行业的原因，然后告诉他，她的父亲早年一直想进IBM（国际商业机器公司）工作，不过后来当了兵，在海军部队里服役了一段时间。布莱恩也详细介绍了他家的情况。苏珊由此知道，布莱恩曾有一个明星哥哥，但他在布莱恩9岁那年就离世了。布莱恩的父亲是个不得志的演员，后来开了一家油漆店。一番闲聊之后，在苏珊眼里，布莱恩已经不仅仅是她的上司、吹牛大王和不共戴天的仇人了，他变得更立体，成了一个有血有肉的人。

在随后的练习中，我们想让苏珊增进对自己的认识，包括她内心的感受以及她为什么会有这些感受。她告诉我们，光是想到布莱恩就会觉得焦虑和恼火。我们让她把这种感受记录下来，然后仔细反思。她和布莱恩仍会聊到私人话题，随着话题逐渐深入，她告诉我们，她的感受发生了变化。她提到了与布莱恩的一次谈话。某次会议结束后，其他人都走了，房间里只剩下她和布莱恩。她看着他把一盒甜甜圈推到了远一点儿的地方，她也说起了自己小时候很胖的事。布莱恩专心地听完，随后讲起了自己在青春期被粉刺困扰的故事。

我们不知道苏珊有没有对布莱恩改观，她很可能还是觉得他的言行举止非常烦人，不过她已经不像从前那么愤怒了。她清楚地看到了布莱恩的不安全感，知道他也需要别人的支持。通过把布莱恩看成一个鲜活的人，她让自己变得更有人情味、更宽容了。苏珊发现，当她不再简单地把布莱恩看成"别人"，不再拒他于千里之外，她获得了越来越多的信任。布莱恩越来越频繁地询问她的意见，与她商讨有哪些保全团队的妙计。苏珊告诉我们，几天前的晚上，他们一边喝着玛格丽特酒、吃着墨西哥菜，一边把部门的账目好好地过了一遍。"他人其实并不坏。"苏珊耸了耸肩说。

假设你有一个盾型人格的上司。要想处理好与这位上司的关系，你需要面对一系列完全不同的难题。虽然上司很可能会欣赏乐观的态度，但通常不会倡导和鼓励，因为他总是怀疑乐观的态度会让人遗漏重要的数据和线索，造成危险的后果。他不容易受到热情的感染，而是倾向于关注细节，证据比承诺更能打动他。正因为如此，他思考的速度很可能比剑型上司慢（也比他们精确），做出决策可能需要更长的时间。他们秉持一种"兵来将挡"的行事风格，对过去的经验不感兴趣，他们关心的是如何处理今天的情况。你要记住，盾型人格者很容易焦虑，只不过有些人不介意表露出来，而有些人介意。安抚他的情绪当然不在你的职责范围内，但用行动让他感到安心对你也是有利的。我们在看待别人的时候多少会将自己代入，鉴于盾型人格者很擅长做到延迟满足，同样的期望也很有可能落到你身上。盾型人格者的动力更多地来自规避伤害，如果你破坏了他的安全感，那就不要指望他会高兴。最后一点，弄清盾型上司对风险的认识非常重要。作为厌恶风险的人，在低风险低回报和高风险高回报之间，他总是更愿意选择前者。

我们也是这样告诉阿普里尔的，她走进我们的办公室时，对自己的工作和前途充满了担忧。阿普里尔真的很想保住她的工作。不对，应该说她非常需要保住她的工作。作为一名单亲妈妈，她没有任何容错空间。她在一家派对策划公司的儿童部工作了 4 年，上司名叫凯伦。这家公司以前的业绩很好，但新冠肺炎疫情和经济衰退导致他们陷入了困境。凯伦一向精打细算，疫情管控要求让她蛰伏起来。她把所有的道具、设备封存，从政府那里申请了一小笔商业贷款，用于支付员工的薪水，静静地等待疫情结束。可是，时间一周一周地过去，钱花光了，阿普里尔也失去了工作。

我们同阿普里尔第一次见面的时候，凯伦的公司已经重新开张。阿普里尔被聘为临时员工，能否转正取决于她是否可以重振儿童部。不幸的是，业绩的复苏完全没有达到预期，就连许多老主顾都失去了联系。阿普里尔不需要任何人来告诉她，她面临着再次失业的危险。

为了保住工作，阿普里尔明白她必须付出大量的时间和心力，好好地想想办法。不仅如此，她还得让凯伦接受她的想法。你可以明显看出凯伦属于盾型人格，这便是问题所在。凯伦不喜欢冒险，阿普里尔对此再清楚不过了，因为凯伦曾亲口承认，厌恶风险是她的公司能存活这么多年的最主要原因。但阿普里尔没有坐以待毙，她制订了两份计划：一份是商务拓展的蓝图，另一份是让凯伦接受这份蓝图的方法。

对于像凯伦这样的盾型人格者，阿普里尔需要知道哪些东西会对她的计划有所帮助？阿普里尔知道凯伦精通算数，而且非常关注细节。她也知道凯伦很容易焦虑。在年景尚好的时候，她们就觉得纷扰的生活不轻松，所以经常互开无伤大雅的黑色玩笑，聊以慰藉。她还知道凯伦一旦对一件事产生不好的印象，就很难改观。所以，她只有一次机会。

阿普里尔必须下足功夫。虽然她很想跟凯伦分享自己的主意，但还是忍住了。为了保证计划的成功，所有准备工作都必须各就各位，任何纰漏都会引起凯伦的注意，导致功亏一篑。凯伦的字典里可没有"重来"这个词。

阿普里尔让表弟埃里克帮忙，他们通过整合派对礼盒和短视频分享的功能，构建了一个线上派对平台。而对于线下派对，阿普里尔找到了一块有趣的闲置场地，按小时租用，用于组织激光枪或彩弹枪的活动。这两个项目方案都配有营销计划、预算和营收预期。阿普里尔知道凯伦会揪着每一个细节不放，尽最大的努力否决这两个提案。为了防止这种情况出现，阿普里尔努力把每个细节安排妥当，尽量做到无懈可击。她用了好几个晚上练习如何做口头提案，中间她会时不时停下来，记录下她能想到的凯伦可能会提出的每一个问题。然后，她又用同样的方法把她的营销计划、预算和营收预期也过了一遍。在会面的前一天晚上，阿普里尔一直熬到凌晨才上床休息。

当天她醒得很早，并且梦到了 3 个凯伦可能会问而她没有考虑到的问题。把这 3 个新问题也记下来之后，她觉得自己已经准备好了。

"我不断地把自己放到凯伦的位置上，当我这么做的时候，我明白了她的感受，以及说些什么才能让她放心。"几天后她对我们说，"我其实为自己的计划激动不已，但我又不停地提醒自己，要牢记'厌恶风险'这几个字，这种提醒确实很有用。我觉得她没有放过任何一个细节，还好我都提前做了功课，而且她问的还要更多。"

"结果怎么样？"我们问。

阿普里尔接着说："她告诉我，当她知道如果我们不拿下这块场地，就会有其他人捷足先登的时候，她开始非常认真地考虑这件事。你能相信吗？我都震惊了。我是做好了被否定的准备才去找她谈的，虽然她没有表示同意，但没有立刻拒绝已经是破天荒了。凯伦给我的答复是，她会找会计仔细地核算一下，再告诉我结果。"

有时候，即使我们做对了所有事，也无法保证情况会朝着我们预期的方向发展。后来，凯伦还是否决了阿普里尔的提案。这让阿普里尔感觉很不舒服，毕竟，为了让凯伦同意实施这两个项目，她在在线派对平台的搭建和营销预算上投入了不少心血。一两个星期后，阿普里尔和凯伦友好地分道扬镳了。阿普里尔又失去了工作，但这个故事还有个彩蛋。在得知阿普里尔的能力后，凯伦最主要的竞争对手找到了阿普里尔。她为此做了充足的准备，随身携带了一份组建儿童部的详细计划书。或许这一次，阿普里尔的辛勤付出能得到应有的回报。

作为平级的同事

从高效运作的角度看，公司成员之间应当分工明确、合作无间。平级的同事关系有时很难处理，因为作为一个人，无论你属于剑型人格还是盾型人格，都可能会有严重的控制欲问题。对盾型人格者来说，这种问题的根源是焦虑，他们想要掌控一切，并不是因为在乎工作成果，而是为了调节不适感。剑型人格者的控制欲与他们缺乏耐心的特点一脉相承，他们喜欢用反射性思维进行快速决策，难以忍受那些左思右想、谨小慎微的人。剑型人格者的决定往往不如盾型人格者精确，这有时会成为二者相互讨厌的原因。你可能还记得，剑型人格者最如鱼得水的情景是昨日重现，事情的发展高度符合预期。而基于随机应变的天性和躁动的杏仁核，盾型人格者最擅长应对多变且难以预测的情况，这让他们经常问出"但如果"这样的问题。这类问题很有可能引来剑型同事的白眼，因为相比无用的深思熟虑，他们更推崇速战速决。

关于需要多少信息才能做出一个全面周到的决定这个问题，可能会引发矛盾。扣下扳机通常是盾型人格者留到最后才会做的事情，因为与生俱来的谨慎和逃避倾向，让他们点头可比让他们摇头难得多。对他们来说，摇头意味着还有进一步搜集信息的可能性，犯错误的风险会更小。相比之下，剑型人格者常常做出大胆的决定。

尽管盾型人格者会羡慕剑型人格者乐观开朗的天性，但他们很难做到不去抒发内心的悲观情绪。这当然不是因为他们想给别人泼冷水，而只是因为他们很难压制自己的负面想法。

这主要是什么原因呢？让剑型人格者感觉舒服的决定或行为，却会让盾型人格者隐隐难受，反之亦然。不要忘记，这些都和唤起有关——盾型人格试图压制唤起，而剑型人格想增加唤起。在日常的交流、评论和决策中，我们的大脑化学物质都暗暗地发挥了作用。所有看似合理的谈话，都有更复杂的言外之意。在我们的言语和行动之间，隐藏着看不见的大脑化学物质：我们都在试着调节自己的感受，因为每个人都在以独特的方式受到唤起的摆布。

如果说在处理上下级关系时，我们多少还会注意和克制大脑化学物质的影响，那么在没有地位差异的平级同事关系里，我们又是如何达成协作的呢？这个问题的答案有些杂乱无章，为了能显得更有条理一点儿，我们建议你这样做：把与你往来最密切的同事名单列出来，这些人对完成你自己的工作来说至关重要。或许你已经列过类似的名单了，甚至还猜测过哪些人是剑型人格，哪些人是盾型人格。注意，要确保你和这份名单上的人都不是上下级关系。

在每一个名字旁边画一个加号或减号，其中加号代表你们之间的关系有些紧张、误会和矛盾，减号代表你们的关系比较好，没有问题。现在，把所有画减号的名字划掉。

让我们来看看这份最新的精简名单。在这些人里，是和你的大脑类型相似的人多，还是相反的人多？有时候，与非常相似的人共事反而会感觉不自在，特别是当我们对自己怀有负面情绪时。针对名单上的每一个人，快速地回忆一下，想想你们之间出了什么问题。

接下来就是困难的部分了，你要尽可能地坦诚，还要有一点儿洞察力。你已经对两种大脑类型的典型特征相当熟悉了，以此为参照系，看看你与名单上的每一个人之间的问题，它们有没有可能和这个人的大脑类型有关？如果有，就在那个人的名字旁边写上"是"，否则就写上"否"。对那些标注"否"的人，再看一遍。记住，要坦诚和有洞察力。是不是你的大脑化学物质在干扰你？如果仔细回想之后答案依然是"否"，那我们就不得不承认，有些人就是不好相处，会让别人为难。

做完上面那些事后，我们希望你的名单又变短了一些，只剩下那些标有加号和"是"的名字。接下来，我们应该怎么办？对于你和这些人之间的问题，最重要的一步是问问你自己："我可不可以对事不对人？就事论事、扪心自问，这些问题只不过是大脑化学物质造成的结果，而非对方成心和我过不去？"我们发现，如果你能回答"可以"，就会获得更大的解脱，因为当你能这样想时，就意味着你打从心里接受了别人的样子，你们之间的问题既不是对方的错，也不是你的错。这意味着，别人的行为并不一定代表他们的意图，而只是他们习得的反应方式罢了。他们的所作所为并不是为了惹怒你，而是无意识的。

认识到这些小摩擦源于无意识的反射，是缓解愤怒情绪和放松心情的关键所在。提醒你自己，这些人之所以表现出这样或那样的行为，是他们的大脑化学物质在起作用。类似的想法可以防止你对他们的行为做出充满敌意的解读，比如，他们无视你的感受和工作风格。当然，想要拥有这种心态是需要练习的，并非知道就能做到。我们发现有一种办法很管用，当你感觉情绪涌上来的时候，偷偷给自己一个微笑，心里想着：哦，他们可真是典型的剑型（盾型）人格。这会让你产生些许的同情心，在你自己也身受大脑化学物质的支配而难以自拔的时候，你一定也希望别人能给予你一样的同情和理解吧。

但是，缓解受挫、沮丧和愤怒的情绪并不是最重要的。你要明白你与同事之间存在的问题，看清它们，理解它们，拉开与这些问题的心理距离，更深刻地认识它们，只有这样，你才有机会把迄今为止学到的东西付诸实践。你已经有了非常强大的工具，一块能看透行为驱动力的镜片，它能让你对自己和周围的人有更深的认识。把这种理解融入行动，就可以更有效地处理自己的人际关系。

你给予他人小毛病的理解和宽容，也会让你变得对自己更宽容，这或许是最大的回报。不要自鸣得意，如果你接受了别人的好意，就有义务把这种人与人之间的理解和宽容传递出去。接受他人不是一种被动行为，如果不懂得包容他人，改变自我也就无从谈起。没有人比你自己更清楚有哪些问题需要解决，有哪些事情需要做。想一想，为了调节自己的不适感，你会做哪些给自己和别人带来问题和造成麻烦的事。看看你能不能分辨出自己被感受和情绪裹挟的时刻，你可以把这种时刻想象成道路前方的 V 字型路口，其中一边通向你的惯性行为。举个例子，如果你有逃避倾向，回避就是你的下意识反应。如果你倾向于跳跃式思维而不是深思熟虑，这就是一种习惯。习惯让人感觉舒适，但并不一定对人有益。如果你注意到有哪些习惯掩盖了自己的天赋，你就要对抗它们，做出改变，在 V 字型路口选择不那么舒服的一边。注意自己何时会沉溺在熟悉带来的舒适感中，从小的地方入手，逐步升级到大的方面。坚强起来，采取更明智而不是更舒服的行动。

我们发现，这种反射性较弱而意图性较强的行为非常有利于处理平级同事之间的关系。驱动你的决策的应该是明确的目标，而不是大脑化学物质。思虑周全的意愿可以催生明智的决定，心甘情愿地沉溺在大脑化学物质里则不能。

你可以在这里暂停一下，花点儿时间思考下面这些问题：读完本章，你对自己在工作中处理人际关系的方式有什么新的认识？你要如何利用你对自己和上司的了解，让自己在人际关系中更加游刃有余？我们发现，书写更有助于将笼统的想法化作凝练的观点。如果你有下属，你对如何才能成为一名更高效的经理有什么新的想法？或者怎样才能成为一名高明的领导？回答这几个问题的时候，答案越详细越好。你的下属不是同一个模具铸出来的，他们很可能是盾型人格和剑型人格的混合体。综合考虑下属的大脑类型之后，你可以通过做出哪些改变，更好地处理与他们的关系？还有，你对平级同事关系又有哪些新的认识？对于上面这些有关人际关系的问题，哪怕你简单地写一两句话，也能起到梳理思路的作用，帮助你处理好相关的问题。

这一章安排的任务完成起来可不轻松，它们需要推理，以及相当多的个人理解和坦诚。仅仅是快速通读本章内容并不能体现它的价值，你需要尽可能地将其付诸实践。只有认真审视你与上司、下属和平级同事之间的人际关系，你才能从中受益。不要舍不得花时间，你的付出将得到丰厚的回报。尽管这种深思熟虑会让你将重要的人际关系处理得更好，但它最大的好处是改善你与自己的关系。谁不喜欢自己做主的感觉呢？真正的自主是随心所欲地做出有益健康、富有建设性和充满理性的决定。

第 三 部 分

剑型脑与盾型脑
如何处理感情关系？

第 7 章

浪漫的爱情：欲望、憧憬以及爵士乐

一张由生存和繁殖策略交织而成的演化之网深藏在我们的意识之下，它决定了我们的注意力的特点，而在这错综复杂的关系里，是大脑化学物质那不可磨灭的影响力。

谁不曾体验过对心仪的人念念不忘的感觉，是那么令人渴望和热切？谁又不曾在刚刚开始和一个人交往的时候犯过这样或那样的错误？谁没有受过情伤？这些经历我们应该都有过。人与人之间的吸引力是人类最强烈的情感，它可以让你迷惑不解，让你惊叹，让你紧张，让你体验到心碎般的痛苦。即使对于最聪慧的人，它也是错综复杂的。不仅如此，引发和维持吸引力的根本原因并不在我们的意识层面。潜意识不仅决定了我们会被什么样的人吸引，还决定了这种吸引力到底是转瞬即逝还是天长地久。而与这种本能反应相互影响的正是每个人的大脑类型。不是我们在引导吸引力和爱的感受，相反，是吸引力和爱的感受在引导我们。在自然赋予我们的所有本能中，没有哪一种比人与人之间的吸引力更能强烈地激发我们的感受和行动。不过，吸引力不会让我们变得更聪明，而是变得更笨，至少在一段时间内如此。为了少被牵着鼻子走，可行的方法是认识自己的下意识反应，让它们更多地进入意识层面。当然，这样做不利于维持引力和欲望的神秘感。但是，通过认识这些隐藏的支配力量，我们或许可以更容易地找到幸福和长久的感情。

所有生物都有其生命力，它是对活下去的愿望。你能在惊慌奔逃的蜘蛛身上或热闹的蚁冢里看到这种生命力，你也可以从发情雄鹿碰撞的鹿角中，从每一封情书傻里傻气的字里行间，感受到超越个体生死的内在冲动，那是一种确保种群延续的冲动。繁衍生息是物种存续的必要前提，大自然可不会把这么重要的事交给缘分。大自然只需要遵循两个基本原则，就能让我们乖乖顺从它的安排：凡事要简单，不要困难；要愉悦，不要痛苦。事实上，越是简单和愉快的事，成功的概率就越高。简单由习惯和下意识的形式支撑，而愉快则由大脑的奖赏回路和化学系统实现。虽然我们认为吸引力是一种浪漫的东西，但它的基础可一点儿都不浪漫。吸引力不需要你主动做什么，你只需要注意和感受就可以了。光是看看就可以，不需要付出任何努力，还有什么事能比这更容易呢？此外，为了进一步保证成功率，浪漫的吸引力还有令人愉悦的性作为最终的奖励，任何尝过甜头的人都想不断地如法炮制。

每一个动人的爱情故事都源自人与人之间的吸引力，它是无数书本、电影和情歌之所以撼动人心的原因。这些故事的力量来自我们的共情，它们激发了我们原始而炽烈的感情，让我们联想到自己的爱情经历。冒汗的手掌和热切的亲吻只是浪漫的粗浅表现，在这汹涌翻滚的情感之下，是一套由进化的力量打造的策略系统，它在激素和神经递质的驱动下，不断重演人类建立联系的古老仪式。这些策略同浪漫风马牛不相及，它们只遵从人的本能，服务于性选择、繁殖和物种的存续。

那么，吸引力究竟是什么？是某种说不清道不明却能被你清晰地感受到的神秘化学因子？是在你找到梦寐以求的灵魂伴侣时产生的感受？是对性的强烈渴望？是对安全、地位和保障的追求？还是与不可言说的快乐和畅想明天的感觉相关？吸引力与所有这些感受都有或多或少的关系，是它们的综合体。吸引力根深蒂固，如过去的祖先在我们耳边低语。

性选择的标准

自然选择的目的是让更成功的基因一代一代地传递下去，性选择是自然选择的其中一个方面。这不是最近才有的概念。19世纪，一位进化生物学家在一项研究中统计了6 000多个1760—1849年出生的人，这些人都生活在一个芬兰的小村庄里，他记录了他们的生日、婚姻情况和去世时间。这项研究重点关注了4个影响寿命和生育的方面：

1. 有多少人能活到15岁以上；
2. 有多少人结了婚，有多少人没有结婚；
3. 每个人分别结过几次婚；
4. 每段婚姻中出生了多少个孩子。

约有半数人去世时不到15岁（那时，现代医学的曙光还未降临，所以这个数字并不夸张）。也就是说，50%的人拥有不受自然选择青睐的特征，所以他们没能把自己的基因传递给后代。在剩下的半数人里，约有600人没有结婚或没有孩子。把这些人也除去，余下的就是有后代的人，他们生育的孩子介于0到17岁之间。有些人的伴侣不止一个，只有一个伴侣的人平均生育 5 个孩子，而有 5 个伴侣的人生育孩子的平均数则达到了 7.5 个。男性比女性生育的孩子更多，因为他们倾向于选择年轻女性作为再婚对象。我们无从知道究竟是哪些特征得到了自然选择的偏爱，不过，约有 2 500 人成功繁衍了后代，把自己的基因传递下去，与那些没有被传递下去的基因相比，它们想必有某些不同之处。

如果这 2 500 人不知道自己对伴侣有吸引力，或者他们的吸引力不能增进或强化性体验，那他们恐怕很难完成传宗接代的任务。我们会和没有吸引力的对象生育后代吗？也许不会。吸引力同我们喜欢吃什么不一样，它没有那么随机。那么，人类为什么会相互吸引呢？有很多理论试图解答这个问题。弗洛伊德和荣格认为，人在选择伴侣时会被异性身上的某些特点（荣格称之为"原型"）吸引。也有人提出，配偶身上的相似性或互补性特征（价值观、态度、世界观），是吸引我们的地方。还有一些理论认为，吸引力就像一种有价交换物，双方只是各取所需。

纵观各种各样的理论，相似性催生吸引力是最符合人类经验的，但除了熟悉的事物可以带来舒适感之外，这种理论能解释的东西并不多。而且，越来越多的科学证据显示，我们的反应全部来自性（生育）冲动，为了满足这方面的需要，我们受到了某些与性别有关的、与生俱来的策略的引导。

有一个理论将来自数十个物种的确凿证据综合在一起，将性吸引力（性选择）与亲代对后代的投入联系了起来。对这些物种而言，由于雌性在后代身上的投入比雄性更多，所以它们比雄性更挑剔。女性在生育和抚养孩子方面的投入当然比男性多得多，正是因为这种不成比例的投入，她们更容易被那些看上去最有可能像她们一样尽心尽力抚养后代的男性吸引。男性虽然不用在生育上投入太多，但在考虑经营自己的婚姻和家庭时，他们挑选伴侣的眼光会变得跟女性一样敏锐。

不过，要讨论上面这些内容实在有些操之过急。不如我们先做点儿准备工作，来看看我们认识的一对情侣：凯特和查理。虽然我们选择用凯特和查理的故事来探讨吸引力，但选择其他组合也完全没有问题，比如查理和约翰，或者凯特和简，因为无论哪种组合，道理都是一样的。作为一类强烈的冲动，性欲和亲密关系是人类生存和繁殖的愿望投射出的虚像。我们只意识到大自然赋予的这种冲动是"相互支持的动机"，并不觉得它们非要和繁殖扯上关系。同性之间的吸引力同样带有繁殖的本能意图，即便这种愿望通常无法实现。我们之所以选择一对异性情侣的故事，纯粹是因为它最能体现吸引力的力量，以及"繁殖"这个隐藏在潜意识里的动机。

说回凯特和查理。在一间悬挑在太平洋上的餐厅的昏暗而私密的角落里，查理坐在一张靠窗的餐桌边，桌上摆着蜡烛，铺着白色的桌布，还放了一瓶上佳的夏布利葡萄酒，这瓶酒的价格稍稍超出了他的预算。查理是在约会软件（Bumble）上认识凯特的，这是他们的第一次线下见面。查理提前来到餐厅，点好了酒，当凯特走进来时，他站起了身。凯特看到查理后羞涩一笑，然后径直向餐桌走来。查理和她握了一下手，然后拉出椅子，请她入座。从窗户向外望去，皓月当空，波浪翻涌，海水在月光和浪花的映衬下，泛着幽幽的银光。你肯定能想象得到，这样的场面一定相当浪漫。

凯特和查理都曾预想过这样的浪漫时刻，他们各自怀揣着不可言说的期待与不安。两个人会看对眼吗？能否得到对方的回应？会再见面吗？查理费尽心思调整好自己的情绪，凯特则穿了一身比平时风格更大胆的衣服。两人的约会既如数字技术一般现代，又如原始森林一样古老。

我们无法得知二人的谈话内容，但无论他们聊什么，这次约会都有一个他们不太可能拿到台面上说的主题：繁殖。凯特和查理都还年轻，可就算他们早就过了生育年龄，孩子的问题也会像一根紧绷的弦影响着他们的感受和行动。

寻找伴侣的冲动随处可见。虽然我们都认为寻找另一半应该讲求天长地久，但驱使我们做出这种行为的性冲动和吸引力却不大持久。在美国，约有一半的婚姻最终以离婚收场。出轨的情况又如何呢？按照不同的统计数字，男性和女性的出轨比例大约从 25% 到 75%，这个比例并不包括婚前的性经历。当然，第一次见面的凯特和查理还处于相互了解的阶段，所以这些不是他们会考虑的事。不过，在他们熟络之后，某些无心的策略就会开始在两人的言辞间显露，我们仔细看看这些策略背后的科学原理。

在很多文化中，相关研究都显示，女性比男性更容易被雄心勃勃、接受过良好教育，以及在收入上表现出潜力的伴侣吸引。就在不久之前，男性还掌握着更多的资源，但在这个社会结构发生变迁的时代，我们可能会看到什么样的变化？社会经济地位的平等可以改变这些择偶偏好吗？研究结论是否定的，拥有较多资源的女性甚至比拥有较少资源的女性更容易被经济上成功的伴侣吸引。这些性别偏好从过去一直延续到今天，它们根深蒂固，不会因为经济和教育的公平化而改变。那么，最吸引男性的女性特质是什么？即便在推崇性别平等的现在，在男性看来，女性的外表仍然要比智商、教育水平和社会经济地位重要。一顿饭吃到这里，查理和凯特已经对彼此有了一定的了解：他喜欢她的样子，而她则下意识地记住了他买的红酒的牌子，还问到了他上的是哪所大学。两个人就这样顺顺当当地聊起来了。

在很多文化里，男性都会娶比自己年轻的女性。每次离婚之后再婚，男性与其配偶的年龄差距都在不断拉大。平均而言，第一段婚姻的年龄差是 3 岁，第二段是 5 岁，而第三段是 8 岁。你可能会好奇查理和凯特的年龄情况，让我们来告诉你：查理 31 岁，凯特 28 岁。

凯特注意到，查理戴了一块价格不菲的手表（这块手表相当于公羊强健的角或雄孔雀华丽的尾羽）。研究显示，男性最常用的战术就是通过各种方式炫耀他们的财富和地位，而女性则把筹码押在她们的外表上。考虑到凯特为赴约而选择的风格大胆的穿搭，他们俩的表现都被这些研究言中了。所有人都是求偶本能的受益者，如果没有这种本能，就不会有我们了。为了在生存游戏中获得成功，从前的女人和男人采取了不同的战术。这些策略沿用至今，并且行之有效，只不过我们没有意识到它们的存在。

吸引力非常复杂，它是一系列服务于自然选择的辅助因素的集合。从感受的角度看，这种复杂的意图并不表现为主动的干预，而是一种被动的偏好。这种意图只为确保一个目标，即成功地繁殖。你可能还记得，我们在前面提到，即便是那些不想要孩子的伴侣，也会有生育本能投射的虚像——源于性欲和渴望同他人建立亲密关系的愿望。"成功地繁殖"是指一个人把自己的基因传递给后代，并将后代哺育得健康强壮，让他们也有机会做同样的事。研究显示，为了达到这个目的，配偶之间的价值更匹配，就更容易相互吸引。在求偶时，对伴侣要求高的男性和女性比对伴侣要求低的男性和女性更挑剔，这无疑是出于两个目的：避免失望和心碎，以及节约宝贵的时间。

为了求偶这件事，我们的身体在暗中提供了许多便利。动物界的例子俯拾皆是。雄性猿类可以根据屁股的气味辨别雌性排卵的时间，某些雌性猿类的排卵还会伴随着生殖器官肿胀的明显变化。猫开始叫春并且到处撒尿，我们就知道它们已经做好交配的准备了。

人类不会把自己做好生育和交配准备的事昭告天下，女性的排卵期也是非常隐秘的。但是，事实真的如此吗？

虽然相关的证据仍存在争议，但女性的排卵期似乎也是有迹可循的，哪怕其外表和行为上的变化非常微妙。有研究指出，女性在月经中期（排卵期）容易与男子气概超群的男性有露水情缘。其他研究则认为，女性在排卵期不仅会变得更爱调情，穿着更加撩人，而且面部的软组织会变得更匀称，皮肤会变得更红润。而在月经的其他阶段，女性则更愿意与温柔、踏实的男性建立长期关系。我们祖先的生活经历可以说明，为什么阳刚之气和压倒其他男性的统治力代表了更强的遗传适应性。当然，就目前来看，这些倾向和偏好应当全是无意识的。

那么男性呢？在一项关于气味的研究里，研究人员要求参与其中的男性闻T恤衫的气味，这些T恤衫都被年轻的女性穿过，她们有的正在经历排卵期，有的则在月经的其他阶段。结果显示，相比闻非排卵期女性穿过的T恤衫，闻排卵期女性穿过的T恤衫让男性表现出更高的睾酮水平。男性的睾酮水平是反映性趣的灵敏指标，也是男性自我感觉是否良好的晴雨表。对于异性恋的男性，睾酮水平会在他们与有吸引力的女性对话时上升，在与其他男性对话时保持不变或下降，在输掉体育比赛后的一段时间内骤降。有意思的是，在男性与异性确定了稳定的恋爱关系后，睾酮水平会降低；在孩子出生后，它还会进一步降低。

女性的排卵期虽不能说毫无征兆，但可以说是相当隐蔽，而这的确有演化上的价值。女性不需要对自己的枕边人心存疑虑，但男性不一样，他们有时会怀疑自己究竟是不是女性生下的孩子的亲生父亲。在漫长的演化史上，过去的女性可能会选择与一名男性交配，却转而指认另一名更合适的男性当孩子的父亲，以确保后代有更好的未来。

说回凯特和查理。凯特确实非常用心地挑选了约会的穿着。查理显然觉得她很有吸引力，睾酮水平正在上升，这种感觉很好。气味在这里起的作用并不大，因为她在耳后喷了一点儿香水，浓烈的香味完全掩盖了她生理期的微妙气味。那么，还有没有其他因素在两人之间发挥作用呢？

相比女性，男性对寻找短期性伴侣的兴趣要大得多。实际上，当被问到有多少个性伴侣（从只有一个月的短期伴侣到终身伴侣）才最理想时，无论是短期伴侣还是长期伴侣，男性给出的数目都比女性多。男性在认识陌生的女性后很快就会萌生和她们发生关系的想法，反观女性，这种性冲动会来得更晚一些。一项有趣的研究正好可以说明这一点。该实验招募了一群外形迷人的男性和女性受试者，并让他们去大学校园里接近异性学生，然后从下面三个问题中挑出一个向对方提问：（1）你愿意和我约会吗？（2）你愿意去我的公寓坐坐吗？（3）你愿意和我上床吗？受试者得到的回答情况如下：无论男女，约有一半的人同意和他们约会。但对于另外两个问题，结果就大不一样了。只有6%的女性回答愿意跟男性受试者到他的公寓去，没有一位女性同意当晚就和男性受试者上床。那么，我们来看看受访男性的反应：69%的男性表示愿意跟女性受试者去她的公寓，75%的男性同意当天就和女性受试者上床。

我们能得出什么结论？这个结果恐怕我们已经司空见惯了。无论一个男人长得有多帅，在没有足够的了解之前，女性通常都不会放心地和他发生性关系。如果凯特愿意，查理会在这顿晚饭结束之后就和她上床吗？要是查理与实验中75%的男性一样，那他就会这样做。这样的情况会发生吗？很可能不会。因为在约定共进晚餐之前，凯特和查理都表示他们想建立一段长期的关系。在一段严肃的关系里，女性和男性的要求与标准是相似的。对女性来说，同样的标准也适用于短期伴侣。相比之下，男性在猎艳的时候就没有那么讲究了，他们倾向于显著地降低标准。

大脑化学物质对建立情感联结的影响

罗格斯大学的海伦·费舍尔（Helen Fisher）长期从事人类感情纽带的研究，她把建立情感联结的过程分为三种类型，每一种都与特定的激素有关：

1. 性欲——睾酮和雌激素；
2. 吸引力——多巴胺、血清素和去甲肾上腺素；
3. 依恋——催产素和升压素。

每个人都有睾酮（雄激素）和雌激素。睾酮可以提高男性的性欲，对女性也一样。不仅如此，有的女性在排卵期会表现出更强烈的性唤起，雌激素水平也在此时达到顶峰。短期伴侣关系往往建立在纯粹的性欲基础之上，谈不上吸引力和对未来的打算。

吸引力比性欲要复杂一些。当我们在更多的方面被其他人吸引，而不仅仅局限于肉体上的欢愉时，这件事的利害关系就变了。被人吸引的感觉伴随着多巴胺和去甲肾上腺素的大量释放，愉悦感激活了我们大脑的奖赏回路。大脑通常在或战或逃反应中分泌去甲肾上腺素，它能激活并提高我们的警觉性。在被吸引的同时，我们还会产生一种六神无主的感觉：对方是否也有同样强烈的感受呢？显然，这种不确定性会让一些人感到不安，而让另一些人觉得兴奋和跃跃欲试。那血清素呢？在我们被迷得神魂颠倒的时候，血清素的水平其实下降了。起安抚和镇静作用的血清素减少，这或许就是迷恋或痴迷情绪产生的原因。吸引力和性唤起的强强联合还有另一个效应：这些强烈的感受具有压倒性的力量，可以掩盖前额皮质的调节信号，干扰批判性思维和理性行动，让人接收不到宝贵的反馈信息。谁会在刚刚陷入热恋的时候还能保持理智聪慧的头脑呢？一旦这些感受和想法占据了上风，负责理性思考和良好决断的关键脑区就只能退居幕后了。

我们要说的第三种类型的情感联结比上面两种都更牢固，它就是依恋。这类情感联结符合我们对"真爱"的想象，与它相对应的激素包括催产素和升压素。这两种激素可以被看成是爱的阴面和阳面。催产素是女性在分娩和哺乳期分泌的激素，除此之外，她们在性交过程中也会释放这种激素。多巴胺和催产素都能给人带来愉悦感，二者的区别是多巴胺的作用迅疾且强烈，而催产素的作用则缓慢且婉约。除了愉悦感，催产素还可以让人产生轻松、满足和安全的感觉。为了说明这种作用，我们以"私人空间"为例。能让两个站立的陌生人感觉舒服的最短间距大约是 4 英尺（约 122 厘米，关系亲密的伴侣和家人通常会站得更近）。在一项实验中，研究人员给两组男性受试者使用了含催产素的鼻用喷雾，其中一组都是单身汉，而另一组则都有关系稳定的异性伴侣。研究人员把两组受试者带进一个房间，里面有很多迷人的女性在等着他们。与房间里的女性交谈时，拥有稳定伴侣的男性明显比单身男性更注意保持与异性的距离。

恋爱中释放的另一种激素是升压素，它的作用与催产素略有不同。催产素是信任感、安全感和满足感的信号，而升压素传递的信号类似于"是我的"。诚然，"是我的"这种感受能够昭示一段关系的重要性，但它也会激发嫉妒心和占有欲。

现在回到我们的故事。查理和凯特很可能刚刚吃完甜点。此时，在他们体内翻涌的激素极有可能是雌激素和雄激素，以及多巴胺和去甲肾上腺素。催产素和升压素恐怕还没到登场的时候，必须等到二人的关系有更进一步的发展。他们被对方吸引的程度决定了血清素水平的下降幅度，只要下降得足够多，他们应该就会再见一面。通过解除神经系统的刹车（至少是暂时解除），增加你对一段关系的依赖感，这或许就是大自然增进情感联结的手段。

你可以从下面这项相关性研究里看到同样的情况。缺乏血清素的人很容易出现强迫症的问题，你应该还记得这一点吧。研究人员招募到一组男性和女性受试者，他们都已经被确诊为强迫症，并且都没有服用针对血清素的药物（SSRI）。随后，研究人员又招募了一组人，他们是刚刚坠入爱河的男性和女性；此外，还有以随机方式选出的、各方面条件都相当的对照组。研究人员检测了三组人的血清素水平，结果发现，没有服用SSRI的强迫症患者和刚刚确定关系的恋人，这两组的血清素水平明显低于对照组。你可能想知道，这到底是为什么？在自然界，吸引力是为繁殖这个目标服务的。但是，仅仅在繁殖上取得成功并不能保证基因的延续。后代在悉心的养育和呵护下长大成人，能继续把基因传递下去，这才是真正的成功。当父母谁都不离开对方时，基因传递的成功率会陡然增加。血清素缺乏比血清素过量更能保证爱情在一个人心目中的重要地位。刚刚陷入热恋的我们很可能不会再管自家的大门有没有锁好，这并不是因为粗心大意，而是因为我们把主要的心思放在了恋人身上。而且你可以想见，那些本来就缺乏血清素的人尤其容易在热恋期受到类似的影响（后文将进行详细介绍）。

微生物组和基因的作用

查理将身体滑进椅子里，翘起一条腿，放在咖啡桌上，然后说道："在遇见凯特之前，我从来没有担心过孤独终老的问题。但现在，我完全不能想象没有她的生活。这种感觉就像找到了自己缺失的那部分。虽然见面才几个星期，但就是这段时间的相处，让我觉得自己好像已经跟她认识了一辈子。和她在一起的时候，我浑身上下充满了活力。她肌肤的触感、她的气味，还有她的短发，都让我感觉无比温柔和亲切，以前我从来没有这样的感受。我平时不会这样说话，更不会有这样的感觉。我每天晚上都想着她入睡，早上又想着她醒来。我只能说，我的生活从来没有像现在这么热情和兴奋。你们怎么看？"

我们怎么看？这到底是爱情的萌芽，还是一时的魅惑？查理说的话到底能不能证明这段关系正逐步走向稳定，最终变成稳固长久的姻缘？我们的看法是，这些话我们听过不知道多少遍了，不同的名字，稍有不同的措辞，一样的情深似海。要是手边有一桶冷水，我们一定会朝他脸上泼过去。我们已经有一段时间没见过查理了，但他又开始像追逐流星一样追逐那团熊熊燃烧的炽烈感情。说实话，这两样东西转瞬即逝的特点还真是差不多。

事实上，查理并不想知道我们的看法。他想要的其实是我们微笑着告诉他这次肯定和以往不同，不是新鲜感和求而不得的感觉在作怪。查理想听到的是，他对凯特的感情是认真的，而且会历久弥新。我们想到的东西很多，但现在讨论这些想法为时尚早。在此之前，我们先看看另一种虽然隐藏得很深，但对人与人之间相互吸引的感觉有很大影响的因素——我们的微生物组。

很少有其他东西能比我们对他人的迷恋更纷乱如麻。这种感情从我们降生到世上的第一天就产生了：它根植于我们的基因，在我们滑过母亲的产道，浑身沾满她的微生物组后，我们看待自己和他人的方式就已经定调了。

显然，有很多的早年经历会对我们产生巨大的影响。母亲是否毫无保留地爱我们，觉得我们独一无二，并且总想更多地了解我们，哪怕我们有这样或那样的缺点？我们的降生是意外，还是父母双方的共同意愿？我们给母亲的生活带来的改变是否符合她的预期和想象？在庆祝新成员诞生的家庭派对上，我们是受到兄弟姐妹的欢迎还是嫉妒？随着人格的形成，新鲜感被越来越多的困难取代，那些早期岁月如何渐渐淡出了我们的生活？我们小时候是爱哭宝宝吗？这对我们有什么影响？当然，问题还有很多。这些无法追溯的时刻影响着我们对自己的看法，以及我们会如何被他人吸引、与他人建立联系，而这些时刻背后是我们从母亲那里继承的微生物组。她是很容易焦虑还是很镇定？她的饮食习惯如何？她服用过抗生素吗？所有这些因素都会影响她传递给我们的微生物组的构成。

我们的微生物组包括肠道内的所有细菌、病毒、原生动物和真菌，它们生活在幽深的人体内，强烈地影响着我们的行为。这种作用是双向的，在微生物组对我们的行为施加影响的同时，我们的行为也在影响它的构成。这种肠道和大脑的互相作用被称为"肠脑轴"。举个例子，如果你把一只瘦兔子的肠道微生物转移到一只胖兔子的消化道里，就会看到那只胖兔子开始对眼前的食物无动于衷，日渐消瘦。反过来，我们的饮食有多丰富，出门的频率有多高及范围有多大，这些都会影响和改变我们的肠道微生物。

科研人员在最近的一项研究中发现，肠道微生物的多样性与我们拥有的社会关系数量有关：居住在肠道里的这些微生物越是五花八门，我们的交际范围就越广。研究人员还发现，那些肠道微生物多样性低的人更容易焦虑和抑郁。这是第一项将肠道微生物的构成与性格因素关联起来的大规模研究，它得出的结论是，多样性高的肠道微生物与外向和爱好社交的性格有关，而多样性低的肠道微生物则与压力和焦虑的情结有关。如果你觉得这种描述就像把肠道微生物分成了剑型和盾型，你的理解倒也没什么问题。

那些在接触陌生人时不容易紧张焦虑、表现大方自信且游刃有余的人，显然会比其他人更有吸引力。这种优势在男性中可能表现得更加明显，因为自信让人笃定，笃定又让人不那么容易焦虑和尴尬，从而促进与他人的社交。说到吸引力，我们还有一个关键的元素没有提及，那就是我们对自己的看法。能够欣然接纳自己的人拥有无与伦比的吸引力。如果你的肠道微生物的多样性低，导致你很容易紧张和焦虑，那你恐怕很难积极地看待自己。对于那些担心自己的肠道微生物是否足够丰富的人，你们或许应该考虑下面这些做法：减轻压力，提高夜间睡眠的质量，多锻炼，饮食多样化，多吃发酵和富含纤维素的食物，减少糖分摄入。这些方法对增加肠道微生物的多样性都有帮助。

我们不需要主动在别人身上寻找有吸引力的地方，因为吸引力会不请自来。如你所知，我们的大脑是非常善于精打细算的节能器官，能不思考就不思考。此外，每个人都有另一种东西：偏好。我们不需要特意思考自己的偏好是什么，在做出选择之后自然就会意识到偏好的存在。有些偏好来自试错。回忆一下你第一次喝啤酒的经历。有些人喜欢它的味道，并养成了终生喝啤酒的习惯；有些人则不喜欢。你可能喜欢喝红酒，也可能喜欢喝白酒，还有一种可能是你不喜欢喝酒。这些都是后天习得的偏好，但也有一些偏好是先天的：人类在时间的长河里获取了它们，每个人从出生之日起就已经拥有，不需要重新学习。以食物这种司空见惯的东西为例。相比酸味和苦味，几乎所有人都更偏爱甜味，因为甜味的食物有毒的可能性更小。不仅如此，在我们的大脑逐步发育的过程中，甜味的食物含有的热量更高。我们不用学习就知道什么东西不能吃，鼻子和舌头会提醒我们避开某些东西，因为它们的气味和味道很糟糕。这些偏好已经深入骨髓，所以我们不用多想，也省去了每一代人都需要重新通过试错学习的麻烦。我们是幸运的，因为祖先帮我们扛下了试错的重活累活，还总结出了宝贵的教训。

尽管我们也会认真琢磨为什么自己会被某些人吸引，但你已经看到了，就择偶的偏好而言，它深深地藏在我们的潜意识之中。我们只注意到了偏好的结果，至于是哪些力量暗中支配着我们的好恶，对此我们其实一无所知。对于伴侣的选择，我们来看另一种影响因素：对方的生育能力及事关后代健康的免疫相容性，我们会本能地被与这两点有关的线索和信号吸引，这也是无意识中采取的繁殖策略之一。

你可能还记得，建立浪漫的情感联结不只是出于寻找灵魂伴侣的需要（拥有灵魂伴侣的感觉确实很棒），更是为了生孩子。一项有趣的研究指出，我们可能更容易被那些与我们的免疫基因不同的对象吸引，即使我们主观上并没有意识到这种差别。免疫基因是指能够影响免疫系统的功能和抗感染能力的基因。基因相似性不是孩子健康强壮的保证，相异性才是。免疫功能强大的孩子更健康，想要生出这样的孩子，父母的免疫基因就要尽量不同才行。这也是为什么混血儿的身体可能更健康。因此，这些免疫基因也被打上了有利于生育的标签。

如果你想更深入地了解免疫相容性，可以考虑读一读丹尼尔·戴维斯（Daniel M. Davis）的著作《你为什么与众不同》（*The Compatibility Gene*）。这本书的创作动机部分来自一名瑞士动物学家于1994年做的一项研究。他在大约100名年轻的男性和女性身上检测了某段特殊的DNA，这个DNA片段与人体免疫系统有关，它编码的分子叫作主要组织相容性复合体（MHC）。MHC被应用于寻找合适的配对，这里说的配对不是指夫妻生孩子，而是器官移植的配型。这个基因具有高度的多态性，它编码的蛋白质能帮助我们对抗疾病，而且它们的种类越丰富，对免疫系统的助益就越大。

实验的具体过程如下。参与实验的男性都被要求穿上一件棉T恤衫，在两天的时间里，他们不能换衣服，也不能喝酒或喷古龙香水，这样做是为了让他们在T恤衫上留下自己本来的气味。随后，这些T恤衫被放进盖子上有洞的盒子里，研究人员要求女性参与者按照气味带来的愉悦感和她们认为衣服主人的性感程度，给这些盒子的气味排序。结果显示，女性更喜欢与自己的基因相容性不同的男性身上的气味。

我们不清楚凯特和查理的基因相容性如何，但它们很可能差异相当大。

现在你还认为你知道自己会被什么样的人吸引，以及你喜欢什么类型的人吗？我们希望你已经意识到从前不知道的某些自发过程。正如我们在前文中所说，人与人之间的吸引力是错综复杂的。在感情中，令人上蹿下跳的激动心情犹如冰山一角，而绝大多数影响因素其实都藏在意识的海平面下。吸引力和偏好很像，我们不需要做任何事就可以被吸引，而且我们是在被吸引之后才注意到了这种感觉。我们介绍了很多身体如何引导我们寻找伴侣的方式。我们的鼻子、激素和大脑类型都在帮我们锁定伴侣的位置。一旦确定了对象，它们又会协助我们，让伴侣在我们眼中显得无比重要。同样是在这些因素的作用下，我们产生了信任、安全和满足的感觉。这些过程都是无意识的，它们只有一个目标：让男性和女性相处足够长的时间，生育并照料孩子。我们说了这么多，也只是对吸引力做了大致的介绍，还没有讲到大脑类型究竟在其中扮演了什么角色。

大脑类型如何影响吸引力

让我们复习一下：唤起对于每个人来说的意义不同，而大脑类型正是这种意义的副产品。剑型人格者的唤起偏弱，所以他们总在生活中想方设法地寻找更多的刺激，而盾型人格者的唤起偏强，所以倾向于回避刺激。从这里开始，我们要把话题的抽象程度提高几个等级，更加深入地看待凯特和查理这对情侣。

我们和查理早就认识了。他经营着一家动物医院，为了解决几个员工之间的矛盾，他在我们这里上过一次短期指导课程。查理拥有兽医学的学位，他知道很多有关动物疾病和治疗方法的知识，但他对管理员工显然不太在行。课程临近结束的时候，查理提到他刚刚结束了一段恋情，同样的情况之前也发生过几次。他说："如果我又兴高采烈地交了女朋友，我就来找你们，到时候希望你们能告诉我不要操之过急，我不想再因为关系进展太快而伤害对方的感情和感到内疚了。"现在，他回到了我们的办公室。在接下来的几个月里，我们先是和查理单独见了几次面，然后是他和凯特一起。我们想多分享一些凯特和查理的事，因为你可以从他们身上看到剑型人格者和盾型人格者从互有好感到建立长久关系的典型过程。

查理极其聪明，他很小的时候就清楚地知道自己想要什么。对查理来说，学校和学习都是小菜一碟，难的是家庭生活。他的母亲边界感极差，对儿子什么都说，把他当成了依靠，以此弥补对丈夫的失望。查理过去一直护着母亲，但这不是故事的全部。他的父亲酗酒，尽管尝试了各种各样的戒酒手段，但酒瘾不仅没有消除，反而越发严重。"我母亲后来很瞧不起他。"查理告诉我们，"在父亲眼里，我和母亲还没有波本威士忌重要。我每天都盼望着能尽快熬过晚饭时间，好带着我的狗躲回房间里去。我好像不得不保护她，补偿她无法从我父亲那里得到的一切东西，我十分痛恨这种感受。为了避开父亲，母亲以前会来我的房间，什么也不做，只是待在那里。我很想尖叫，但从来没有这样做过。她不会和我父亲一起出门，而是到哪里都拉着我。不管我想不想去，我都必须跟她去。"

根据查理的说法，他对于高中和大学的记忆已经有些模糊了。他只记得自己那时交往过多个女朋友，经历了很多事，熬了很多夜，还动不动就找理由服用阿德拉，之后当上了一名兽医。你可能还记得，在与前任女友交往的最初几个月里，查理对她的感情同他现在对凯特的感情一样强烈。不只她们两个，前几任女友也是如此。查理在追求这些女人的时候都非常热情，但是，每当热恋的泡沫消散，两人的关系进入平淡期后，查理就失去了兴趣，情侣关系随即宣告结束。

查理知道自己的剑型脑在管理员工方面给他带来了一些问题，但他不清楚剑型脑同样影响了他的感情生活。让事情变得更复杂的是他与母亲一直以来的关系，现在查理逃避和她见面，除了节日和生日聚会这种实在找不到借口的情况。

"你想从你与凯特的关系中得到什么？"我们问查理。

"我只想要现在这种感觉，我希望自己能永远保持对凯特的感情。"

我们知道他注定会遇上麻烦。因为对唤起的渴求，查理在情场上的进进出出，至少在一定程度上算是一种调节不适感的无意识手段，每当觉得平淡或无聊，他就会用自己那套屡试不爽的策略：追求新的恋爱对象。

我们让查理给下面这些项目排序：在和凯特的关系中，哪些项目对他来说最重要，哪些最不重要。其中，最重要的标记1，最不重要的标记16，依此类推。他给这些情感体验标注的序号如下：

赞同	8	认可	13
有利于我的自尊心	9	安全感	14
平等	11	包容	5
挑战性	6	自由/独立	3
活力	1	满足	10
信任	4	安全性	15
感觉自己完整了	16	兴奋	2
可预测性	7	社会地位	12

看看查理排在前五名的项目，他爱上的其实是恋爱的感觉。虽然这样描述他的爱情在他听来肯定不太浪漫，但他喜欢多巴胺和去甲肾上腺素带来的感觉。查理是个聪明的人，也掌握了足够多的与大脑化学物质有关的知识，所以他明白多巴胺和去甲肾上腺素的释放是行为产生的"动机"，而不是行动目标达成之后的"酬劳"。换句话说，愉悦感来自对目标的预期，而不是目标本身。渴望多巴胺的人（像查理这样的剑型人格者）经常会把源于渴望的高涨情绪与相对温和的爱混为一谈。他认为最重要的三样东西分别是活力、兴奋和自由/独立，这些情绪状态都和多巴胺的分泌有关。当我们拿追逐和捕获来比喻这个过程时，他完全能明白自己的求偶行为与狩猎之间的联系。他忧伤和诚实地告诉我们："我很努力地让女性爱上我，但我成功之后却不知道接下来该做什么。我感觉自己心里发痒，开始左顾右盼，只想分手。等她们离不开我的时候，我就更想逃跑

了。我觉得凯特很特别，所以这次我不想再这么做了。"

我们知道查理面临着两个障碍。第一个障碍是，逐步增进相互间的了解是建立健康情侣关系的必经之路，但这种温暾的过程注定不利于多巴胺的分泌。除了跟好朋友一起骑摩托、购买股票，设法"捕获"完美的情人也是一种能让查理分泌多巴胺的预期。如果查理想让他和凯特的感情比他从前的几段恋情更长久，他就必须更清楚地意识到唤起对他的影响，并且学会用不同的方式去处理这个问题。

第二个障碍是他与母亲之间糟糕的亲子关系，恋爱关系的健康发展总是给他一种要被吞没的恐惧感（他的需求会被忽略，一切都要以母亲的意愿为中心）。再加上凯特是盾型人格者，她也有自己的过去，这些对查理不但没有帮助，反而让事情更加复杂。凯特的父亲是个空想家，很可能还有双相情感障碍，他让凯特的母亲吃尽了苦头。在凯特11岁那年，他抛弃了她们母女。这对不称职的父母没有给凯特的童年留下一丝安全感。不幸的是，我们都会把已经成型的依恋关系模式代入眼前最重要的人际关系里。在与可能成为自己丈夫的男性的交往中，血清素的缺乏对凯特无益，她容易焦虑和缺乏安全感的问题很快就和查理的问题纠缠在一起。

你能从这个案例中学到什么？对剑型人格者（无论男女）来说，如果你在像查理这样不停地更换女朋友的行为模式里看到了自己的影子，你就应该好好地想想这些相似点。我们说过，谈恋爱是一种非常强烈的刺激，能刺激多巴胺的大量释放。正因为如此，谈恋爱是一种刺激神经系统唤起的天然且便捷的手段。在剑型人格者眼里，新鲜感就像棒棒糖，但一段健康的亲密关系不能提供无穷无尽的新鲜感，它总会逐渐从新鲜向平淡转变。关系的模式非常重要，只有先认识模式，才能明白问题出在哪里。查理反思了他的交往模式，在把每一段从热情追求开始却以分手告终的恋情串联起来后，他终于看到了自己是如何利用与异性的交往制造兴奋感，从而提高自己的唤起水平的。那么，你又能在自己的生活中看到怎样的关系模式呢？

从某种程度上说，我们都会在一段感情中带着"既要又要"的想法。比如，既想找一个能白头偕老的长期伴侣，又想生活中充满激情和汹涌的多巴胺。有时候，这样的目标确实能通过双方的努力，以健康和互利的方式实现，而有时候则不能。随着一段恋情健康、持续地发展，新鲜感和兴奋感的消退显然不可避免。联想到爱情与大脑化学物质的关系，让多巴胺和去甲肾上腺素在体内流淌，这种感觉可比催产素的刺激要强烈得多。查理如果想在与凯特的交往中体会到催产素带来的良好感受，那就需要付出努力。但他能否做到依然是个未知数。

尽管这段感情面临着重重挑战，但我们觉得凯特和查理说不定真能成功。自从查理第一次提到凯特，他就一直十分关心她。他已经意识到，虽然经营一段稳定的情侣关系对他来说很难，但他不想再逃跑了。他在她身上看到了很多值得欣赏的品质，并且下定决心要打破过去的关系模式。

查理的任务分为两步。第一步，他需要拓宽能令自己感到舒适的唤起范围，这需要他在生活中养成经常沉思的习惯。第二步，查理答应做一件令自己极不舒服的事，那就是学习如何在平静的亲密关系中不感到那么别扭和难受。在剖析这种不适感的根本原因时，查理脱口而出："当一个女人开始需要我的时候，我就觉得自己不得不做些什么。这让我重新想起了被母亲束缚的感觉。"我们知道查理需要慢慢学习，才会知道凯特的爱意是不求回报的慷慨举动，而不是索取和要求。

我们逐渐发现，凯特在这段感情里也有她的"既要又要"问题。

同绝大多数盾型人格者一样，凯特的警觉性极高，她很容易把查理的独立性解读成他对两人的未来缺乏兴趣和不上心。虽然她从来没有当面明确提出这种想法，但她的感受依然会通过间接的方式流露出来。在相处了将近 6 个月后，凯特十分渴望两样东西：从令她焦虑的母女关系中解脱出来，以及她从未在父女关系中体验过的无条件的包容和安全感。有一天，凯特走进我们的办公室，说了下面这段话："我担心自己正在把他逼走。作为一名证券交易员，我每天都在跟风险打交道，我可不想在自己的恋爱关系里做同样的事。为了不被内心的疑虑困扰，我总追着查理问他不知道的答案或他目前还不能回答的那些问题。我能感觉到自己在逼他，我也知道这样做对我们的感情不好，但我就是忍不住。"

为什么我们有时候明知做某些事对自己不好却还是要做呢？因为我们不喜欢某种感觉，想通过做这些事来调节自己的情绪，逃避不舒服的感觉。不确定性是一种非常强烈的刺激，你也知道，像凯特这样的盾型人格者会非常努力地规避唤起。我们问她，能不能举几个查理让她感觉不舒服的例子。凯特想了一会儿，对我们说："我知道这听起来有点儿蠢，但事实的确如此。当他坐在沙发上看电视的时候，我喜欢坐在他的旁边。但如果他走进来的时候看见我坐在沙发上，他很可能就不会坐在我旁边。当我提出要求时，他当然也会坐过来，但我总忍不住想，如果他一开始就愿意坐在我身边，那他肯定会直接坐下。"

我们问凯特，她是否愿意在接下来的两到三个星期里做一些尝试。我们想从她举的例子入手，要求她做下面这件事：让查理主动来找她，当那个想亲近凯特的人。凯特答应我们会试一试。

虽然吸引力来自其他人，但想与对方见面的动机却是来自他们相处的感受。我们会告诉自己，吸引我们的是对方的某些品质和特点，但事实上，真正吸引我们的只是自己在相处中产生的各种情绪。

在告别之前，我们也给凯特布置了跟查理一样的作业。下面就是她对各个项目在情感中的重要性的排序，其中 1 代表最重要，16 代表最不重要。

赞同	8	认可	4
有利于我的自尊心	12	安全感	10
平等	6	包容	7
挑战性	14	自由/独立	16
活力	9	满足	1
信任	3	安全性	5
感觉自己完整了	11	兴奋	13
可预测性	2	社会地位	15

你能看到，她对情感需求的项目排序与查理差异很大。考虑到盾型人格者通常更喜欢寻求安全感，这种倾向会反映在凯特的择偶方面，也会反映在生活的其他方面。当她发现自己被深深吸引时，身体的第一反应是进一步调低本就不高的血清素水平，这让情况变得更加复杂。凯特的唤起水平急剧飙升，虽然她喜欢这样的感受，但强烈的刺激还是让她感觉不舒服。剑型人格者偏爱强烈的刺激，而像凯特这样的盾型人格者却有可能把兴奋感诠释为自己正在变得焦虑，因此提高了警觉。你已经知道吸引力会暂时降低人的智商（因为负责推理和判断的前额皮质发出的信号被切断了），而这种理智和批判性思维的弱化在剑型人格者中持续的时间比在盾型人格者中长得多。与他人建立专属关系能立刻给人带来愉悦感，但随着

这种愉悦感（以及与之对应的唤起）的增加，它很快就会变成脆弱感，让凯特产生保护性的想法和疑问：如果这么好的感觉不是真实的，或者不能一直持续下去，该怎么办？真正了解我之后，查理会怎么看我？他会厌倦我吗？我是不是在这份感情里投入得太多了？如果最后除了心碎什么都没有，我该如何是好？

自我保护的想法并不总能保护我们，尤其当它们导致生活质量下降，或者它们的目的其实是调节令人不适的唤起而不是梳理和解决实际问题时。身为一名成功的证券交易员，凯特能够自如地应付证券市场的不确定性，哪怕它反复无常也不在话下。可是对于一段正在发展的恋爱关系，她却忍受不了一点儿不确定性。在盾型人格者眼里，不确定性往往不是一个需要用时间检验的中性词，而是威胁的同义词。对盾型人格者来说，时间不是可以揭示真相的朋友，而更像敌人。凯特想要答案，而且越快越好。在这种状态下，原本不是考验的事也会变成考验。因为坚信信息的力量，凯特发现自己总是在寻找信息，没有信息的时候她就硬找，有时候还会做出错误的解读。你肯定记得，盾型人格者在做预测时容易犯过于保守的错误。在恋爱初期，盾型人格者可能会很消极，他们认定最差的情况一定会变成现实，而完全不顾事实究竟是什么样子。这相当于把内心最大的恐惧明确地表达出来，以为这样自己就能得到保护，但结果经常适得其反。我们早就在凯特的身上看到过这样的例子。"他没做过任何让我觉得他不重视这段感情的事。"她告诉我们，"但我发现自己总想去证明他对这段感情有多认真。虽然我一直喜欢独处，但每当查理想要独处，我就会觉得自己被忽视了。有时候，我会对他说一些让自己后悔的话，或者问他很多问题，这些举动显得我很不信任他，可事实并非如此。如果一直这样下去，我担心我可能会失去他。"

不幸的是，不确定性可能并不会遵循你设想的时间表。爱，以及爱的感受，只在我们向他人靠拢时才最强烈。男性，尤其是剑型男性，要在动态中建立情感联结，而动态的前提是两人之间隔着需要跨越的距离。你可以把这种情况想象成两个相距几米的人，其中一人在缓慢地向另一人靠近。如果另一人着急靠近对方，并向对方走去，他们之间的距离很快就会缩小直至不复存在。没有了间隔，就没有了移动的空间，激情也随之消退。让查理主动靠近凯特（对凯特来说，这可能是最艰巨的挑战），这是最能让查理感受到自己爱着凯特的行动。

凯特的任务也分为两步。首先，查理也需要独处的时间，比如看书、遛狗，以及和朋友们的聚会，所以凯特必须学会不把这些事当成是威胁。其次，她必须接受一个事实，那就是查理与她的人生是否完整或者她是否认可自己的价值没有关系。她把不安全感带进了二人的关系中，消除这种不安全感同样不是查理的责任。让人生完整和有价值是每个人自己的职责，凯特不是不懂这些道理，可有时候她感觉自己在查理身上花那么多力气其实是出于某种情绪。她终于承认了，"我需要得到他的关注"。

过了 8 个月，二人之间的吸引力就变得不太一样了。一些原本可以探讨、无伤大雅的问题开始有了更多针对性的意味。"你对生孩子感兴趣吗？"同样的问题在第二次约会的时候问对方与在交往几个月之后问对方有着极大的区别。当凯特问查理是否想要孩子时，他吓了一大跳。查理当时还没有考虑过要孩子的问题，从来没想过。凯特不是随口问问的语气，而是严肃地在为他们的将来做打算。他的慌乱和支支吾吾的回答，让她伤心不已。对查理来说，这个问题让他产生了"我必须仔细考虑这件事"的想法。尽管凯特的想法并没有查理想的那么直接，但她还是希望他能说一些好听的话，比如

"当然，你是我生命中最重要的人，我很愿意跟你生儿育女"。隐隐的压力，再加上她失望的样子，让查理想要退缩了。查理看到的不是自由，而是束缚；凯特看见的则是对方的犹豫不决和未来的风险，预期的深情和安全感并没有出现。

第二天，查理气呼呼地来找我们。毕竟，他们已经跟我们聊了好几个月，可是情况非但没有好转，两人的关系似乎越来越紧张了。但我们告诉他，这种情况在预料之中，而且是一种积极的信号。这意味着他们正在与各自的问题进行抗争。我们鼓励查理坚持下去，并记住时间会告诉他所有的答案。

他对我们的回答不太满意，我们没能消除他内心的冲突，也无法缓和两人之间的矛盾。但在离开之前，查理萌生了一个很有趣的念头，他说道："如果现在分手，跟别人重新开始，我肯定不会再花同样的心思了。"是的，他不会。

他接着说道："你们应该知道这种坚持其实很难吧？"

我们点点头。

"我爱凯特。真的，但我觉得我逐渐失去了自由，而且我会怀念与陌生的对象初次相识的感觉。这样的感觉到底会持续多久？"

"你觉得你能活多久？"

"哼，真好笑。"

在他起身准备离开时，我们对他说："你让凯特承担了所有的情感依恋（因为'明白'一个人在自己生活中的重要性而导致的感性认识和脆弱）。如果你能把自己的那部分承担起来，她的负担就会轻一些，安全感也会强一点儿。"他看了我们很久才关门离去。

接下来的几天里，凯特觉得度日如年。查理没有对她的问题做任何答复，于是她给他打了一个电话。"或许我们走到分岔路口了。"她对他说，"我认为我们最好分开一段时间，仔细思考一下自己想要什么。"在查理同意的那一瞬间，她真想把这句话收回来，靠着强烈的自尊心，凯特才没有哭。

很少有什么东西可以像浪漫的爱情一样，既能让人飞上快乐的云端，又能让人跌入痛苦的深渊。弗洛伊德曾说："当爱上别人时，我们对痛苦毫无招架之力。"感觉痛苦的不只是凯特，查理也一样。尽管凯特没有陷入抑郁，但我们依然建议她补充一些血清素，以及增加肠道微生物的多样性。

面包树的果实是补充可溶性益生元纤维的最佳食品。新鲜的面包果很难买到，但你可以在绝大多数保健食品商店中买到它的果肉粉。另一种增加血清素的方法是吃含生可可的黑巧克力。可可富含色氨酸，它是合成血清素的原料。除此之外，肠道微生物还很喜欢发酵食品，比如日本纳豆、希腊无糖酸奶、全脂酸奶油、康普茶、德国酸菜，以及开菲尔（里海酸奶）。这些食品都含有大量的益生菌，能帮助肠道合成更多的血清素。

按下暂停键后，查理和凯特有了深刻反思的机会。他们都知道自己有问题，其中有些问题与自己的过去有关，有些问题与自己的大脑化学物质有关。要想克服这些因素对于二人关系的影响，就必须付出一定的心力，而且没有一劳永逸的办法，他们必须时刻保持警惕。首先，他们要弄清楚有哪些从前受过的心理创伤至今放不下，梳理并承认这些事对自己的影响。其次，他们必须认识到在双方的关系中，自己的感受和行为与大脑化学物质有着怎样的关联。最后，他们要重新设定与对方相处的预期，要做到这一点必须有强烈的主观意愿。对查理而言，这意味着他必须提醒自己，凯特不是他的母亲，他可以放下戒备，靠近她。光是这样还不够，查理必须通过其他办法寻求刺激。凯特是一个有血有肉的人，她应该被了解、被爱，而不是被他用来调节自己的唤起水平。

为了能和查理走下去，凯特必须学会友善对待查理的独立性格，不要视之为威胁，或者忧心它是始乱终弃的征兆。凯特不需要通过其他途径调节自己的情绪，她只需要扪心自问。在审视恋爱关系的质量和价值时，下面两个问题很有分量：我要如何确定自己的行为不是出于对往事的耿耿于怀？我要如何知道这不是一种调节大脑化学物质的后天手段？

停止往来几周后，凯特和查理也不跟我们联系了。几个月后，我们收到了一张他们寄来的卡片。卡片上写着一小段令人开心的话，我们从中得知他们很好，已经复合了。卡片里还夹着一张纸，是一首没有署名的诗，看来他们找到了自己内心的拜伦：

> 同她相处，
> 我或许总会担心被吞没。
> 我的恐惧是我的一部分，
> 它是从前的纠葛，是我的无心之过，
> 昔日的男孩和缺爱的母亲，
> 是今天笼罩我的阴影。
> 然而，因为我已不是男孩，
> 还因为无法放手，
> 就算害怕
> 我也会向前看
> 怀着这份爱。
>
> 同他相处，
> 我或许总会失望。
> 我的渴求是我的一部分，

它是从前的纠葛，是我的无心之过，

昔日的女孩和缺位的父亲，

是今天笼罩我的阴影。

然而，因为我已不是女孩，

还因为不能放手，

就算心急，

我也会退回来

为了这份爱。

他们的文字让我们会心一笑。有些方法真的奏效了，但对他们俩来说，这一路走来着实不容易。自知是一种很容易消退的感觉。只需一条小小的裂隙，习惯就会乘虚而入，撕开一条豁口，接管你的思维。查理和凯特都还年轻，他们的大脑类型也十分不同，往后的日子里还会有诱惑、沮丧、信任危机、有意识或无意识的预期，当然，误解也不会少。我们希望这首充满希望的诗能成为两人共同的锚点，时不时地品味一番。正如我们在本章开头所说的，人与人之间的吸引力是错综复杂的。如果想要维持这种吸引力，那更是难上加难。

在进入下一章之前，你或许应该思考一下这些问题：

1. 回顾过去，早年的家庭环境、事件或家人之间的互动是否影响了你对伴侣的选择？

2. 你喜欢的伴侣"类型"有没有什么共同点？如果有，具体是哪些？

3. 在你经历过的恋情中，有哪些共同的模式、感受或似曾相识的过程？

4. 你能否在已经结束的恋情里看到相似的矛盾和问题？

5. 基于对大脑化学物质的认识和对自己大脑类型的了解，你认为它们对你的恋爱关系有怎样的影响？

6. 关于你自己，过去的恋情让你明白了哪些重要的事？

7. 就你个人的大脑类型而言，你可能会从哪些问题入手，试着推翻它对你的恋爱关系的影响？

8. 列出 5 种你最希望在恋爱关系中获得的感受。然后，再列出 5 种你在以前的恋情中有过的美好感受。注意，其中有几种一样，有几种不一样。你会如何解释这些差异？你怎么看待自己在其中担负的责任？你认为你的大脑化学物质在造成这些差异的过程中扮演了什么角色？

第 8 章

婚姻：是什么在掌控一切？

我们选择的伴侣以及双方的大脑化学物质是如何制造矛盾、促进平衡，或者放大那些与大脑类型相关的无意识过程的？

那些在激烈的互相指责和咒骂中黯然落幕的婚姻，绝大多数都是从一个吻开始的。究竟是什么因素能如此频繁和轻易地把甜蜜的初吻变成离婚进而对簿公堂？针对现代美国婚姻状况的研究充斥着各种统计数据和预测指标。比如，私奔是预示离婚的重要因素之一；参加婚礼的人数似乎能反映这段婚姻能否成功，200 人就非常好，6 个人则不太行。男人离婚的理由通常是他们觉得自己的价值没有得到伴侣的认可，而女人离婚的理由则可能是她们觉得自己没有得到伴侣的关注和理解。能够认可他人价值的人很可能会拥有一段美好的婚姻，而糟糕的沟通技巧则是婚姻失败的导火线。钱是最常见的矛盾之源，出轨是最常见的致命一击。当被问到谁应该为失败的婚姻负责时，大多数人都会归咎于另一半。那么，失败的婚姻经历会让我们变得更好吗？遗憾的是，完全不会：一婚的离婚率是 55%，二婚是 60%，三婚是 73%。当然，决定一段婚姻到底是稳定又幸福还是曲折又痛苦的，正是我们的大脑化学物质。

　　各种文化里都存在婚姻或其他类似的联姻仪式和风俗。我们在前文中说过，吸引力和欲望是激素和大脑释放的某些化学物质造成的情感反应。强烈的感受使人晕晕乎乎、找不着北，它的净效应是让大脑的前额皮质短暂下线。大自然想要人类繁衍后代，所以理性思维非常碍事。生育孩子是最终目的：吸引力确保了孩子的诞生，婚姻则保证了父母对他们的保护和养育。在这个过程中，大脑的前额皮质必须先保持沉默，给亲密关系的建立留出足够多的时间。在蜜月旅行结束、行李刚刚收拾完的时候，它又迫不及待地上线了。

认识前额皮质

　　大脑已经成功完成了诱惑我们结婚的任务，现在我们都是有家庭的人了。很快，睾酮水平开始下降，因为睾酮会抑制催产素发挥作用，而后者能增进人与人之间的情感联结。大脑为我们生育和保护后代创造了最佳条件，事无巨细地安排好每一个环节，保证他们可以长大成人，继续传宗接代。我们介绍过吸引力有多复杂，以及当人被吸引时前额皮质会暂时下线的问题。可是，如果突然之间这个负责判断性思维的区域又上线了，会怎么样？我们会看到和听到许多新信息，产生很多我们自己都说不清楚的预期，更不要指望伴侣能够明白了。

　　对婚姻的预期来自过去生活的点点滴滴：父母的相处方式不仅会影响我们对爱情的设想和渴望，它还与我们的不安全感、恐惧和愿望有关。除此之外，还应考虑我们个人的价值观和态度、过往的感情经历等其他因素，以及大脑类型。在热恋期，我们的前额皮质陷入沉默，这给我们毫无节制地把种种美好的期望堆砌到心仪的对象身上提供了可乘之机。

预期是一种极富人性色彩的东西。我们都有自己的预期，这本身没有什么，但有一个问题非常要命：我们很少会用语言把它们表达出来。婚姻其实需要签订两份合约，一份是明确的，另一份是不明确的。那份明确的合约包括婚姻的法律协议和婚礼誓词，这些白纸黑字是你对婚姻做出的承诺。然而，这份合约并不是效力最强的。在婚礼结束后，真正发挥作用的其实是那份不明确的合约，它由我们的预期（通常是想当然，未经双方协商）构成，大多数时候是无意识的。它对我们的婚姻体验有重大影响，并且有可能成为冲突的导火线。

现在，随着前额皮质的上线和大脑的全速运转，这些预期逐渐浮出水面。刚开始，有些无伤大雅的希望落了空，小小的心愿没有得到满足，虽然隐隐有一点儿失望，但我们依然会觉得自己被辜负了。既然被辜负了，就要找个罪魁祸首——我们的伴侣，他们肯定说了或做了什么不符合我们预期的事情。很多时候，这种失望的感觉都是我们预期的副产物，源于那份不明确的合约。

在前额皮质重新上线后，我们有时候会回过神来，发现自己只是喜欢伴侣的某些方面，而对于不喜欢的那些方面，我们要么选择忽略，觉得自己没那么在意，要么相信自己的爱会让对方改变。在这份不明确的合约里，隐藏最深也最常见的一条很可能与谁来主导我们的快乐有关。我们理应从自己身上挖掘满足感和满意感，但很多时候，我们都想从别人身上获得这类感觉：只要别人有一点儿改变，自己就会更快乐一点儿。或许现在就是一个好机会，你可以好好地审视一下自己的婚姻里有哪些不明确的合约。没错，你不仅要审视自己，还要想想对方。如果你能这样做，或许就会发现你确实对伴侣抱有一些从未说出口的预期。具体是哪些预期？把它们简单地罗列出来，不要超过 5 条。接下来就是你夺回掌控权的时候了。我们都喜欢一切尽在掌控的感觉，对吧？那么在这件事上，你如何才能达成这个目标呢？你要记住，让你感到满足的责任应当由你自己来承担。给伴侣松绑，靠自己获得满足感。看看你列出的预期，你愿意从哪一件事入手做出改变呢？

你的伴侣又隐藏了什么样的预期呢？如果让你来猜，你觉得对方心里有哪些从未表达过的预期？把它们简单地罗列出来，也不要多于 5 条。不要同你的伴侣讨论这件事，在接下来的一个月里，你可以尽量按照下面的方法进行尝试：从你罗列的两份预期清单里各选出至少一件事，把它们牢牢记在心里。这个练习的目的是锻炼你的包容心和责任感，让你变得更大气。尝试默默地包容伴侣本来的样子，放过他们，不要把自己的预期强加在他们身上。记住，你才是那个要对自己的快乐负责的人。根据你给自己罗列的预期，思考一下如何通过自己的努力，在这些事上获得满足。再从你给对方罗列的预期里挑选几个，思考一下自己可以做些什么来尽量满足对方，越详细越好，而且不要让对方知道你的这些打算。或许你的伴侣也会读到这一章，然后为你付出同样的努力。你想要怎样被别人对待，就要用同样的方式对待别人。

婚姻是一种从内到外的主观体验，我们发现从比较客观的视角看待婚姻会大有帮助。为了增进你对自己的认识，请试着回答下面这些问题，答案越详细越好。

1. 感情对你的生活来说具有什么样的价值？如果不考虑习惯成自然，对你来说，它有多重要，地位有多高？
2. 在成长的过程中，你看到的婚姻/亲密关系的典范是什么样子？

你的母亲在家里扮演了什么角色？

你的父亲呢？

你觉得父母的婚姻成功吗？

如果不，你认为失败的根本原因是什么？

你如何看待父母的婚姻关系对你造成的影响？

3. 为了维系感情，你做过哪些牺牲（如果有）？

如果你做过牺牲，那在结婚之前，你是否就此事与对方进行过讨论并得到了对方的理解？

你觉得你的伴侣做出了什么样的牺牲（如果有）？

你所做的牺牲对方知道吗？

你在做出牺牲的时候，你的感受是什么，是爱、内疚还是怨恨？

4. 你如何形容你的婚姻目前的状态？尽量多选几项，同时给出具体的例子。

充满爱意　稳定　充满挑剔和评判

充满支持　无趣　焦虑和迷茫

充满包容　冷淡　愤怒和怨恨

充满鼓励　猜疑　其他（具体描述）

5. 你最欣赏伴侣身上的哪些品质？

6. 你和伴侣的不同之处在以怎样的方式影响着你们的感情？

7. 是否有外人（外界因素）在影响你们的感情？

朋友　家人

对方的亲属　宗教信仰

工作　其他（具体描述）

你认为这些影响是正面还是负面的？

8. 你的哪些需求在婚姻中得到了满足？

9. 你还有什么需求没有得到满足（如果有）？

　　　你是否清楚自己有哪些未被满足的需求？

　　　你如何解释为什么它们一直没得到满足？

10. 你在婚姻中的长处是什么？短处又是什么？

11. 你们如何处理双方的经济问题？

　　　谁负责管钱？

　　　你们如何做财务决策？

　　　你们是否有财产协议（婚前或婚后）？

　　　你们是否因为钱而发生过冲突？

12. 性在你们的婚姻中有多重要？

　　　你对你们的两性关系有多满意/不满意？你的伴侣呢？

　　　有没有特别突出的矛盾？

13. 你是否很容易轻信别人？你的伴侣呢？

14. 按照从最重要到最不重要的顺序，列出你们婚姻中的所有矛盾/问题。

15. 你愿意着手解决其中的哪些问题？

16. 你认为在这些问题中，哪一个对你的伴侣来说最重要？

17. 你们采取了哪些建设性的方式去处理婚姻中的愤怒情绪？

18. 你是如何表现自己的支持、兴趣、共情和爱意的？

19. 你的伴侣又是如何表现这些的？

20. 你和你的伴侣属于哪种大脑类型？它们在你们的婚姻中扮演了什么角色？

如果你选择深入挖掘这些问题的答案，那么恭喜你，你刚刚给自己的婚姻拍了一张最新版的肖像照。叫上另一半一起回答这些问题是非常有帮助的。当然，有些人的回答可能会让他们的伴侣不高兴。如果你不介意这种情况，对方也回答了这些问题，那你们可以考虑分享彼此的答案。这是一种沟通练习，沟通是为了分享信息，而不是为自己辩护。倾听是沟通过程中最难的一环，你们可以通过抛硬币的方式决定谁先说。其中一个人可以用这样的话作为开场："对于第一个问题，我是这样回答的。"另一个人只需要倾听，不要评论，也不要追问。然后，互换角色。信息可以带给人启发，但有时候也会让人觉得不舒服。当你的伴侣与你分享信息时，你能给予对方的最好回报就是倾听，你要知道这些信息反映了他们对事物的看法、诠释，以及他们对双方感情的总结。你的任务不是同意或反对你听到的任何信息，你只需要接收即可。听完之后，我们希望你完成一项非常困难的任务：花点儿时间好好想想这些信息，把它们消化掉。过一两天你再跟你的伴侣一起坐下来，基于彼此分享的信息展开对话。

如果你已经思考过自己的预期和上面那些问题，那么你可能已经掌握了一种审视影响感情的情绪基调和某些品质的方法。情绪基调是指与一段感情有关的情绪。情绪是有感染力的，没有任何关系比我们的亲密关系更能体现这一点。当一段感情对双方的影响相同时，情绪效应就会放大。你可以想象，如果是一对大脑类型相似的伴侣，双方的情绪就会被放大，比如焦虑。所以，同样的大脑类型对一段感情来说并不是稳定亲密关系的压舱石，它反倒有可能导致已有的问题变本加厉。

而大脑类型不同的伴侣则需要在婚姻中面对迥然不同的潜在问题。好的方面是，如果双方都极具包容心，并且懂得如何通过必要的干预让对方受益，他们就可以抵消那些对自己不利的倾向，成就一段平衡且美好的婚姻。但如果二人不懂包容，而且其中一个人总是手握敲打另一个人的大棒，大脑类型的差异就很容易变成矛盾和冲突的根源，引发指责、内疚和羞愧。下面我们来仔细看看，不同的大脑类型搭配在现实生活中会演变成什么样子。

健康与来自朋友的帮助

她名叫麦肯齐，但周围的人都叫她麦克。有一天下着大雨，她在去诊所打普罗力的途中迷了路——这是一种每月注射一次的药剂，用于治疗骨质疏松。当她终于赶到诊所的时候，已经迟到了半个小时。她一只手举着伞站在雨中，一只手敲着诊所的窗户，想引起护士的注意。此前，她给诊所打过电话，因为害怕在室内感染新冠病毒，所以双方商定在室外进行注射。而护士却一直让她进去，麦克则不停地请求她到外面来，双方陷入了僵局。

麦克既害怕又懊恼，最后只能转身离开了。由于新冠肺炎疫情暴发，她已经两个月没有注射了，考虑到她的骨质疏松的严重程度，这么长时间不注射其实是有危险的。哪怕已经完成新冠疫苗的接种，麦克依旧极其小心，时刻避免与病毒接触。她想在身边建一道防护屏障，但它已然变成了她的监狱。

麦克属于典型的盾型人格者，她容易焦虑，高度警觉，长期受疑病症的困扰。她的伴侣凯特琳（同样是盾型人格者）虽然也对麦克没有注射普罗力感到失望，但她很庆幸麦克没有选择走进诊所，不然就有可能暴露在某种"变异株"之下。凯特琳也完成了新冠疫苗的接种，但她同样害怕得要命。这是两人之间的某种比赛吗？也许吧，相同的盾型人格对她们俩都没有好处。

去年，两人在她们的公寓里度过了与世隔绝的一年，能见到的外人只有快递员。两个人都可以居家办公，考虑到她们对健康的担忧，这不失为一种幸运。不过，这也是她们的不幸，因为疫情强化了她们对唤起的厌恶，还让原本虚无的恐惧有了明确的实体。整整一年，她们都没有好好地晒过太阳，仅有的户外活动是步行到私家车旁，开车到全食超市，打开后备箱，让店员把商品装进去。

如果你发现在一段感情中，双方都没有给对方带来理性和平静，而是在不断地放大各自的恐惧，你会怎么做？你需要反思的第一件事是疑病症，虽然怀疑自己生病的内在倾向是出于保护健康的目的，但疑病症有可能造成完全相反的结果。疑病症的驱动力是恐惧，再加上盾型人格者的逃避倾向，他们经常因为害怕自己生病而无视真正的症状，或者一再推迟让他们极度焦虑的身体检查。

同样，对于疾病的恐惧让麦克和凯特琳十分焦虑，这很可能对她们的健康有害。能够认识到并承认这一点是非常重要的。

第二步要比第一步复杂得多。如果她们两个能够多说一些"没错，但是"，少说一些"没错，而且"，情况或许就会有所改善。显然，疾病和对疾病的恐惧是截然不同的两件事。在疫情防控期间，麦克和凯特琳天天待在一起，所以她们的新闻来源变得越来越相似，而且两个人都没有安抚对方，反而在无意间加剧了对方的恐惧。要知道，情绪的确是会传染的。我们可以非常肯定地说，在封控期间，她们公寓充斥着的情绪绝对和平静不相关。虽然她们的感情很牢固，但她们不是在帮助彼此，而是让对方陷入绝望的旋涡。支持和肯定本应是婚姻带给双方的两大优势，但支持和肯定的对象也有非常重要的区别。我们已经解释过为什么剑型人格者会沉溺在冲动里，事实上，盾型人格者同样容易沉溺。二者的区别在于，盾型人格者容易陷入相反的方向：不是奖励导向的"我想"，而是逃避惩罚的"我不想"。支持和肯定"我不想"的倾向，会让本就过度警觉的对象更焦虑，也更害怕身体出问题。

我们建议她们放弃那种滴水不漏的疾病预防方式，代之以一种保证安全即可的策略。她们最先做出的改变是一起出门散步（当然都戴着口罩），以及去市场上买日用百货。她们承诺会尝试给对方以安慰而不是吓唬。看医疗新闻有些上瘾的麦克同意少看这种新闻。此外，两个人都开始定期做冥想练习。

如果你和你的伴侣都属于剑型人格，你们可以试着回答和讨论下面几个问题：

1. "我是帮助你消除了健康方面的疑虑，还是加剧了你的担忧？你能具体解释一下吗？"
2. "在你焦虑的时候，我可以说些什么或做些什么，既能让你感到体贴，又能缓解你的担心？"
3. "我们应该信任哪些医生？"

哪怕凯特琳和麦克中有一个是剑型人格者，她们面对唤起可能都不会如此焦虑。剑型人格者没有那么在乎身体症状，但这会带来另一种危险：否认自己有病。

谢丽尔和沃德都快 50 岁了，同属剑型人格，他们各有各的问题。两年前，谢丽尔得了乳腺癌，所幸后来痊愈了。她本就超重，在接受手术和放疗之后她的体重又增加了，而且一直减不下来。沃德的家族有心脏病史，他的冠状动脉里装了三个支架，减肥对他来说同样是个难题。

如你所知，剑型人格者面临的一大风险是他们不太注意（甚至无视）那些令人困扰的身体症状。谢丽尔拖了很久，直到她的母亲（也得过乳腺癌）催着她去做乳房 X 射线检查，她乳腺里的肿瘤才被确诊。外科医生给她安排的手术时间与她和沃德的意大利旅行计划有冲突，于是她推迟了手术时间。

在谢丽尔漫长的康复期，沃德给予了她很多支持和关心。对他们俩来说，这就像一段相依为命的日子，可以放纵一点儿。但他们过于放纵了。谢丽尔的康复期与新冠肺炎疫情无缝衔接，在这段时间里，她重了 30 磅①，沃德重了 20 磅。

我们在前文中解释过，剑型人格者倾向于否认自己的身体症状，看待事物喜欢用非黑即白的二元思维和快思考模式，以及通过吃东西排解无聊的感觉。谢丽尔和沃德眼看着对方越来越胖，却不敢说什么，因为他们担心说对方就是在说自己。尤其是谢丽尔，她不喜欢自己越来越胖，所以减过两次肥，但每一次她的减肥计划都在沃德点的芝士蛋糕面前分崩离析。沃德是故意的，他知道芝士蛋糕能够诱惑她。

破坏对方的节食计划在生活中并不鲜见。即使是一个抱怨伴侣太胖的人，一旦对方真的表现出减肥意图，也会被看成是一种威胁。很遗憾，"没事，尝一小口又有什么关系呢！"这种常见的话并不是真的为了你好，而是一种蓄意干扰。

对谢丽尔有益的做法是，沃德应该支持她减肥的想法，鼓励她，并克制自己的饮食冲动。

在健康方面，两个剑型人格者面临的挑战是，他们很难发现自己在忽视或拒绝承认健康问题。如果你在另一半的身上看到了否认身体症状的迹象（不关心自己的健康），你要直言不讳，并甘于被反唇相讥。世界上只有一件事比你不愿意承认自己的健康问题更糟糕，那就是你的伴侣放任你对健康问题的视而不见。

如果你是剑型人格者，而且和另一个剑型人格者结了婚，你们可以试着回答下面几个问题：

① 1 磅约合 0.453 千克。——译者注

1. "你觉得我的唤起在通过怎样的方式影响我对健康问题的看法，以及我在健康方面的决定？"
2. "你有没有发现某些我没有注意到但可能对我的健康不利的事情？"
3. "我们应该如何用一种有效的方式相互提醒，以避免这些事情？"

如果是剑型人格者和盾型人格者的婚姻，又会发生什么呢？作为一个剑型人格者，托德在应付健康问题方面熟练掌握了一种魔法思维方式。这种思维方式是这个样子的：如果我不去看医生，就表示我的身体一点儿问题也没有；但如果我看了医生，他们肯定会给我列出一大堆问题。他正在担心的"问题"之一是，他的手臂上长了一个东西。妻子艾米催了他很多次，他才给一位皮肤科医生打电话咨询。医生告诉托德，他需要去医院做活检。托德想过自己可能得了黑色素瘤，但下一秒他又对自己说：不，很可能没什么事。他没有跟医生预约就诊时间，也就没有得到明确的诊断。托德本应在3年前接受人生中的第一次结肠镜检查，他却迟迟没有去，即便他的母亲就是死于结肠癌。

艾米是盾型人格者，还有一点儿洁癖。催促托德去看医生对她来说也不容易，因为她怕感染新冠病毒。艾米害怕和别人一起挤电梯，害怕坐在候诊区，更害怕进入刚刚接待过其他患者的诊室。在她和托德都完成新冠疫苗接种后，焦虑的情绪有所缓解，她开始把全部心思放在托德的健康上。不疼不痒的唠叨收效甚微，于是艾米采取了行动。"我给你预约了两项检查，"她告诉他，"一是去看皮肤科医生，二是去做结肠镜检查。我会监督你，跟你一起去。"

我们都应该为自己的健康负责。话虽如此，但拥有懂我们和爱我们的伴侣就像拥有了一双额外的眼睛，他们不仅能看到我们身上不起眼的小毛病，指出问题所在，还能在我们有需要的时候推我们一把，确保我们可以照顾好自己。总有一些时候，我们需要来自朋友们的些许帮助。

金钱：由谁管、怎么管

桑迪和迈克刚刚提交了破产申请。在过去的两年里，两人的经济状况虽然岌岌可危，但他们总能通过资金周转，勉强维持最低还款额度，避免了债权人上门催债。两人都是典型的剑型人格，他们在大学相识、相恋，之后一起来到洛杉矶追求梦想。桑迪通过打拼一路晋升，当上了市中心一家大型剧院的舞台经理，迈克则在房地产租售行业干得风生水起。所以，桑迪和迈克都不存在财务问题。唯一的问题是，虽然他们的收入逐年增长，但开销也连年攀升，甚至可以说是飙升。

桑迪是个时尚达人，她喜欢用古董和艺术品装饰房子。虽然她过上了体面的生活，但他们之所以能维持这种奢靡的生活方式，靠的是迈克的佣金支票。他们没有存钱，而是不断地借钱和挥霍，崇尚及时行乐。

2020 年发生的一切给了他们当头棒喝。桑迪工作的剧院关门停业，房地产市场行情骤降。在疫情刚刚暴发的时候，他们商量了一下，试图制订一份财务计划，以度过危机。迈克在一家大型家装建材零售公司找到了一份兼职工作，桑迪也申请并获得了失业补助。他们的收入完全不能和以前相提并论，但因为严格控制开销，他们的生活还能勉强维持。这种风平浪静的日子一直持续到桑迪的生日，当时她的父母给她寄了一张 3 500 美元的支票。虽然桑迪的父母也过着紧巴巴的日子，但他们同情桑迪和迈克的窘迫处境，所以给她寄了这笔钱。桑迪没有告诉迈克这件事，也没有把钱存入两人的共同账户。她兑现了支票，然后走进她最喜欢的那家位于比弗利山的珠宝店，购买了一条乔治王时代的古董项链，之后把余下的钱打进了自己的信用卡。

迈克在橱柜深处发现了被桑迪藏起来的项链盒后，他把它丢在桑迪面前，大声质问道："你花了多少钱？"

"这是我的钱。"

"是吗？我的钱就是你的钱，你的钱还是你的钱？到底多少钱？"

"我不需要告诉你，这是我父母给我的生日礼物。"

"多少钱？"

"3 500 美元。"

"都够付这个月的房贷了。"

"那你刚买的锦鲤又怎么说？"

"那才 400 美元，而且是我之前就预订好的。"

"我说的是原则问题。"

"别跟我说原则问题。看看我们现在的财务状况，你怎么还能去买这么贵的项链呢？"

"我要用它让自己振作起来。"

"行啊，可是乱花钱会让我振作不起来。"

"我看到你的运通卡账单了，吃那么贵的午餐难怪你振作不起来。"

"可能你没有注意到，但我可以提醒你一句，我可是在这份能把人的腰都累折的糟糕工作里见缝插针地找机会，想做点房地产生意。"

"真的吗？我最近看到的就只是钱在哗哗地往外流，却一分进账都没有。你可没有自己想的那么有能耐。"

没过多久，迈克和桑迪就失去了他们的房子，桑迪不得不在eBay（电子湾）上变卖珠宝首饰，换些现金。申请破产虽然让他们摆脱了不少债务，但对他们的婚姻也造成了沉重的打击。

这个故事的教训是什么？由于相似的大脑类型，两个人在不经意间放大了各自的倾向。对迈克来说，一边放纵自己，一边默许桑迪做同样的事，这更容易做到。如果你是剑型人格，和另一个剑型人格者结了婚，你就得格外留心这种倾向放大的情况。如你所知，剑型人格者容易在控制冲动和延迟满足两方面遇到问题。如果你看到了这样的苗头，那么你也好，对方也罢，总得有一个人站出来唱反调，这至关重要。要学会说不，要谨慎一些，要制订一份切合实际的预算计划，给月底留出资金周转的空间。定期讨论钱的问题，商定一个合适的开销上限，避免让其中一个人为另一个人拆东墙补西墙。要同心协力，确保两个人的财务状况都保持健康。

剑型人格者很容易情绪不稳，而且他们经常发火、责备或控诉他人，这对健康的婚姻十分不利。争执之后，桑迪和迈克谁也不理谁，各自放纵，这几乎泯灭了他们对彼此的爱。购物、花钱和进行高风险投资，这些都是刺激多巴胺分泌的简单手段。然而，这些行为却有可能导致危险和有害的后果。聪明人需要用冷静和清醒的眼光看待金钱的意义，这和看待唤起的意义是一个道理。

阿尔伯特和崔西看待金钱的方式与迈克和桑迪截然不同。他们家的厨房里有一个抽屉，里面装满了阿尔伯特（盾型人格）收集的调料包。崔西也是盾型人格，她甚至比阿尔伯特还节俭。在他们看来，金钱不是快乐的源泉，它仅仅是一种可以储蓄的安全保障，必须十分谨慎、极不情愿、像挤牙膏一样地使用。你很难指摘一对如此脚踏实地和未雨绸缪的夫妻，如果不是因为他们的孩子马克，我们或许永远也不会结识他们。

崔西和阿尔伯特的生活较为宽裕，二人的收入都在中等偏上的水平。但是，自我牺牲成了他们之间某种不言而喻的默契，是他们互相认可的荣誉。

他们的节俭带有某种较劲的意味：你花得少，我要比你花得更少。

"我们到这里来花的都是她的钱。"阿尔伯特边说着，边在崔西旁边的位置上坐了下来，"如果是我的或我们的钱，恐怕今天我就不会来这里了。我并不是对你们有意见，我只是觉得把这么一大笔钱花在这种事情上实在是太浪费了，我……"

"阿尔伯特。"崔西打断了他。

"我知道，我知道，既来之则安之吧。"

"首先，我要说，"崔西开口道，她的手在阿尔伯特的膝盖上轻轻拍了两下，"阿尔伯特是我认识的最贴心的男人。"阿尔伯特的肩垂了下来，他握住崔西的手说："我们刚刚有些分歧，我希望我们能马上回到正轨。"

他们都 40 多岁，已经结婚 12 年了，有一个 6 岁的儿子。崔西是搞学术的，在加利福尼亚大学任教，她已经出版了好几本著作，有相当可观的版税收入。阿尔伯特是一名药剂师，他一直想开一家自己的药店。他的勤奋和一丝不苟的储蓄习惯非常打动崔西，崔西的原生家庭的经济条件比阿尔伯特要差得多：崔西的父亲是个酒鬼，没有固定职业，家里隔三岔五就会因为欠费被断水断电。所以，和阿尔伯特在一起让崔西很安心。两人结婚后，崔西用的化妆品都是阿尔伯特从药店带回来的过期样品，她觉得这样做很聪明。她还认为阿尔伯特特意在商店关门前去买打折面包的行为非常迷人。他们从来没有开过新车，阿尔伯特没买过新的电冰箱，也没用过新的音响系统。阿尔伯特因为犹豫不决而错过了买房的最佳时机，她深表理解，因为她也担心房价会再跌。他们两人之间没有任何怨怼，直到马克出生。

崔西并不介意他们从旧货拍卖会上给马克买二手的婴儿衣服、婴儿床和其他婴儿用品，毕竟当时马克还小。但随着时间的推移，她开始介意了。她不在乎自己吃苦，她过这样精打细算的生活完全是出于自愿，但换成马克就不一样了。她越来越宠溺孩子，家里到处是从商店买回来的新玩具，马克的第一张床用的是新床垫，枕头也是新的。而所有这些都没有经过阿尔伯特的同意。他告诉她，他们应该把钱都存起来，为马克攒一笔大学学费。而她反驳说，他们已经在这样做了，这点儿花销不碍事。

他们经常为此吵架。一天晚上，崔西在她的日记里写道："事情有些不太对劲。我不想成为马克的坏榜样，我不确定这种苦行僧一般的生活到底是不是坏事。"

事情在马克 5 岁生日那天发生了质变，当天阿尔伯特带回来一辆二手自行车。在看到它的那一刻，崔西流下了眼泪。"停车架都弯了。"她说道。

"我能修好。"

"不。"她的语气很坚决，"他的第一辆自行车必须是新车，我来出钱。"

"真是笑话，我……"

"不，我们才是笑话。"

第二天，崔西给马克买了一辆全新的红色自行车。男孩看到新车的时候，两眼放光，这让崔西十分高兴。她也想看看阿尔伯特的眼睛，但她不记得自己到底看了没有。她和他的步调总是一致，她害怕的东西他也怕，她的小心谨慎和他的沉默寡言简直是绝配。如果他不需要一样东西，她就会明确地让他知道她也不需要。这种默契的自我牺牲之舞他们已经共跳了很多年。她想知道这给他们带来幸福了吗？她觉得没有，他们到底对彼此做了什么？

崔西想起了他们刚在一起的时候，她觉得买一点儿特斯拉的股票或许是一笔不错的投资，但阿尔伯特把那簇小小的火苗熄灭了。许多年后，当有一家药店挂牌出售时，她同样给跃跃欲试的阿尔伯特泼了一盆冷水，因为他们需要为此借一大笔钱，她认为时机还不成熟。他眼里的光渐渐黯淡了，她记得他脸上的表情，混杂着失望和宽慰，而这正是他们给彼此带来的东西。她一边向我们描述他们的感情，一边如此总结道。

这个评价实在有点儿沉闷无趣，因为他们也给彼此带来了很多爱和温暖。

当我们向阿尔伯特解释大脑化学物质在不情愿、逃避和厌恶风险的感受中所起的作用时，他茅塞顿开。我们还提到要敢于区分现实和感受的不同，维持大脑化学物质的平衡，以及崔西提出反对意见、做合理的风险评估是多么勇敢的行为。为了活跃谈话的气氛，我们问阿尔伯特他上一次挥霍是什么时候。他被问住了。然后，他挤出一丝微笑说道："我从来没有挥霍过，但我一直对那种不仅能冲意式浓缩咖啡，还能打奶泡做卡布奇诺的咖啡机感兴趣，说不定哪天就出手了呢。"

事实上，这一天来得比我们预想的早。在第 4 次会面的时候，阿尔伯特告诉我们的第一件事就是他在网站上找到了一台完美的咖啡机。虽然买的还是二手货，但对于他的确是个进步。上个月月底，我们得知了一大进展：阿尔伯特打算买下一家药店，正是他工作过很多年的那家。

我们还遇到过另一对同为盾型人格的夫妻，他们来咨询的起因同样是妻子改变了从前谨小慎微的理财方式，但其中原因有些不一样。罗伯和简都是盾型人格，向来小心翼翼，尽量规避风险。但是，他们的婚姻发生了出人意料的转变。"我这人很随和，"罗伯娓娓道来，"天生如此。从我们结婚的第一天起，简就负责打理我们家的财务，所有的账单和投资都由她全权处理。她是个注重细节的人，算账也比我更在行。我们已经结婚 23 年了，各自的经济状况都相当不错。简是这个世界上我最信任的人……去年之前都是这样。我知道作为夫妻，她拥有我们共同财产的一半。虽然现在她还是十分小心谨慎，但在我心里她已经变成了一个鲁莽的人。"

说"鲁莽"可能有些夸张，但简的风险评估模式的确发生了改变，投资方式变得有些激进。作为一个盾型人格的人，简向来不喜欢冒险。但她决定卖出他们持有的市政债券，转而投资期权，这引起了罗伯的注意。并不是因为他们的资产净值显著缩水，而是罗伯对二人的未来失去了安全感。

在罗伯滔滔不绝地介绍他们的情况时，简表现得非常不耐烦。"我是这样想的。"她说道，"我一直都采取保守的投资策略，非常小心谨慎，甚至有点儿过于小心了。如果不愿意冒合理的风险，争取更好的回报，这算哪门子投资？我只是给自己松了松绑。但一夕之间，我和罗伯的位置换过来了，现在他成了那个整天提心吊胆的人。"

简无疑经历了某种改变，但到底是什么改变呢？一个人的大脑化学物质通常是稳定的，既然如此，这种对风险态度的转变究竟该如何解释？

我们提出了一些问题，对他们的病史做了一番调查，发现就在几个月前，简的腕管综合征有些恶化，她开始每天服用对乙酰氨基酚。这没有什么不寻常的，因为许多人都会这么做。事实上，约有1/4 的美国人每周都会服用一次非处方类止痛药。不过，最新研究显示，这类药物不仅可以抑制疼痛，还能改变服用者的风险承受能力。类似的变化并不会像魔术表演一样突然发生，而是以微妙和隐蔽的方式悄然发生。这些非处方止痛药的净效应是去抑制，它们会导致服用者冒平时不愿意冒的险。

如果止痛药能让像简这样的盾型人格者变得冒进，那你一定能想象它对剑型人格者的大脑的影响有多大，毕竟盾型人格者对风险本就有更高的容忍度。

最近，简接受了手腕的修复手术，不需要再服用止痛药了。几个月后，她关闭了自己的期权交易账户。虽然她认为这件事与她服用止痛药物没有什么关系，但我们持怀疑态度。

被误解的天真

并不是所有治疗都能达到我们预期的效果，下面我们给你讲讲马蒂的故事。马蒂是一名胃肠科医生，他和凯伦结婚 5 年了，凯伦是医院的一名行政人员。促使马蒂来找我们的原因是他和凯伦的家事。

我们对自己有多少认知？我们是否经常视自己为问题的根源？是否经常觉得错在别人？这些问题的答案既是患者的症状表现，也是很好的预测指标，它们可以告诉我们哪些人会在治疗中产生积极的体验，而哪些人不会。因为焦虑和抑郁来找我们，并且觉得自己是问题的核心，这样的人很可能是盾型人格。因为脾气火暴来找我们，并且总把愤怒归咎于外部因素，坚称其他人应该为此负责，这样的人往往是剑型人格。你来猜一猜，哪一种人格类型的人更有可能从治疗中获益？没错，你猜对了。

在介绍马蒂和凯伦的故事前，我们先说点儿别的。剑型人格者因为缺乏多巴胺，存在天生唤起不足的问题。不过，这并不意味着剑型人格者无法被唤起，或者他们不会像盾型人格者那样体验到过度唤起的不适感。但二者的区别在于，盾型人格者往往对不舒服的高度唤起进行向内归因，他们认为这主要是他们自身的原因；而剑型人格者则会把压力造成的过度唤起归因于外部环境。

马蒂的生活充满压力。在急诊室里，资历尚浅的实习医生给患者做结肠镜的时候很容易导致肠道穿孔，马蒂忍不住对他们大吼大叫，唤起水平飙升。马蒂做的每一件事似乎都让盾型人格的凯伦觉得不妥，他们的负债也越来越多。虽然凯伦管钱很小心，但她不可能管得住马蒂钱包里的信用卡，他们经常为他大手大脚的花钱习惯而争吵。钱的确是他们吵架的主要原因，可更让人担心的是马蒂的家暴行为。事实上，就在最近一次争吵中，马蒂对凯伦动了手。震惊和无语之余，凯伦将这件事归咎于马蒂最近身陷一场医疗事故诉讼中。可是，没过一个星期，马蒂又动了手，这次他不仅使劲推她，还掐住了她的脖子并打了她。

这件事超出了凯伦的底线。接连几个月，凯伦都要求马蒂跟她一起去接受夫妻关系咨询，但都被他拒绝了。而现在，她已经不指望夫妻俩一起接受咨询和治疗了。凯伦告诉马蒂，除非他同意接受治疗，并且学会更好地克制愤怒的情绪，不然他们就离婚。正是在这样的情况下，我们第一次见到了马蒂。

我们从初次会面中了解到很多关于马蒂的信息。他的成长环境非常艰难，他的母亲一个人带着他生活，家里总有陌生男人进进出出。他不知道自己的父亲是谁，也不确定他的母亲知不知道。高中毕业后，他加入了美国陆军，还上过游骑兵学校。他在当住院医师期间娶了一个认识不到一个月的女人，并于一年后离婚。之后，他又和凯伦结了婚。小时候，他曾被诊断患有注意缺陷多动障碍，服用了好几年的哌甲酯。他是个脾气暴躁的人，在学校里打过架，开车的时候也按捺不住怒火。他告诉我们，凯伦不喜欢坐他的车。马蒂有完美主义倾向，不管是对自己还是对别人，都极为挑剔。

我们与马蒂的第二次会面几乎没有什么收获。他就诊很准时，但总在看手机。初次见面时，他的反应很积极，可这一次他要么陷入克制的沉默，要么一个字一个字地往外蹦。每个问题都卡壳了，谈话进行得很不顺利。咨询需要的是双方互动，而不是患者像机器人一样回答咨询师的一连串问题。

"听着，我说过会来，这不就来了吗？"他边说边查看电子邮件。

"心没来可不叫来了，马蒂。"我们对他说，"你得真心想来，真心想弄明白是什么原因让你走进了这扇门，这样才行。"

"我说过，我是为了凯伦来的。"

"这个理由不够充分。我们看得出来你很愤怒……很受伤……经历过很多痛苦。"

"开车过来说这些才是真的痛苦。你们想知道什么？施展魔法让我瞧瞧呗。"

"这里没有什么魔法，只有坦诚的谈话。"

沉默。马蒂开始刷他的脸书。"什么？"

"要么你说说我们推荐你做的冥想和呼吸练习的效果如何吧，就从这个话题开始聊。"

"告诉你吧，我的呼吸没问题。"

"你有没有尝试我们推荐的练习？"

一阵沉默。你应该也看明白了。等到第 4 次见面的时候，事情已经很清楚了，虽然马蒂每次人都到场，但他其实没有任何主动参与咨询的意愿。在又一次白白耗费一个小时后，我们告诉他不会再安排与他会面。他来接受咨询只是为了给凯伦做做样子，让她以为他在接受治疗。

"真是谢谢你们什么都没做。"他一边说着，一边怒气冲冲地走出了办公室。

有时候，咨询没有效果，对当事人也没有帮助。在最后一次会面结束的几个月后，我们收到了一张马蒂寄来的简短字条。它的内容是："你们满意了吧？凯伦提出离婚了。马蒂。"信封里还有一枚被砸扁的结婚戒指，是他的。他的婚姻真的无法挽救吗？我们是不是可以采取不同的方式，效果会更好？或许吧，但我们永远不会知道答案。我们只知道，就眼前的情况来看，同马蒂断绝往来后，凯伦就安全了。我们衷心希望马蒂能得到帮助，因为在同他短暂的相处中，我们看得出来他其实非常痛苦。

愤怒是一种由痛苦触发的二级情绪，它是痛苦的伪装，更容易忍受。具体的原理是：愤怒情绪激发和释放的去甲肾上腺素可以起到止痛剂的作用，缓解受伤的感觉。但是，除了去甲肾上腺素，愤怒还会促进肾上腺素的分泌，导致体内能量翻涌。

像马蒂这样的剑型人格者喜欢唤起的感觉，兼有止痛和兴奋作用的感受对他来说相当有吸引力。虽然我们没能深入了解马蒂，但我们怀疑小时候的痛苦经历给他留下了刻骨铭心的无力感，而他的愤怒正是为了淡化这种感受和保护自己，结果却弄巧成拙，一发不可收。

我们还有一个故事。范背靠着墙壁坐在自己的位置上，餐厅里人声鼎沸。坐在他对面的是他的妻子克洛伊。餐厅的侍者又往他们的酒杯里倒了一些红酒。范和克洛伊都是盾型人格，因为平时努力工作，今晚他们特意来到离家很远的餐厅，共进一顿像模像样的晚餐，好好犒劳自己。所以，这是一对幸福的夫妻在享受一个愉快的夜晚？不尽然。

大脑类型可以影响行为的某些方面，却不能影响其他方面。有些东西无论对剑型人格者还是盾型人格者来说都是一样的，控制欲就是其中之一。

范 45 岁左右，这是他的第三段婚姻，却是克洛伊的头婚。克洛伊比范小几岁，她觉得范是个和蔼、大方和值得尊敬的人。克洛伊从小就认为自己既平凡又普通（她想错了），所以范对她的迷恋和他甜蜜浪漫的举动让她神魂颠倒，两个人才认识几个月就结婚了。

克洛伊的许多朋友都说他们夫妻非常像，有许多共同点。但是，最初几个月的合拍只是表面上的，分歧很快就开始显现。起初是范提出要查岗，他想知道克洛伊去了哪里、见了什么人。没过多久，这种要求就变成了隐晦的警告，范对克洛伊的行踪和社交活动非常在意。随后，他采取了更加直接的干涉行为。一开始，克洛伊把范的询问当成是对她的保护，认为这是他关心她的表现。但在他们结婚 3 个月之后，她却被要求以后出门吃饭必须面朝墙壁，这样范就能确定她没有跟餐厅里的其他男人眉来眼去。

对于像范这样的男人，婚姻让他产生了一种奇怪的占有欲。他认为自己有权控制克洛伊，因为她是他的妻子。克洛伊告诉自己，顺从范的意愿可以使他安心，减少他在两性方面的不信任感。而我们告诉她，纵容他的不安全感只能证实他的恐惧，这会让他更加确信她应该被控制。

美好的婚姻绝不是建立在控制的基础上，而是自由，两个人相互扶持、助力对方的成长并成就对方的幸福。不信任的土壤里永远不可能孕育出来信任，它需要双方渐进式地直面隔阂，并且用自由填补和弥合这些沟壑。我们都需要学习如何有效地处理自身与唤起的关系。范的唤起（他把这种感觉解释为焦虑）本应由他自己负责处理，但他的策略却是控制和命令克洛伊改变她的行为，以此缓和他的不适感。

"万一是我做了什么事情，才导致他有这样的行为表现呢？"克洛伊问道。这是盾型人格者一个非常典型的问题，也是克洛伊减少唤起、缓和她的不适感的方式。

我们都要为自己的行为负责。在伴侣因为过度唤起而感觉不舒服的时候，我们没有帮他们调节这种情绪的义务。范把控制克洛伊当作一种压制不悦感的手段，这些想法是由范的过度唤起造成的，而克洛伊则选择用顺从来达到同样的目的。为了经营一段健康的婚姻，她必须学会做一件所有盾型人格者都讨厌做的事——不再将逃避作为一种调节唤起的手段。

克洛伊花了不少时间才看清她和范在这场默契的双人舞中所处的位置。我们知道她取得了重大进步，因为那一天她在同我们见面时说："我和范坐下来聊了聊，跟他说了几件事。我说，'我爱你，也想和你一起生活，但有些方面我们需要改进。如果你有死死管住别人的需求，我可以理解，但我希望那个人不是我。如果仅仅是因为你不信任我，我就必须对着墙壁吃饭，那我以后再也不会跟你出去吃饭了。永远不会。'"

我们问她范是怎么回应的。"我对他说这些话的时候真的很害怕，但他的回应震惊了我。他说他不想失去我，然后又说，'都是我的问题，你从来没有做过任何让人不信任的事。我只想和你在一起。这不是你的问题，是我的，我会努力改正的'。"

至于范能否在唤起水平飙升的时候忍住不去控制克洛伊，还有待观察。通过夫妻关系咨询，克洛伊明白她应该对范的婚恋史更好奇一点儿，她从中看到了这种由不安全感驱动的控制欲对范的前两段婚姻造成过同样的伤害。范的控制欲已成为习惯，没有那么容易改掉。无论范下了多大的决心，重蹈覆辙几乎是不可避免的。

真正的爱是有界线的，克洛伊需要划定并坚守相互尊重和信任的边界。如果说他们的关系还有什么可以指望，那就是克洛伊要少一些逃避和自责，不要因为顺从很容易做到就把它当作缓解不适感的法宝。对没有什么侵略性的盾型人格者而言，要做到这一点可不容易，但在认识到大脑化学物质对感受和行为的影响之后，克洛伊体验到了前所未有的自由。"如果我不想再被范推着走，"她说，"我就必须摆脱大脑化学物质的控制。"

性：从"感觉真好"到"感觉真糟"

爱拥有神奇的力量，它既能使人安心、兴高采烈、充满活力，也能让人心烦意乱、伤心欲绝。没错，爱也是一种压力。生活中最大的压力源包括失去深爱的人、搬到一个新城市、锒铛入狱、离婚……还有结婚。压力当然会引起身体反应，当感受到压力时，我们的身体会分泌大量的皮质醇。这对盾型人格者的影响尤其大，因为皮质醇抑制了血清素，会让他们的情绪变得愈加脆弱。这种反应无疑有进化方面的价值：压力和皮质醇的分泌是为了让我们做好应对危险的准备。当准备逃跑或战斗的时候，大脑认为它最不需要的就是起镇静作用的血清素。陷入爱河理应让人产生安全感，但身体跟我们开了一个天大的玩笑：在我们最需要来点儿血清素，让自己心平气和的时候，它却把龙头关上了。

梅森和霍莉是一对新婚夫妇。两人都是盾型人格，他们从大学时代开始交往，刚刚毕业。梅森找到了一份到洛杉矶当软件工程师的工作，他不想错过这个机会。霍莉拥有理疗学学位，她相信自己能在任何地方找到工作。两人都不想分隔两地，于是他们决定从印第安纳州的南本德市搬到西海岸。在略显仓促的婚礼之后，他们告别了朋友和家人，开启了驾车穿越美国的旅途。

搬家，办婚礼，找新工作，还有一件事：在结婚之前，两人都没有真正的性经验，所以婚后的夫妻生活一直不太顺利。问题不在于没有兴趣或没有机会，而是梅森有早泄的问题。

盾型人格者对唤起造成的身体和情感效应更敏感，所以他们比剑型人格者更容易在性生活方面遇到问题。对男性而言，这种问题既可以表现为早泄（性兴奋导致唤起飙升，加上他们的血清素太少，以致很少的刺激就会导致射精），也可以表现为勃起障碍（因为焦虑或预感到会失败，身体分泌大量的皮质醇，触发或战或逃反应，导致血液大量涌向手臂和腿部，而不是那个真正需要它们的部位）。

尽管分享这些信息对他们来说既痛苦又尴尬，但两人都下定决心要让这段婚姻步入正轨，无论是精神上还是肉体上。他们决定每天花 20 分钟做正念冥想，除此之外，我们还给梅森开了 SSRI，这不光是为了缓解他的焦虑，也是为了应对他的早泄问题。

除了一种罕见的抗生素之外，霍莉从未吃过其他处方药。所以，我们没有给她开 SSRI，而是教了她一些不需要吃处方药就能增加血清素的方法。

在性关系方面，霍莉几乎毫无经验。我们做的第一件事就是对她进行最基本的性教育。如果你知道有多少人自以为懂得所有常识（事实上他们并不知道），或者有多少人因为害怕尴尬而选择把疑问憋在心里，那你肯定会大吃一惊。这一步完成之后，我们鼓励梅森和霍莉在过夫妻生活时更注重过程，而不是结果。

大概 6 个月之后，梅森已经能在霍莉的热切配合下坚持好几分钟了。不仅如此，霍莉人生中第一次体验到性高潮的感觉。有时候，咨询和治疗是艰苦的跋涉；而有时候，它们又像静待一个花苞积蓄力量然后美丽地绽放，让你不愿过多地干预。霍莉和梅森就属于后者。在初次见面的大约一年后，我们的工作接近了尾声，此时的他们正沉浸在一段充满爱意和鱼水之欢的感情中。

咨询和治疗当然不可能凭空使人产生爱意，但有时候咨询可以防止爱情受损，如果损伤不多也不严重，甚至还能起到一定的修复作用。下面我们给你讲一对面临婚姻危机的夫妻的故事。卡拉和吉姆已经结婚 6 年了，有两个年幼的孩子。在这 6 年的婚姻生活中，前 5 年两人的关系都非常融洽。剑型人格的吉姆开了一家针对成年人和未成年人的空手道会馆，盾型人格的卡拉是一家儿童医院的社工。

卡拉在生下第二个孩子后患上了轻度抑郁，但几个月后她成功摆脱了抑郁症的困扰。比产后抑郁更严重的问题是她那份让他痛苦不堪的工作。每当医院急诊室里来了疑似遭受虐待的孩子，卡拉就会被叫到现场。她怎么也想不到，竟然能在两年的时间里见到这么多遭受虐待的孩子。每天她总是心情沉重地踏进家门。

吉姆的性格外向乐观，他认真交往的第一个女朋友跟他一样，也非常喜欢参加派对。他们两人都爱服用阿德拉、哌甲酯，以及其他兴奋剂。她运动能力强，胆子大，会带着吉姆玩攀岩。在情绪高涨的时候，她常常吹嘘自己曾打败或挑战过谁。吉姆学空手道的部分原因是为了更自信地应对她惹的麻烦，她的口无遮拦偶尔会将他们置于险境。在她突然决定和当地一个酒吧乐队的鼓手交往后，吉姆百感交集，他既失落，又似乎松了一大口气。

几个月后，吉姆遇到了卡拉。与他不同，卡拉来自一个稳定的家庭，双亲也没有离婚。你可能不知道，父母离婚的人会比其他人更有可能离婚。这是因为他们没有效仿的榜样，不知道白头偕老的婚姻究竟是什么样子。维持婚姻的稳定需要夫妻双方的隐忍，而离异者在这方面往往缺少决心。卡拉和吉姆的前女友简直天差地别：她对吉姆很感兴趣，她很害羞，也很喜欢沉思。虽然吉姆的大大咧咧对她来说有些吓人，但她依旧对他的活力四射充满敬畏。吉姆认为卡拉的生活过于保守沉闷，需要有人助推她一把，而这是她的家人从来没有做过的事。他很愿意给予她鼓励，让她尝试从前不熟悉的事物，并且很高兴看到她脸上的微笑和由此获得的自信。

吉姆平衡了卡拉的生活，令她获益匪浅，直到他们的孩子降生。随着孩子们的到来，卡拉迅速恢复到从前小心谨慎的状态，她开始找各种各样的理由，拒绝参加社交活动和接触新事物。挑选完美的保姆就像渡劫一样痛苦，就连两人难得的电影之夜，卡拉也表现得心不在焉，一心想着尽快回家。当她终于答应离开孩子几天，跟吉姆一起去度一次假时，她坚决要求跟吉姆乘坐不同班次的飞机，以防两人同时遇到空难。

吉姆对孩子们的关心其实一点儿也不比卡拉少。每天早上，吉姆都早早起床，给家人做早餐。他会在面糊里添加食用色素，因为孩子们最喜欢紫色、红色和绿色的煎饼，而且一定要做成动物形状。卡拉负责给孩子洗澡，监督他们在晚饭后刷牙，但还是由吉姆来给孩子们读他们最喜欢的睡前故事。

随着时间的推移，吉姆和卡拉聊天的话题就只剩下孩子了：孩子们今天干了什么，或者他们在想什么。两个人都有一种貌合神离的感觉，但他们选择无视这种感受，谁也不点破。吉姆出轨了，他和别人有了暧昧的关系。对方是空手道会馆的一个学员的母亲，是个离异女性。吉姆喜欢她的幽默感和乐观的心态，他发现自己很期待同来接儿子下课的她聊上一会儿，她身上有一种令人放松的东西在吸引着他，让他充满活力。

隐瞒了几个月之后，愧疚难当的吉姆终于把这件事告诉了卡拉，她听后惊恐万分。"我们不能在一起了，"她告诉他，"永远不能，毕竟已经发生这种事了。"

接下来的几天，吉姆都睡在沙发上。他把家里发生的事告诉了一个朋友，还说他已经和那个女人结束了关系。他爱卡拉，害怕自己会葬送已有的一切。正是在这个朋友的建议下，他来到我们这里。

从表面上不难看出，虽然有人出轨，但在伤痛之下，两人之间依然还有感情。

"我失去了卡拉这个最好的朋友，我想把她争取回来。"他在第一次联合咨询中告诉我们。

"你不应该背叛你最好的朋友。"卡拉说。

"确实不应该。"我们都同意卡拉的话。我们认为他们的感情较为牢固，所以还能挽救一下，但两人之间的信任已经遭到了破坏。信任是一种不对等的东西：你需要花费很长的时间、共同经历很多的事情，才能一点一点地建立起信任，但信任的崩塌只在一夕之间。只有真心的付出和耐心的关怀，才能帮助他们重建信任。

对于前来咨询的任何人，我们的目标都是扩展他们的唤起甜区，也就是让他们能够更加自如地应对不同的唤起水平。所以，我们让盾型人格者练习并熟悉水平稍高的唤起，而让剑型人格做相反的事。

卡拉之所以恢复了很多盾型人格者的典型行为，是因为唤起水平让她不堪忍受，于是她试图用以退为进的方式缓缓唤起（压力）。她把焦虑的情绪牢牢地绑定在与孩子有关的一切事情上，将与生俱来的逃避倾向作为调节不适感的手段。

一开始，吉姆还会大声地抱怨他们的生活圈子变得越来越狭窄，后来奇怪的事情发生了。他和男性朋友相处的时间变得越来越少，就连两周一次的扑克聚会也不参加了，他以前明明非常喜欢这项活动。吉姆甚至拒绝了去阿拉斯加钓鲑鱼的旅行邀约，就算卡拉鼓励他去，他也无动于衷。虽然他从没有告诉过她，但他内心一直认为卡拉需要为这些错过的事负责。妻子经常会成为丈夫回绝朋友们邀约的借口，而且非常好用，但事后男人们又会忘记自己当时的小心思，而把过错推到妻子身上。

卡拉和吉姆已经忘记了如何一起玩乐，如何激烈地谈论政治及日常生活的不足和艰辛。他们也忘记了如何询问对方的需求。

"吉姆再也不逼着我去尝试刺激的短途旅行了。我其实很需要这样的活动，但我从没有告诉过他。"她看着吉姆说。

"我不知道原来你有兴趣。"

"我不是没有兴趣，而是害怕。这完全不一样。你为什么不再带我去了？"

吉姆只是耸了耸肩。

我们见过很多对这样的夫妻，他们拿另一半当借口，却从来不承认。让我们把话说明白，如果吉姆想让生活刺激一点儿，他就应该自己给自己找些乐子，就算有唤起不足的时候，那也是正常且可预见的。他需要和朋友们重新建立联系，并做些能让自己快乐的事情——可以带上卡拉，如果她也愿意。而卡拉则应该把心里话说出来，不要把自己的焦虑归咎于孩子，也不要纵容自己的逃避倾向。

他们的夫妻生活如何呢？它更像是一种例行公事。两个人都对此只字不提，只是各自寻找对方有兴致的信号。在看似沉默的外表之下，是两人或受伤或抗拒的心，以及不知该如何表达的意愿。微小的怨恨在两人心中日积月累，而怨恨是爱情的杀手。吉姆发现卡拉隐约有些不情愿，卡拉则觉得吉姆处于冷漠的边缘。虽然事实并非如此，但他们在对方眼里却变成了那样的人。两个人就这样，什么也不说，每过一天，彼此间的怨恨就多一点儿。

"我觉得自己变成了透明人。"卡拉对吉姆说。

"我还以为你喜欢像鸵鸟一样把自己藏起来呢。"他回应道。

这种状况的发展为一方或双方的出轨创造了条件。作为一个更愿意冒险且不擅长克制冲动的人，吉姆背叛了他们的感情，摧毁了两人耗费多年建立起来的信任。事实上，他们俩都在无意间舍弃了这段关系，没有把它放在优先的位置上。科学研究表明，我们都会有一种无意识的偏见，把伴侣而非自己的行为视作最主要的快乐之源。这种心态导致了一种以"他人"为主导的倾向，即"他/她有责任让我快乐"。我们鼓励吉姆和卡拉转换到一种更积极主动（少些对他人的依赖，少些愤懑不平）的关系中，并认识到让自己开心的责任应该由自己来承担。

从一开始，我们就确定他们俩想保住这段婚姻关系，所以当务之急是修复受损的信任。哪怕所有意愿都是好的，剑型人格者面临的最大阻碍仍然是不够耐心。他们觉得只要认了错，这一页就可以翻过去了。这种不耐心通常表现为，在伴侣做好心理准备之前就想要恢复性生活，在引起信任危机的原因是不忠的情况下这一点尤其明显。犯错的一方经常对不得不反复承诺和保证感到厌烦，虽然这种保证和时间对修复关系而言必不可少。

这两点对吉姆来说都很难做到。他既要把恢复夫妻生活的主导权交给卡拉，又要积极地回应和配合卡拉的需要，不厌其烦地给予她保证和承诺。这种要求对他来说太高了。

为了重建信任，卡拉需要克服的困难与吉姆不同。盾型人格者在感情受伤后会表现出一种倾向：把痛苦掩藏在保护壳里。卡拉要明白，表达感受不仅对她自己好，也是心理疗愈的必要手段。脆弱无助的感受对卡拉来说已经够可怕的了，而要用言语把这种感受告诉吉姆则更可怕。她需要克服自己的风险厌恶心理，对吉姆采取更大胆的策略。这不仅意味着她要更坦诚地同他交流，还意味着她不能再随意翻查他的手机和电子邮箱了。只有把分歧摆到台面上，逐步消除它们，让对方安心，信任才能一点一点地重建起来。

和谐的性生活要求双方有探讨感受、情感和需求的意愿。但很多时候，这种对话都不会发生，或者当它发生的时候，事情已经发展到了一方伤心欲绝或怒不可遏的地步。性生活应该是愉快的，是夫妻维系感情和表达爱意的一种有效方式。不要让唤起从中作梗，破坏这件美好的事。

盾型人格者容易把性生活看得过于严肃和有象征意义，并掺杂过多的无关因素，比如对自己身体的羞耻感、担心自己性爱技巧的好坏或性吸引力的大小。与其说他们是在享受性爱，不如说他们是在考验对方和自己，而且他们的伴侣往往不知道这是一种考验。盾型人格者需要学会接纳唤起（把它理解为激动，而不是焦虑），少动脑子，多用身体去感受。只有敢于冒险，才有可能在信任、放松和包容的氛围中把分歧说开。试一试，或许你的伴侣真的愿意弥合你们的分歧，你没准儿也会非常喜欢这个过程。

对于更自在一些的剑型人格者，你们应当在性生活中起到表率作用。不怕冒险的天性使你们在感情中居于优势地位，能力越大，责任就越大。在与盾型人格者行鱼水之欢的时候，你们必须注意自己的言语，因为他们十分看重你们的评价。适度的不确定性和危险性会让剑型人格者更具锋芒，但亲密关系不应该成为宝剑的磨刀石。如果你想寻求刺激，可以去跳伞或蹦极，你的伴侣没有帮你提高唤起水平的义务。

那么，新鲜感应该被置于何地呢？再多的故事都会讲完，再多的话题也会聊尽，而且这通常用不了多久。如果你总想追求新鲜感，那婚姻就不是你的应许之地。你可以从亲密关系中体验到生活的安定感和熟悉感，但你很难获得新鲜感。如果想要新鲜和未知的体验，就去别的地方找找，你不会失望的。

成长的烦恼

努力驾驭大脑化学物质、克服那些对你不利的微妙影响，是明智之举。这需要我们时刻保持清醒，无论是谁，想做到这一点都不容易。之所以难，部分原因是保持清醒可能会让人感觉不舒服。我们在孩提时代就学会了刻意避开不适感，成年之后对此更是驾轻就熟。当万般情绪涌上心头时，要克制愤怒、压抑冲动、保持耐心可没那么容易。剑型人格者很难接受千篇一律的事物、无聊平淡的感受，不容易保持忠诚。而对盾型人格者来说，与人交际是件不容易的事，除此之外，在合适的时机直言不讳或在内心抗拒的时候说"不"，也会让他们犯难。不让焦虑左右你的决策很难，把内心深处的怨恨释放出来很难，在感情中保持忠诚也很难。

安逸和舒适的选择令人愉悦，但它们不一定是明智的选择。别让舒适感掌控大局，让最高级的自我站出来拿主意。这样你的生活才会变得更加圆满和充实，舒适感也会接踵而至。

成长的确有迹可循。在成长的过程中，我们会感受到困惑、恶意、焦虑、悲伤，甚至是抑郁。成长的过程可能伴随着各种各样的感受，但唯独没有舒适感，就像即将破茧而出的蝴蝶只能感觉到痛苦的束缚一样。如果一段亲密关系让你心神不宁、不堪重负，这也许不是一件坏事。这些感受可能代表你正在经历一段收获颇丰的时光，它可以使你在未来的人生道路上更加通透地看待变故和挑战。

最后一个任务，我们要回到本章开篇提出的那个问题：大脑化学物质在你的婚姻里扮演了怎样的角色？你能否想出感情中存在的两到三个问题，而且这些问题和你的大脑类型相关。它们原本的目的是调节你的情绪，减少不适感，却对你的感情生活造成了某种负面影响。对于你列出的每一个问题，写出你可以用怎样的方式，健康且有建设性地将其解决，并把冲突降到最低。根据你的具体情况，从我们前文介绍过的策略里选择适合你的方法。再小的进步都是可以接受的，因为积少成多、涓滴成河。最重要的是，你要主动采取这些行动，并且持之以恒，不论你的伴侣是否注意到了你的改变。这些事情做起来不容易，但你一定要做，因为它们有助于你的成长。记住，你的努力是为了你自己。另外，我们建议你的伴侣也读一读这一章，并且付出相应的努力。

接受这些挑战容易吗？不容易。做出这样的改变是明智的吗？答案是肯定的。你需要付出的代价仅仅是一些可以忍受的不适感，而得到的收获却极有可能是从此脱胎换骨，拥有一段美满且长久的婚姻。

第 9 章

冷静是家长的核心要务

内心平静的小孩子长大之后会更健康，也更成功。鉴别一下你的孩子属于哪种大脑类型，作为父母，你应该采取哪些教育手段。

"我们报过班，上过课，也读完了所有的推荐书籍。凯莉每天都大把地吃着孕妇维生素，而我则在肚子上绑 20 磅的负重，体验了一把妊娠期的最后一周孕妇会有多不舒服，那种感觉相当糟糕！如果我是凯莉，肯定会比她抱怨得更多。我们都准备好了，就连她母亲也这样认为，要得到她老人家的认同可不容易。我们已经安排好了庆祝宝宝出生的亲友聚会，宝宝的小衣服也整整齐齐地摆在抽屉里了，我还组装好了婴儿床。凯莉和我一起站在暂时还没有主人的婴儿房里，左看看右看看，然后她对我说：'一切都搞定了，咱们去看电影吧。'"

"看完电影，我们去了一家快餐厅。凯莉坐在我的对面冲我微笑，我也对她笑了笑。这时，我看到她的眼睛突然瞪大，嘴巴也张得很开。'怎么了？'我问。"

"'宫缩开始了。'"

"我伸手去抓她的手,不小心打翻了可乐。我一边问她要不要去医院,一边掏出手机给医生打电话。"

"凯莉摇头说不。'我们再等几分钟,看看宫缩持续的时间。'她说,脸上已经没了血色,'没准儿是我弄错了,可能是别的情况。'"

"'还能是什么?'我一边问,一边看着手机上的时间。"

"她耸了耸肩,吃了一口薯条,然后……"

"她一下子抓紧了我的手,疼得脸都变了形。我看了一眼手机,两分钟,已经两分钟了!'我们走!'我喊道。"

"在去医院的路上,车里出奇地安静,只听得到她越来越急促的呻吟声。到了医院,我直接把车停在了大门口,然后扶着凯莉走进去,边走边大声呼救。他们把她扶上轮椅,并且告诉我不能把车停在医院大门口。我看着她上了电梯,然后我把车开到了停车场。等我回去的时候,我发现自己找不到凯莉了。最后,有人给我指了指产房在哪一层。电梯怎么等都不来,我干脆从楼梯冲了上去。当时我脑子里只有一个念头:上帝啊,我们真的要有孩子了。"

"赶到产房后,我慌张地想找人问问凯莉的情况。一个护士让我稍等,我不确定自己等了多久,但感觉就像等了一辈子。后来,我看见那个护士朝我走过来,脸上挂着大大的笑容。'恭喜!是个女孩。'"

"就这样,我们当上了父母。我觉得我们好像还没准备好。"

乔说对了,他和凯莉还没有准备好。没有人能准备好,读再多的书、上再多的课也没有用。为人父母有一部分靠的是本能,是由激素分泌激发的。在现实生活中,日复一日的育儿活动总会给人一种临时抱佛脚、边学边做的感觉,充满了不确定性和自我怀疑。无论你的初衷有多好,亲子关系的发展都很少会遵照父母和子女的意愿，它可能会非常令人沮丧和失望，也可能会出人意料地简单和成功。对有些人来说，养育子女让他们有了将健康快乐的童年记忆重现的机会。而对有些人来说，这是一个理解和原谅父母的契机，我们可以在自己接连不断的过错中认识到父母的缺点，以他们为鉴，避免自己犯下同样的错误。无论是哪种情况，为人父母都是一项困难且复杂的挑战。不仅如此，绝大多数的人都不会有精心安排的计划或标记清晰的地图，而只能摸着石头过河，尽最大努力应付这一路上数不清的问题和琐事。

如何当称职的父母是个博大精深的问题，远远超出了本书讨论的范畴。我们能为你提供的帮助主要集中在两个方面。第一，我们会帮你甄别你孩子的大脑类型，同时告诉你一些可行的方法，它们或许能助你一臂之力，减少失衡的大脑化学物质对你孩子造成的不利影响。第二，我们会告诉你如何基于你的大脑类型与孩子的大脑类型展开亲子互动。但在我们进入这些话题之前，你可以先想想下面这些问题：你能看出自己的大脑类型是如何影响对子女的教育风格的吗？它又是如何影响你对孩子的看法的？如果你与配偶或伴侣共同养育子女，你认为你们两人的教育风格应如何协调？你们的教育风格是相互冲突、相互支持还是相互成就呢？你的大脑类型是增进了你对孩子的理解，还是阻碍了孩子的成长和发展？

我们如何才能做好准备，迎接这个或许是人生中最重要的任务：帮助和引导一个被我们带到世界上的小生命，让无知无助的他或她长大成人，最大限度地发挥自己独特的潜能？是的，让子女认识到他们的潜质，自信且自由地施展他们的才能，这是为人父母的最大心愿。而让这个愿望成真的最好方法莫过于，认识和理解有哪些因素会干扰这个目标的实现。你肯定知道，缺乏血清素的孩子和缺乏多巴胺的孩子面临的问题有所不同。

你已经知道自己的大脑类型了，也应该能准确地判定孩子的大脑类型。不过，以防万一，你可以借助下面的这份问卷来验证自己的判断。

孩子的大脑类型评估量表

我的孩子——

1. 似乎很爱表达。	是	否
2. 会想象一些实际上并不存在的威胁。	是	否
3. 对不赞同的态度非常敏感。	是	否
4. 敢于尝试几乎所有事物。	是	否
5. 有点害羞，喜欢沉思。	是	否
6. 面对惩罚表现得相当淡定。	是	否
7. 总是一副活泼乐观的样子。	是	否
8. 容易对负面的经历念念不忘。	是	否
9. 在出问题的时候容易责怪别人。	是	否
10. 想要一样东西的时候就要立刻得到。	是	否
11. 在听到"不行"时会非常难过。	是	否
12. 不会表现得咄咄逼人。	是	否
13. 似乎能很好地控制自己的冲动。	是	否
14. 通常把愤怒憋在心里。	是	否
15. 喜欢冒一些不必要的险，并且乐在其中。	是	否
16. 似乎非常担心自己会生病。	是	否
17. 到了新环境后很容易变得小心翼翼和紧张不安。	是	否
18. 很容易分心。	是	否
19. 做事喜欢按部就班。	是	否

20. 厌恶风险。　　　　　　　　　　　　　　　是　　否

21. 有些过于在意犯错。　　　　　　　　　　　是　　否

22. 有种不怕死的精神。　　　　　　　　　　　是　　否

23. 很难做到延迟满足。　　　　　　　　　　　是　　否

24. 倾向于回避社交方面的挑战。　　　　　　　是　　否

计分规则

　　将答案为"是"的问题所对应的编号涂上颜色。涂色圆圈较多的一侧代表了孩子的大脑类型，左侧是剑型，右侧是盾型。两个大脑里很可能都有涂色圆圈，这是因为没有人的大脑类型是单一的。如你所见，剑型脑也会有一些盾型倾向，反之亦然。

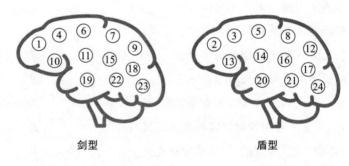

剑型　　　　　　　　　　　　　　　盾型

　　知道了你孩子的大脑类型之后，你能做的对他们影响最深远的事，就是帮助他们学会如何安抚自己的内心，把注意力放在自己身上，并保持平和的心态。安抚自己是一种可以传授和习得的技能，如果你觉得这听上去很简单，那就大错特错了。如果你能为孩子的自我安抚能力打下坚实的基础，那孩子的一生都将从中受益。

　　我们在前文中提到过唤起甜区，它是我们对神经系统的兴奋程度的最佳主观感受。当兴奋程度处于甜区之内时，舒适感允许我们以最大的自由度采取行动。当兴奋程度落在甜区之外时，受限的感

觉随之而来，我们开始表现出相对狭隘和模式化的行为，具体情况由我们的大脑类型决定。

当徜徉在各自的唤起甜区内时，我们都是平静自由的。一旦这种平衡被打破，哪怕是稍稍偏离，我们就会像童话《金发姑娘和三只熊》里的小姑娘一样，任何不是"正好"的东西都会让你觉得不舒服。盾型孩子往往会因为唤起太强而感到焦虑，剑型孩子则会因为唤起太弱而感到无聊和不耐烦。安抚孩子是指帮助他们忍受过高或过低的唤起，扩展他们的唤起甜区。内心平静有助于减弱盾型孩子的逃避倾向，让他们不再处处谨小慎微，改善他们的社交体验。内心平静也能使剑型孩子不那么冲动，对不利因素和危险更加敏感，并提升他们在延迟满足方面的表现。

如你所知，剑型人格者和盾型人格者有各自的优点和缺点。内心平静有助于保持优点，同时弱化缺点。在面对压力的时候，每种大脑类型都会表现出可预见的特定反应（缺点），这是一种补偿性策略，目的只有一个：自我安抚。好消息是这种方法真能奏效，而坏消息是它太有效了，不一定对你的健康、感情、风险评估和终生幸福有利。

虽然帮助孩子探索他们独特的唤起问题已经非常复杂了，但雪上加霜的是，这其中还涉及你对自己的大脑类型的认识。有时候，与孩子共情或在孩子身上看到自己的影子既是一种助益，又是一种阻碍。如果你与孩子的大脑类型相同，很多行为倾向相似，那你可能会在某些方面对孩子保护过度，同时在另一些方面对他们的不良表现视而不见。反过来，如果你与孩子的大脑类型不同，那孩子做出的某些决定可能会与你认同的决策或行为相悖，令你困惑不已。养育孩子是对你的极限和边界的全方位考验，它要求你对自己有十分清晰的认识。

认识自己的大脑类型有助于你调整对子女的教育方式。你会更清楚地知道何时以及如何与孩子共情，何时以及如何鼓励他们。你已经亲眼见过大脑类型如何悄悄地影响了你的感受和决策，把这种认知代入你的教育方式，让它成为你的教育理念的一部分。

如何安抚盾型孩子

成为盾型孩子的父母要面对一些独特的挑战。这类孩子可能很可爱，感情很丰富，聪明又能干，但他们也可能会让父母备感困惑。还记得本章开头提到的那对夫妻凯莉和乔吗？凯莉是一名作家，她在美国中西部长大，在家里的 5 个孩子中排行老三。凯莉的父母非常恩爱，一直住在印第安纳州的那栋老房子里。凯莉在一个热闹的大家庭里出生成长，但她是个害羞和喜欢思考的孩子，当 4 个兄弟在楼梯上追跑打闹的时候，她经常躲在离他们最远的角落里，安静地看书。

凯莉是个轻声细语、性情温和、小心谨慎的人，而乔的声音高亢洪亮，嗓门就像他的块头一样大。乔是一名诉讼律师，在一家律所担任合伙人。他在大学时期打过篮球，身材保持得很好。乔有时会参加山地自行车赛，他还有一项特别的爱好——单板滑雪。你可能已经猜到了，乔属于相当典型的剑型人格，而凯莉有明显的盾型倾向。

凯莉和乔跟我们分享了他们的儿子罗根出生的故事，随后又谈到了他们与 8 岁儿子之间存在的一些问题。不需要进一步提问，我们很快就判断出罗根是个盾型孩子。

"我觉得他把罗根逼得太紧了，我们俩经常为此吵架。他老说自己像乔这么大的时候如何如何，可我认为这种比较没有任何意义。罗根总是认为自己做得不够好。"

"哪有总是。"乔插嘴说。

"你说得对，没有总是，但大多数时候你都在批评他。我认为你是个好父亲，我也知道你有多爱他，可罗根不知道。我想不出来还有什么比知道你为他骄傲更能让罗根开心的事。你必须认可他本身的样子，而不是你期望他成为的样子。"

"我可没有你说的那么严厉，"乔看着我们说，"我只是对他很失望。我给你们举几个例子吧。我们在家里给他办过一个隆重的生日派对，可他大部分时间都躲在浴室里。几年前，我带他去滑雪，他摔了几次、衣领里进了一点儿雪后就说不想再滑了。你瞧，我是个相当好胜和注重锻炼的人，外面的世界苦着呢，你得有点儿毅力才能坚持下去。我只是在尽我所能让他做好这方面的准备。"

"你怎么不提摔跤的事？"凯莉说。

"好吧，我小时候很喜欢跟我父亲摔跤，他总会让我赢。后来我的父母离婚了，父亲又组建了新的家庭，和他摔跤是我最怀念的往事之一。我想让罗根也拥有同样的美好回忆，他却只知道哭个不停。"

"听着，我知道真情流露或温柔地表达自己的情绪对你来说很难做到。但你必须用其他方式与罗根进行身体接触，比如简单的拥抱。你每次想出新花样，他都很害怕。"凯莉边说边看向我们，"对这样一个孩子，你怎么能跟他摔跤呢？"

我们认为凯莉说得很有道理，于是我们想深究一下乔抗拒亲密感的原因。随着了解的深入，我们发现虽然他们一家人从来没有探讨过为什么亲密感会让乔感觉不舒服，但罗根和凯莉绝对感受到了这一点，而且谁也不愿意捅破那层窗户纸。对此，苏格兰精神病学家罗纳德·戴维·莱恩是这样表述的："我从来没有遇到过不划定任何界线的家庭，每个家庭都规定了什么可以说，以及应该怎么说。"遵守这种心照不宣的规则是家庭成员之间的默契，只要没有人注意到它们，它们就能最大限度地发挥作用。用莱恩的话说："如果你遵守了这些规则，你就感觉不到它们的存在。"

这样的规则是有弊端的：它们或许会让人忽略房间里的大象，但它们不能让大象消失。

一些最新的研究或许能帮助我们认识乔的问题。相关研究显示，童年时期的某些经历，比如父母死亡或离异与青少年的焦虑和抑郁情绪有关。他们成年后，这些经历又会影响他们对子女的教育方式，导致他们不理解子女的感受，不常表达温情和爱意，以及更多地使用惩罚手段。研究还显示，童年时期经历过父母离异的孩子，长大后催产素的水平更低。你还记得吧，催产素是母亲在分娩和哺乳期由下丘脑分泌的，它的作用是强化母亲和孩子之间的情感联系。除此之外，男性和女性在性高潮时也会分泌催产素，因此它也被称为"爱情激素"。催产素有增强情感联结、增进信任及让人变得更率真的作用，它还会让人更外向。

乔听说过催产素，但他不太清楚它的作用及它与压力此消彼长的关系。我们解释道，当催产素增加的时候，皮质醇和压力水平就会降低。这立刻引起了他的兴趣，因为他经常与压力打交道。我们告诉他，想刺激催产素的分泌其实非常简单，只需要进行身体接触就可以了，比如做个按摩、拍拍背或握握手、摸摸他养的狗，还有拥抱。我们还告诉他可以从一些食物中获取催产素，包括所有富含维生素C、维生素D和镁的食物，以及三文鱼、蘑菇、菠菜、牛油果和西红柿等。

我们回到罗根是个什么样的孩子以及更多关于他的生活细节上，经过询问，我们又知道了很多新信息。很显然，罗根是那种非常敏感的孩子，从很小的时候开始他的杏仁核就在他耳边拼命地尖叫。当我们解释有哪些大脑化学物质引起的问题会让罗根寸步难行时，乔第一次靠到了椅背上，原本抱在胸前的双手也放了下来。

罗根很容易焦虑，警惕性非常高，这在盾型孩子中并不少见。他有咬铅笔的习惯，当从图画书里读到了铅能致癌的故事后，他一直担心自己会因为得癌症而死掉。虽然大人们告诉他铅笔芯其实不含铅，他却怎么都不肯相信。

疫情防控期间的生活对这一家人来说都很不容易。凯莉和乔开始居家办公，两个人都尽力帮助罗根按时上网课。那段时间，罗根不断地因为这样或那样的事而焦虑，常常是刚放下一件事，又马上担心起另一件事来。

好不容易等到学校复课，罗根又开始为回学校上课而担心。如你所知，盾型人格者始终在与过强的唤起斗争。同许多盾型孩子一样，罗根弄不清兴奋和恐惧这两种感受的区别。在生理层面上，它们基本上是相同的。罗根很想念他的同学们，也很期待跟他们在学校相见。但这种激动的心情没有被解释成兴奋和愉快，而是被误读成强烈的唤起和恐惧，让罗根筋疲力尽。

我们都会给自己的情绪贴标签，把它们分成好情绪和坏情绪。这种自发的分类过程在我们的身体感受到某种情绪时启动，在我们感受到这种情绪并将它表达出来后结束。在母子俩讨论复课的事时，罗根告诉凯莉，他觉得自己没有什么有趣的故事可以跟同学们分享，哪怕这一学期天天在网课上见面，他依旧担心自己最想念的小伙伴可能已经不记得他了。另外，罗根还担心自己会忘记一些想在重逢时告诉朋友们的事。

那么，你如何才能让一个人把担忧变成更积极的感受呢？罗根的担心其实是一种消极的自我暗示，我们给凯莉和乔提供了一些简单的手段，用来帮助罗根将消极的暗示变得积极一些。

罗根担心的第一点和第三点大体上是同一件事，即他想在重新见到同学们时给他们讲一些趣事。经过一番梳理和回忆，罗根想起了他和父母去山里的经历，他们玩了雪，看见了一只山猫，还拍下了那只山猫的照片。乔和凯莉又想到了一家人在过去几个月里做过的其他几件事，其中最值得回忆的一件是罗根和乔在他们家的后院里搭建了一座树屋。这样看来，罗根并不是没有故事可讲。

凯莉引导罗根重新思考了他的第二点担心，她告诉罗根，如果他还记得同学们，那同学们也会记得他，而且他的担心其实是一种激动的表现，因为他非常渴望与他们再次相见。凯莉还教给他 4 个字，让他在"那种感受和想法涌上来的时候"对自己说"我很兴奋"。研究表明，对于像考试这种容易引发人们焦虑的情况，只要在临近考试的时候说这 4 个字，就能显著提高成绩。焦虑是我们每个人都想回避的情绪，而兴奋的感受却很吸引人。仅仅是把焦虑重新包装成兴奋，就可以让我们的体验变得更加积极和正面。

我们还教给乔和凯莉一种有趣的正念冥想，这个练习需要全家一起参与。大家坐在舒适的椅子上，每个人都用自己的食指堵住一个鼻孔，一边吸气，一边数到四。然后，用另一根食指堵住另一个鼻孔，一边呼气，一边数到六。这个练习的时长是 10 分钟，规则是练习过程中谁也不能笑。就算有人笑场，也没有关系，因为这样的经历可以拉近家人间的距离。

罗根后来回到了学校，而且表现得很好。乔深刻地认识到了他的大脑化学物质与罗根有多么大的差异。他对儿子身上的某些特质有了新的看法，并学会了尊重孩子。"我看到他在鼓捣一个太阳能时钟。"乔告诉我，"那个东西非常复杂，可他坚持下来了。换成是我，我肯定早把它丢到一边了。他最终完成了，这让我感到非常欣慰。"

"乔不只是嘴上肯定，"凯莉插话道，"他还给了罗根一个大大的拥抱。"

我们每个人都在与自己对话，只不过绝大多数时候这种对话都不需要动嘴皮子。内部导向的盾型孩子天生就会自我暗示，但不幸的是，这种口头暗示并不是对事件、感受和自身状态的中性描述，它们往往是消极的。为什么？因为盾型孩子会预想到实际上并不存在的威胁，或者放大威胁的危险程度。这种评估威胁的方式造就了盾型人格者用于掌控局势的惯常策略，就是逃避。它的逻辑大概是："如果我能控制自己，我就能改变自己的感受。"请注意，这种做法的目标不是改变自己的"行为"，而是改变自己的"感受"。很多时候，消极的自我暗示会导致盾型人格者回避某些行为，而实际上他们应该更加积极地采取这些行动。

我们举一个例子来说明这种心态可能导致的结果。有两个孩子A和B要合作在课堂上展示一个项目。A是盾型孩子，所以让剑型孩子B来当主讲人。可B抢走了大部分功劳，他发言的时候用的人称代词是"我"，而不是"我们"。其他孩子都对B赞不绝口，并且热情地向她提问。但B的回答显然只局限于她知道的内容，甚至连她负责的部分准备得可能也不充分。这些都被A看在眼里。

我们悄悄溜进A的脑子里，看看她是怎么想的："我为这个展示做了大部分工作，而她却抢走了大部分功劳。也许是我高估自己的贡献了，我其实并没有做多少事。不对，我很清楚自己花了多大力气。我只是不敢发言，我应该多说一些，可我几乎一个字都没说。我到底是哪里出了问题？胸有成竹的东西我却说不出口，我讨厌这样的自己。我就知道事情会变成这样。"

盾型孩子会把愤怒和失望的矛头指向自己。参与课堂展示项目已经让A的唤起水平飙升了，在她看来，当众发言只会让这种不舒服的感觉加剧。于是，她用逃避的方式压制唤起：闭上嘴巴，什么都不说。但是，这种策略有显而易见的副作用，那就是她的功劳得不到大家的认可。消极的自我暗示是A必须付出的代价，有时候，强烈的唤起及把唤起视作威胁的心态就是如此令人讨厌。

帮助盾型孩子提高对唤起的容忍度，是父母能赠予他们的最好礼物。以这个当堂展示的故事为例，父母可以做些什么事来帮助孩子呢？

让我们再深入挖掘一下。要对付登台的焦虑，没有比做好充足的准备更有效的方法了。我们就管这个孩子叫莫莉吧，她与绝大多数盾型孩子一样认真，为课堂展示付出了巨大的努力（不出意外的话，她这么做是为了避免焦虑）。让莫莉失望的是她屈从于一贯的逃避倾向，像个局外人。很遗憾，这种调节不适感的惯性策略正是她萌生消极的自我暗示的原因。采取逃避策略的孩子往往对自己要求严苛，他们攻击的往往是自己的形象和自尊，而不是逃避行为本身。

让我们把时间倒回当堂展示的几天前。莫莉的妈妈或爸爸或许可以用这个方法帮助她，我们把它叫作"直面巨龙"。盾型人格者心中都有一条龙，承认它的存在有利于他们的身心健康。这个方法的目的不是让盾型人格者无视这条龙，而是把它的性质从消极变成积极。这条龙代表的是唤起，你可以把唤起视为危险的洪水猛兽，但你也可以把它想象成友善的能量之源。

在距离展示还有几天的时候，莫莉的父亲或母亲可以对莫莉说："我们来玩游戏吧。你是想站着讲还是坐着讲？"

"站着讲。"

"好，那你站在这里，我坐到那边去，扮演你班上的一个小朋友，等着听你的展示。"

"准备好了吗？所有人都会看着你们。你和你的搭档有没有商量好谁先讲？"

"没有。"

"最好还是商量一下。你可以问问她，能不能让你先发言。"

"为什么？我不想第一个讲。"

"第一个讲总是最好的。因为等待的时间越长，巨龙就会变得越可怕。我们玩这个游戏就是为了让你觉得巨龙是友善的。"

"你想让我第一个发言？"

"是的。现在考虑一下，你感觉如何？"

"我真的很紧张。"

"没错。我知道你会很紧张，没关系的。如果你还没做好准备或感觉非常兴奋，那你感到紧张是再自然和正常不过的反应。你认为自己还没有准备好吗？"

"没有。"

"那你很可能是太兴奋了。当我们激动的时候，身体里会充满能量。"

"是啊，我感觉自己的身体都要爆炸了。"

"很好，这意味着你很兴奋，有很多能量。不要压抑自己，让这些能量继续积聚，看看你到底会不会爆炸。"

她翻了个白眼。

"我们试试别的办法，看能不能把这条龙变得更大。接下来，我们要做 5 次深呼吸。我希望每次呼气的时候，你都能想象把气狠狠吹进龙的身体里，直到你呼不出去。好，开始第一次深呼吸……好的，5 次都做完了。你还能把龙吹得更大一点儿吗？"

"不能。它和原来一样大，还是很可怕。"

"至少它没有爆炸，对吧。事实就是这样，我们认为龙是什么样子，它就是什么样子。你说的那条可怕的龙，其实是一条兴奋的龙假扮的。它是为了帮助你，所以它绝对不会伤害你。现在，我们再做几次深呼吸，慢慢地把气吹进这条龙的身体里。我们不能把龙赶走，因为你需要它的能量。所以，在你吸完一口气之后，我希望你用正确的名字称呼这条龙。你一直叫它'可怕'，但它的真名是'兴奋'。它是你的一部分。所以，我希望你每做一次深呼吸，都能在心里想，'我现在感受到了兴奋。我很高兴你在这里，我兴奋起来了。'"

"好的，开始……5次深呼吸都做完了。现在你觉得这条龙是什么样子？"

"我说不清，可能跟原来差不多。"

"没关系。你用错误的名字叫了它很长时间，已经习惯了。在当堂展示之前，我们每天都会玩这个游戏。之后每当你做深呼吸练习时，你都要称呼它'兴奋'，这样你会感觉它变得友善了一些。"

焦虑的孩子在感觉事情脱离了掌控之后，会错误地认为只要想方设法地回避唤起，就能让一切回到正轨。然而矛盾的是，抑制唤起最可靠的方式恰恰是接受它的存在，甚至主动靠近它。在你接受事实的那一刻，唤起的獠牙就消失了。盾型孩子对唤起的恐惧恰恰源于他们无论如何挣扎都甩不掉它。当孩子们意识到唤起是自己正常且自然的一部分时，它那令人恐惧的力量就开始减弱了。

我们来看另一个例子。珍妮14岁，正值青春年华。虽然她以前也经历过焦虑症发作，但最近的一次引起了她父母的注意。珍妮生活在一个大家庭里，许多抗拒疫苗的亲戚都曾提醒她不要接种新冠疫苗。身为一个盾型孩子，加上曾经得过哮喘，当珍妮坐下来接种疫苗的时候，她感觉自己的心都快跳出来了。注射之后还要坐在椅子上留观，这让她备感折磨。她的脑子转得飞快，体内酝酿着一场猛烈的化学风暴，思绪纷乱。随后她站了起来，对护士说她可能产生了过敏反应。但事实并非如此，她不是过敏反应，而是惊恐发作。

作为父母，可以用下面这种办法来帮助正在经历焦虑症甚至惊恐发作的孩子：刺激穴位，可以用针灸，也可以用指压法。通过刺激穴位来实现身体的内稳态和平衡，是东方医学延续了几个世纪的传统。以下技巧需要你指导孩子去做，直到他们熟练掌握并能够独立完成。

用右手的食指和中指轻叩左手的外缘（大约持续 10 秒钟），然后轻叩你的额头，紧贴左眉上缘的位置（大约持续 10 秒钟）。之后，轻叩左眼旁边的太阳穴，然后轻叩左眼下方的区域，接着是人中、下巴、左侧的锁骨，以及左臂下方位置最高的肋骨。最后，轻叩你的头顶。如果有必要，你可以重复这个过程，以增强镇静的效果。

如何安抚剑型孩子

汉语里有很多单向性短语，比如"举起来"和"掉下去"，却从来不会说"举下去"或"掉起来"。"安抚"也属于这种情况，看到这个词，我们能想到的只有让人"平静下来"，因为这就是它的日常用法。但是，对剑型人格者来说，"安抚"的意思应该是"平静起来"，因为这才能让他们感到舒适。除了改善他们的感受，安抚剑型孩子还能让他们充分发挥灵活性，并扩展唤起甜区。

詹妮弗来到这个世界上不过十几年，但仅凭这有限的人生阅历她就得出了一个残酷的结论："我这辈子可能都比不上别人。"她今年 17 岁，上高中三年级。在小学三年级的时候，老师曾对詹妮弗的注意力分散和缺乏专注力表示过担忧。上了四年级，有人给她的父母提建议说，也许药物可以调节和改善她喜怒无常、三心二意的行为。但詹妮弗的妈妈认为，女儿是被家里发生的事影响了。

在詹妮弗 9 岁那年，她父母的婚姻在混乱和激烈的争吵中画上了句号。他们的婚姻生活充斥着相互抱怨，离婚之后母亲的抱怨也没有停止，只不过她用的是第三人称，而屋子里的唯一听众就是詹妮弗。同很多离婚夫妻一样，詹妮弗的父母选择让两个孩子分开，他们觉得这样做是明智的，但我们对此表示怀疑。哥哥乔希和爸爸一起住，而詹妮弗则归妈妈抚养。周末的时候，詹妮弗去爸爸家住，或者哥哥来妈妈家住，两个孩子才能见上一次。詹妮弗很伤心，她并不关心如何处理好自己跟妈妈的关系，她只是非常想念爸爸和乔希。

卖掉老房子之后，詹妮弗和妈妈搬进了 101 高速公路旁的一栋公寓楼里。之后几年的生活充满了辛酸和烦恼，詹妮弗看着一个又一个陌生男人在公寓里进进出出。他们基本不理会她，她也无视他们。她越来越喜欢躲在自己的房间里，用独处的方式寻求慰藉。她的注意力还是很难集中，看见功课就会分心。晚上的时间大多没有用来学习，她经常躺在床上，耳朵里塞着耳机，嘴巴嗫着拇指，身体跟着音乐的节奏摇摆。

詹妮弗喜欢周末与乔希和爸爸相聚的时光。她很崇拜哥哥，哥哥走到哪里她就跟到哪里，乔希通常也不介意带着她。他们会玩好几个小时的滑板，直到天黑。晚上，在他们的房间里，她总是弓着腰，在他身后看他玩《堡垒之夜》。詹妮弗被这个游戏深深吸引了，她坐在哥哥身边，想象着如果是自己在玩会如何操作。她看着，听着，等待着。终于，她的机会来了。"你替我玩几分钟，我要去上厕所。"乔希说。乔希回来之后，却变成了妹妹的观众。20 分钟后，游戏结束，乔希的队友都称赞他玩得好，其实他什么也没做，除了不时感叹"天哪"。很快，詹妮弗就成了乔希游戏里的队友，她的网名叫"鞋带没系紧"，乔希从没有告诉其他队友詹妮弗是个女孩。这个游戏包含了詹妮弗喜爱的所有元素：令人兴奋的冒险感，以及无论玩多少次都不会减少分毫的不确定感。

如果你还没有猜到詹妮弗属于哪种人格类型，那我们可以告诉你她缺乏多巴胺。容易受到新鲜事物的诱惑是剑型人格者的标志，这种倾向可能极具破坏性。像詹妮弗这样渴望新鲜感的人，很容易被一个新活动、新项目等具有新奇特点的事物牢牢吸引住。小时候的她觉得游戏散发着不可抗拒的魅力，而在她进入青春期后，照片墙（Instagram）和色拉布（Snapchat）等社交软件取代了游戏在她心目中的位置，她总是目不转睛地盯着脸书主页。不幸的是，她无法从这些新的兴趣里获取玩游戏时的那种成就感和掌控感。

詹妮弗的一天从玩手机开始，又以玩手机结束。每一天，她都忙着"经营"自己在社交媒体上的生活。手机让她无力兼顾学校的功课，集中注意力和完成作业变得越来越困难。对许多人而言，网络上的虚拟身份是可有可无的，但对詹妮弗来说却不是这样。查看动态，发动态，再查看，这种行为变得越来越频繁。与其说是她在经营社交媒体，不如说是社交媒体在经营她，这让她付出了巨大的代价——压力。她不再与朋友进行面对面的交流，变得越来越孤立。某天晚上，她在刷脸书的时候突然意识到，虽然她有很多脸书好友，却没有一个现实中的好朋友。她的拇指社交技能越来越熟练了，但可悲的是，她丧失了言语社交的能力。

这个总是精力过剩的女孩感觉自己的身体被抽空了，而且经常焦躁不安。但如果你让她在放弃手机与失去一只手之间做选择，她一定会仔细权衡一番。琼·特温格博士是一位长期研究代际差异的心理学家，她发现相比从前的人，像詹妮弗这样的数字原生代表现出更顺从、更不快乐和更孤独的倾向。他们与数码设备的联系更加紧密，与现实世界中的谈话和社交却更加疏远。

很遗憾，剑型人格者不懂什么叫节制：如果一样东西是好的，那么肯定多多益善。每收到一条信息，詹妮弗的手机就响一次；而只要手机一响，詹妮弗就觉得她必须查看一下。她成了手机的奴隶。

等到她妈妈带着她来见我们时，就连詹妮弗自己也知道她使用手机的方式太不健康了。"我试过把它放进衣柜里，但一听见它发出动静，我就忍不住把它拿出来看上一眼。它妨碍了我的生活和学习，我知道这话听上去很奇怪，但如果不拿起手机，我就觉得自己会错过些什么。我以前能连续弹好几个小时的吉他，可现在我连碰都不会碰它一下。"詹妮弗的母亲雷切尔补充道："我跟她的情况一样，只不过我不需要担心考大学的事。下班之后，我会拿着手机看剧、刷脸书、发信息。我跟詹妮弗一样沉迷手机，所以我很难要求她不这样做。"

也许我们可以做些什么来帮助詹妮弗和她的妈妈。在与母女俩的对话中，我们得知了一些重要的事情。显然，她们都属于剑型人格，而且都很要强。我们利用我们能找到的一切线索，为她们设计了一种游戏，帮助她们戒掉手机瘾。

同许多剑型人格者一样，詹妮弗和妈妈不喜欢熬夜。（听上去是不是有点儿自相矛盾？剑型人格者倾向于早睡早起，而盾型人格者喜欢当夜猫子。因为夜晚通常是刺激和唤起都不太强的时间，这种安宁让盾型人格者很受用，却会让詹妮弗和她妈妈这样的剑型人格者昏昏欲睡。）第一周，她们承诺在每天晚上的 11 点到午夜之间将手机关闭一个小时。她们同意在这个时间段交换手机，以免自己经受不住诱惑，萌生"只看一眼"的念头。要完全做到可能有些勉强，所以我们建议如果她们睡不着，或许正好可以利用这个时间段聊聊各自白天的经历——母女俩已经很久没有这样做了。

第二天晚上，詹妮弗走进妈妈的房间说道："这种感觉太难受了。把手机给我，我也把你的还给你。"雷切尔拒绝了，詹妮弗的回应是："别指望我还会跟你说话。"说完就摔门而去了。

第二周，我们提高了难度，要求她们把关机时间延长到一个半小时。这让母女俩十分焦虑，差点儿让这个游戏进行不下去。我们试图帮助詹妮弗扩展她的唤起甜区。前文中说过，由于剑型人格者的唤起不足，他们需要通过大量的刺激让内心获得平静。而且，剑型人格者往往在无休止地寻求刺激的过程中把自己弄得疲惫不堪。因此，关掉手机的这段时间是詹妮弗重塑自己与唤起关系的契机。

我们用"身体意识骤降"来形容这种强制脱离数字生活的方式。我们向詹妮弗解释说，当多巴胺不足的时候，人体会产生相应的感觉，但这种感觉只与大脑化学物质有关。它让我们觉得自己应该"做点儿什么"，比如看看手机。我们解释了在产生这种感觉之后，人会习惯性地采取行动去刺激神经系统，让我们感觉舒适和正常一点儿。这种内心感受只有一个目的，那就是逼着我们采取行动将它平息下去。如果詹妮弗能学会忍受它，而不是一味想着如何摆脱它，她将感觉更自由，内心更安定。我们让她记录这种感觉，允许它存在，而不必做其他事情。

对于第二周的练习，我们告诉她们，在关闭手机后的一个小时又15分钟里，她们可以做自己想做的任何事，唯独不能使用带电子屏幕的设备。在剩下的15分钟里，我们要求她们找一个安静的地方坐下。"什么？什么都不做？"詹妮弗问道，她吓坏了。我们点点头，告诉她什么都不做才是做了什么，这个"什么"是指让她们在最后这一刻钟里，用好奇而不是评价好坏的眼光看待自己的感受和想法。

对剑型人格者而言，沉思可能是件困难和煎熬的事。他们需要具备的能力是包容内心的各种想法，认同它们是无害的，并把它们视为自身的一部分。锻炼这种包容能力的最好方式就是安静地坐着，双手保持静止。

到了第三周，我们又增加了新内容。"我总在想，外面肯定发生了什么事，我却不知道。"詹妮弗如此描述没有手机的体验，"我想我一定不能错过这些事。"

"在产生这样的感受时，你或许可以试着对自己说，"我们告诉她，"没有什么是事后不能弥补的。而现在，我必须好好同自己相处。"

让詹妮弗摆脱手机是一个循序渐进的过程。我们的最终目标是让她做到连续一整天不登录社交媒体。通向这个目标的道路是坎坷的，但随着时间的推移，她渐渐学会了用正念冥想将原本分散的注意力集中起来，对没有外部刺激的平静时刻——她称之为"沉思时刻"——有更强的忍受力。

我们为詹妮弗提供的第二套方案稍微复杂一点儿，目标是帮她找到让自己"平静起来"的方法，也就是提高她的唤起水平。我们在前文中说过，那些被诊断为注意缺陷多动障碍的孩子，医生通常会给他们开兴奋剂类的药物。这些孩子之所以表现得很不安分，其实是因为他们想寻求刺激。只要兴奋度提高了，他们的内心就能重获平静，或者说"平静起来"。所以，通过服用药物提高唤起（多巴胺）水平，可以让他们不再寻求刺激的补偿性行为。

詹妮弗不用吃药，她只需要做一些可以让她全情投入的事，因为类似的活动不仅能带给她大量的刺激，还可以延长她在自己的唤起甜区内停留的时间。体育锻炼是一个绝好的选择，尤其是像滑板那样充满挑战和不确定性但她又精通的运动。我们没花多少力气就让她重新捡起了滑板。

如果我们想让孩子做一件事，就要告诉他们背后的意图。我们提醒詹妮弗，她做的改良版正念冥想蕴含着非常有趣的科学原理。有证据显示，增强正念可以提升注意力的不同方面，包括警觉性、注意力的指向性和中枢神经系统的执行控制力。我们解释说，一些食物也可以帮她改善注意力。比如，有一项精心设计的对照研究发现，混合了多种浆果的沙冰可以增强人的注意力，效果至少能持续 6 个小时。富含黄烷醇的巧克力被证明能显著增加前额皮质的耗氧量，不仅如此，巧克力还能促进内啡肽的分泌。如果你不希望自己的血糖飙升，甜菜根汁也有同样的功效。实验表明，6 盎司①左右的甜菜汁能显著提高大脑的耗氧量。另外，我们还鼓励詹妮弗多到大自然里走动走动。出于某种我们依然不甚明了的原因，亲近大自然对改善认知能力非常有益，它可以提升专注力，增强工作记忆和认知的灵活性。

由于剑型人格者倾向于向外归因，而且很容易责备他人，所以经常有控制不住愤怒情绪的问题。对此，我们发现让他们列一份"让我生气的事务"清单会大有帮助。对于这份清单上的每一个条目，让你的孩子告诉你究竟是他们自己还是别人的错。把怪罪别人的条目挑出来，和孩子一起讨论，看看他们是否也在其中扮演了某种角色。这样做的目的是让孩子反思自己的归因倾向，鼓励他们承担更多的责任。

以身作则和言传身教是家长帮助孩子调节负面情绪（比如愤怒）的最健康有效的方式。孩子当然知道父母生气时是什么样子，而且他们可能听过家长在盛怒的情况下说出了一些伤人的话。"照我说的做"是一种由来已久的家长做派；另一个经典的句式是"听我的，否则……"，说完这句，家长往往就要动手了。但正如你所知，剑型孩子对惩罚不太敏感。由于孩子是天生的模仿者，当我们说一套做一套的时候，比起聆听教诲，他们更倾向于有样学样。

我们曾在咨询工作中见过这种情况。一对夫妇走进我们的办公室，想和我们谈谈他们正在上幼儿园的孩子乔纳。乔纳因为在学校

---

① 1 盎司≈28.35 克。——译者注

说"脏话"而被"遣送"回了家，校长还复述了乔纳反复说的几个单词和短语。事实上，这个 4 岁的孩子只是跟父母学了一些不好听的话。"我们告诉过他，"他的妈妈开口道，"不要在学校里说这些话，可他就是不听。"

乔纳的行为是易怒和易冲动的某些早期表现。我们认为如果他能找到其他表达愤怒的方式，就可以更容易地调整自己的负面情绪。事实上，他们全家都需要这么做。"教乔纳说脏话的正是你们俩，你们在沮丧、急躁和生气的时候说的话都被他学去了。如果你们想让他更有教养，就要为他做个好榜样。发泄情绪可以，但也要想一想你们的用词能不能被一所浸信会幼儿园接受。"

乔纳的爸爸插了一句："我不想改变自己说话的方式，那些话都是脱口而出的，我甚至很喜欢把它们说出口的感觉。我知道这是一所好学校，但没准儿不适合他。"

"我们不知道这个学校适不适合他，但我们知道什么对乔纳好。"我们告诉乔纳的爸爸，"你要求他忘掉已经养成的表达感受的习惯，对他说话的方式施加连你自己也不想要的限制。这要求实在太高了，如果你们过于严厉，那他可能不敢在你们面前乱说话，但他会在其他场合原形毕露。我们讨论的主题究竟应该是如何才能有效地帮助乔纳，还是哪种方式对你们来说最简单和最易于接受？"

在问到这个问题时，我们并不总能得到诚实的回答。但这一次，我们觉得对方是真心的，他们更在乎乔纳。于是，我们让乔纳的父母把所有难听的字词都列出来，结果并没有他们想象的那么多，情况也没有那么糟糕。

我们让他们和乔纳一起坐下来，对他们一家人说："虽然有些词语我们都在说，但它们会让其他人觉得不舒服。这些词语包括……我们应该尝试用其他词语来表达相同的感受。如果我们没有做到，一不小心说了其中的哪个词语，其他人就要立刻指出来，并且问，'你能不能换一种方式表达你的感受？'"

第二次见面的时候，乔纳的父母给我们讲了相关的进展。"我总是说'妈的'，"乔纳的爸爸对他的妻子和乔纳说，"下次我试着说'妈呀'。"

"我能说'屁'吗？"乔纳问。

"我们希望你不要说，"妈妈对他说，"你可以直接说'我很生气，你们知道为什么吗？'，怎么样？"

事后证明，这场全家参与的练习让乔纳学会了如何更好地描述和表达自己的感受。对剑型孩子来说，这个技能无比珍贵。当乔纳被问到有没有其他方式表达自己的感受时，他可以随时反问他的父母。这种不带评判性质的言传身教给这个练习增添了游戏色彩，它不仅让乔纳学会了先思考再说话，而且起到了扩充乔纳词汇量的效果，甚至帮助他成功地从幼儿园毕了业。

无论是让孩子"平静下来"还是"平静起来"，这个过程都是在扩展他们的唤起甜区。类似的扩展既能保留每种大脑类型的全部优点，又能减少它们各自的弱点。盾型人格者会变得不那么容易焦虑和逃避，对享受和快乐更加敏感，行为也更加多样；剑型人格者会变得更加注重细节，更容易做到延迟满足，不再对可能的负面结果视而不见。盾型人格者会放下过度的警惕心，把注意力集中在"可能会发生"的事上；剑型人格者则不再去追寻刺激的补偿性行为。如此一来，这两种类型的人都会更加关注当下，更自如地成为最好的自己。

单孩家长可以采取较为简单明确的教育方式，而多孩家长面临的情况会更复杂一些，特别是当家里既有盾型孩子又有剑型孩子时。从如何让孩子平静下来或平静起来中，你学到了什么有用的东西吗？用文字的形式写下来，可以让你更加牢固地掌握这些宝贵的知识。你是否可以从我们介绍的各种策略中挑出一种，然后根据你家孩子的实际需要，进行有针对性的改进？你要如何将这些方法具体化？设定几个合理的目标，让你的孩子积极主动地参与其中。

最后需要你思考的东西是：由于这些倾向是天生的，而且你试图帮孩子改掉的习惯早已根深蒂固，所以这项任务注定很艰巨。明确的目标和足够的毅力是你成功的保证。开头总是相对容易，难的是在经历挫折、失误和暂时的失败后，还能坚持下去。要做到这一点，你需要有足够的耐心，以及对不完美表现的包容心。我们衷心希望你能温柔地体谅孩子的不易，正如我们希望你能以同样的方式善待自己一样。

第四部分

剑型脑与盾型脑
在生活方式上的差别

第 10 章

大脑的类型与饮食方式的关系

依据你独特的大脑类型，选择更健康的饮食方式。

尽管斯泰西的 50 岁生日快到了，但她从未感觉到自己老了。诚然，膝盖的伤痛让她不太好受，她也不得不因此放弃跑步（这在一定程度上导致她重了 35 磅），但她完全能跟上她那两个十几岁孩子的思路。斯泰西家庭美满，热衷于旅行和美食。杰夫刚满 48 岁，他已经离婚 12 年了，现在过着独居的生活。虽然他和斯泰西互不相识，但他们都在洛杉矶市中心的同一栋高层写字楼里上班，只是楼层不同。两个人有很多相似之处，他们都聪明、有抱负，并且有一份不错的工作。就连上了年纪之后，他们的身体状态也很相似。他们的体重都严重超标，长期承受着工作压力，并且以久坐不动的生活方式为主。两人都办了健身卡，但隔三岔五的事由和借口却让他们的会员费打了水漂。除此之外，斯泰西和杰夫还尝试过各种各样的减肥方法，但都没有坚持下来，以至于减掉的体重每次都会长回来，甚至还会比原来重上几磅。

斯泰西什么样的巧克力都喜欢。她会通宵在笔记本电脑上工作，直至第二天黎明。斯泰西有失眠症，她试过各种各样的助眠方法，但都没什么效果，反倒是有时候深夜电影看到一半她就打起了瞌睡。刷脸书是她对减压方式的全部理解。她的家族病史包括动脉粥样硬化、高血压、房颤、胃溃疡和注意缺陷多动障碍。

杰夫是个烟民，家族病史包括结肠痉挛、抑郁症、强迫症、脑卒中、2型糖尿病和痴呆。杰夫也有睡眠问题，他要么无法入睡，因为总有烦心事让他睡不着；要么没睡几个小时就醒了，脑子又开始飞速运转。

斯泰西和杰夫的祖父母中都有人死于癌症，杰夫的父亲死于糖尿病并发症。他们两个都不太在乎这些家族病史，但从遗传的角度看，他们都有相当高的患病风险。

我们为什么会变胖？

美国人从没有像今天这么胖过。1990年，美国的肥胖人口占总人口的15%；而到2010年，这个比例已经上升到25%。如今，美国成年人的肥胖率达到了惊人的36%（青少年的肥胖率是17%）。肥胖的流行给美国医疗系统造成了沉重的负担，同时催生了一个价值660亿美元的减肥市场，还促使美国国立卫生研究院采取了行动（该机构已经在相关研究上花费了10亿美元，旨在寻找肥胖的原因和解决肥胖问题的方法）。

是什么导致了肥胖的流行？这个问题同"应该如何解决肥胖流行问题"一样令人困惑。遗传当然会影响人体的代谢过程，但我们的基因很可能只是代谢方程式里的一个常数。换句话说，基因的变化并不大，以前的人是什么样，今天的人基本上还是什么样，它很难解释人们近年来突然飙升的体重。较新的影响因素是我们对廉价快餐的喜爱，以及这个行业采取的生产工艺：在高热量的精加工食品里添加过量的糖和盐。我们都爱喝含糖饮料，但喝得越多就越觉得口渴，因为糖会干扰和愚弄人口渴的感觉。就连那些"健康"的替代品也有缺点，你觉得是什么让那些风味气泡水的味道变得那么好？答案是香精，其中又以果酸为主。果酸可以软化甚至溶解牙釉质，尤其是在与汽水中的碳酸共同作用的情况下。

另外，我们每天都在接触大量会干扰或模拟激素的化学物质，它们会直接影响脂肪的储存和燃烧，正受到医学科学家越来越多的关注。有 10 项参与人数从 888 到 4 793 人不等的研究发现，BPA 含量与肥胖风险之间存在正相关关系。BPA 又名双酚 A，塑料水瓶、罐头食品、肥皂和洗发水等日常生活用品里都含有这种化学物质，就连灰尘和我们呼吸的空气里也有。科学家认为 BPA 能模拟雌激素，对儿童的危害最大。基于同样的思路，另一项来自俄亥俄州立大学的研究认为，城市的空气污染会致人发胖，比如加速腹部的脂肪堆积。瑞典的一项研究在测量人体脂肪的质量后发现，血液中污染物最多的人比最少的人平均重 10.6 磅。

尽管 70% 的美国人都有超重问题，但一项发表在国际同行评议学术刊物《美国医学会杂志》上的新研究却称，越来越多的美国人正在放弃减肥，而且他们久坐不动的时间比历史上任何时期都长。压力也是导致肥胖的因素之一。据《神经科学杂志》的最新报道，慢性压力和焦虑会造成前额皮质内一处与决策有关的关键区域失能。（这就是为什么你明知道马上就要吃晚饭了，却还是忍不住吃掉一大把花生或炸玉米片。）还有睡眠不足，它在这出复杂的戏里扮演的也不是无关紧要的角色。睡眠不足会导致大脑无法分辨什么事情重要而什么不重要，这可能正是你在疲劳的时候更容易管不住嘴的原因。

关于减肥目前已知的事实

关于减肥这件事，以下是我们到目前为止知道的一切：没有任何一种饮食法（比如低碳水饮食法、原始人饮食法、低脂饮食法和全素饮食法）是对所有人都有效的；从长远看，光靠锻炼无法保证身体不发胖；我们大脑的神经连接方式及激活这种连接的化学物质是导致减肥难以坚持的原因；就算我们一度减轻了体重，但大多数时候还会长回来。事实上，节食会导致能量的燃烧速率降低，以弥补能量摄入的减少。一项来自剑桥大学的新研究指出了这种现象背后的原因。控制食欲和控制能量燃烧的是同一批细胞，它们位于大脑的下丘脑区域，当食物充足时，它们会发出信号，促进我们进食；而当食物短缺时，它们又会发出信号，让身体进入节能模式，阻止脂肪燃烧。

这里的关键问题是什么？减肥和保持体重很难。它并非不可能实现，但需要周密的计划和持续的努力。那些减肥成功并且体重没有反弹的人有没有什么共同点？根据美国国家体重控制注册中心的数据，那些至少在一年内没有胖回去的人有一些相同的行为：他们每周最少称一次体重，坚持吃早饭，不同程度地调整了自己的饮食习惯，每周看电视的时间少于 10 个小时，每天都进行某种形式的锻炼。

保持体重的最大障碍是我们的大脑，它会不遗余力地破坏我们取得的减肥成果。一旦超重，你的身体似乎就会一直超重。最近，华盛顿大学医学院的一项研究称，虽然我们对甜食的偏好通常会随年龄的增加而消退，但超重的人会一直保持对糖分的热爱，即使年龄再大也是如此。这仅仅是因为他们"命运多舛"吗？很难说，因为大脑的本性就是贪婪的。它不会觉得"行了，这些储备足以撑过下一次缺食少粮的时候了",在面对甜食的时候,它只会说"再来点儿"。

大多数人都一度下定决心精心管理自己的饮食,吃得更健康些。而遗憾的是,这种决心大多是三分钟热度。诚然,一开始的时候我们都很注意,但总会被什么事情打乱节奏——要么是意料之外的急事,要么是碰上假期和庆典,要么是太忙了。即便如此,我们也不会忘记管住嘴巴对身体健康来说有多么重要,因此我们会"卷土重来",并且发誓这次一定要把"最棒"的节食计划坚持到底。

在本章中,我们将探讨你的大脑类型和唤起会如何干扰你的饮食方式。看看下面几个描述,你是否也存在相同的情况?

- "我在过去三年里至少尝试过两次节食,但都失败了。"
- "我尝试过减肥计划,但被出人意料的压力打断了。"
- "我会在焦虑和担忧的时候吃东西。"
- "有些食物我一吃起来好像就停不了嘴。"
- "我会在感到孤独或无聊的时候吃东西。"

如果你发现自己符合上述任意一条,那就说明你在健康饮食方面或许需要一点儿帮助。事实上,尽管饮食看起来是件直白又简单的事,可它却给大多数人带来了严峻的挑战。为什么?简单地说,因为我们经常在和自己的大脑做斗争,而且我们没有制胜的工具。在自然界,饮食只有一个目的:为我们的生存提供必需的能量。我们中的大多数人都很幸运,有足够的食物可以享用。我们不只是因为饿才进食,而是把吃东西当成了仪式、社交和习惯。更重要的是,许多人会用饮食来安抚自己。历史上没有哪个时期的人能像现在的我们如此容易地获得不健康的饮食,或者在日常生活中要面对如此严重的慢性压力，这为自我毁灭式的大脑化学物质失衡创造了绝佳的条件。盾型人格者和剑型人格者一样，都会将食物当作自我安抚的手段，并深受其害。

不过，这个问题也是有解决办法的。

我们先来聊聊针对个人的心理杠杆。之所以强调"个人"是因为你要学会同自己的大脑合作，而不是对抗它。你可以把这个过程想象成你个人专属的柔道招式，通过认识自己的动机及其对日常决策的影响，产生四两拨千斤的效果。这种心理杠杆是与生俱来的，影响力非常强，因为它同时包含了你当下的感受、情绪和想法。我们需要这种多管齐下的力量来触发和维持改变，它根植于我们的大脑类型。

盾型人格者和剑型人格者的心理杠杆是不一样的。盾型人格者需要学习如何利用自己对唤起的厌恶做出积极的改变，而剑型人格者则要学习如何利用唤起对他们的吸引力。坚持健康的饮食方式之所以如此困难，是因为它要改变的是早已定型数百万年的大脑，而大脑并不知道应该如何帮助我们在这个快餐当道、久坐不动且到处是显示屏的世界里生存。人类脑袋里那个大约三磅重的奇迹诞生于有营养的食物非常稀缺的时代，我们的原始祖先需要到处狩猎或采集，才能获得少量食物。在大脑的神经连接方式成型的时期，人类晚上除了寻找安全的庇护所、休息和为迎接第二天的挑战保存能量之外，没有其他事情可做。进入现代，我们的大脑以为来到了天堂，食物供应量远远超出了它的需求量。不仅如此，它还告诉我们如果没有必要就坐着别动，以便节省能量。

事实上，"我们"也许是想做出改变的，但我们的大脑不想。为了做出改变、挑战无意识的习惯，我们需要充分利用一切可利用的心理杠杆。下面，我们将向你介绍一些基于不同大脑类型的方法。

影响饮食方式的隐藏因素

　　一些人利用人们既贪吃又想减肥的心理，赚到了大钱。弗兰克·凯洛格曾在市场上推出了一款减肥产品，名叫"凯洛格教授的棕色药片"，千万别把他跟知名玉米片生产商家乐氏公司的创始人威廉·凯洛格搞混了。弗兰克·凯洛格承诺，顾客只需要拿出10美分来支付邮费和"表达诚意"，就可以得到一包价值一美元的减肥药片和一本带证书的相簿。不幸的是，凯洛格研制减肥药的水平远远不及他的营销段位，他的棕色药片早就跟其他神奇的减肥疗法一样，被埋进了历史的坟墓里。

　　要说饮食这件事哪里最神奇，不是形形色色的减肥疗法，而是大型食品生产商的烹饪实验室。在一项有趣的比较研究中，营养学家设计了两种饮食方案，分别由未经加工的食品和精加工的食品构成。两份食谱的热量、碳水化合物、蛋白质、盐、糖和纤维素的含量都相同。研究的参与者需要从这两种饮食方案中选择一种，坚持两周，之后换成另一种，再坚持两周。研究人员告诉他们，无论选择哪一种饮食方案，他们都可以想吃多少就吃多少。结果，在食用精加工食品的那两周里，参与者平均每天多摄入了500卡的能量，体重平均增加了两磅。

　　研究人员得出的结论是，当有机会吃精加工食品时，我们会自然而然地吃得更多。为什么？他们认为问题出在胃发出的代谢信号上，精加工食品的"非天然"成分组合可能扰乱了胃对能量密度的评估。在自然状态下，绝大多数时候碳水化合物都与纤维素一起出现，而极少有碳水化合物搭配脂肪的情况。但精加工食品打破了这种规律，它们的纤维素含量很低，取而代之的是美味的油脂。

　　想象一下，如果每次选择要吃什么的时候，大脑和肠胃都能沟通一番，那它们之间的对话大概是下面这样的。

> 大脑：胃，你好，收到你的信息了。我饿了，打算吃点儿东西。
> 胃：收到。我这就做好准备。
> 大脑：好，开动吧。要停下的时候告诉我一声。
> 胃：没问题。

过了一段时间……

> 胃：我看不出你吃的这些是什么东西，代谢仪表盘上也没有读数。我不知道现在是什么情况。你还是继续吃吧。

结果我们真就这么做了。我们把精加工食品吃到肚子里之后，胃无法精确识别它们的成分。于是，它就说"继续吃吧"。

剑型人格者和盾型人格者都容易被这种错误的沟通信号影响，只不过原因有所不同。盾型人格者把吃东西当成是一种缓解压力和抑制唤起的有效手段。填饱肚子很可能是所有自我安抚手段中最原始、最基本的一种。刚出生时，我们只要喝饱奶水，就会安逸地躺在妈妈怀里；长大后，我们发现把冰箱扫荡一空的感觉很不错。如果盾型人格者没有更好的手段降低自己的唤起水平，吃东西（特别是美味的精加工食物）就成了一种简便却对身体有害的自我安抚手段。

剑型人格者也会因为饮食习惯而面临特别的挑战。对喜欢奖励的剑型人格者来说，精加工食品具有极高的"奖励价值"。于是，他们倾向于把吃东西当作刺激自己的手段。对美食的念想往往是习惯建立的契机，后面的事情便顺理成章了。剑型人格者总会在感觉唤起不足时搬出各种刺激性方法，很少有什么事情比咬上一口好吃的更能方便且强烈地刺激多巴胺的释放。

饱腹感或者说"吃饱的感觉"，与一小团深藏在小脑内的神经元有关。而过去我们一直认为，小脑的功能主要是协调躯体的运动。当这些神经元被激活时，人会产生饱腹的感觉；当它们沉默时，人就会产生饥饿的感觉。虽然我们没有直接激活这些神经元的魔法，但我们可以给你介绍一些能够有效应对它们沉默的方法。

不假思索地吃东西

反复用饮食来调节唤起的行为，具有无意识和习惯性的特点。神经科学向我们展示了这种习惯是如何形成的。行为的重复促使大脑生成新的神经回路，负责记忆每一个微行为（microbehavior），并将这些独立的部分整合成一个完整的行为。在大脑记忆这些重复性行为的过程中，多巴胺的释放可以起到强化记忆的作用（没错，和剑型人格者一样，些许的多巴胺也会让盾型人格者感到舒适）。每个通过重复而建立的行为回路都可以取代那些有意图和明确目标的完整行为（也就是平常所说的"选择"）。

习惯之所以能够成为我们的自发行为，主要是因为它给我们带来了奖励：它是我们学习如何在世界上生存的成果。神经科学已经发现了与行为强化对应的神经回路。在我们伸手去够那包炸玉米片的时候，大脑中强化这一行为的回路就会活跃起来，即便我们清楚地认识到这个习惯对我们不好。

习惯一旦建立，除了行为的开始和结束，中间部分几乎全部会被大脑忽略，这样做是出于节约能量的目的：行动就可以了，无须多想。我们看到了那包炸玉米片，随后想都没想就把它吃光了，这个例子很好地体现了习惯是一种自发行为。

但这并不意味着我们没有意识到自己在拿炸玉米片，因为大脑的新皮质一直在观察和选择合适的时机，激活相应的神经回路，启动特定的习惯。只不过这个动作的完成是自发的，不需要思考。

那么，习惯是摆脱不掉的，对吗？你可以说是，也可以说不是。我们知道如果长期强化一个行为，它就会变成半永久性习惯。比如，就算我们建立了新的好习惯，也很难彻底改掉旧的坏习惯。想要抑制坏习惯并养成新习惯，只能花费大量的时间不断重复新的行为，这个过程一般需要三个月左右的时间。我们不会深入介绍这涉及大脑的哪些区域，你只需要记住"抑制"这种说法是正确的就可以了。因为在你的新习惯还没有牢固建立之前，压力、粗心和借口都很容易导致旧习惯死灰复燃。

这时候，你对大脑类型的认识就可以派上用场了。压制坏习惯的有效方式是用系统性和持续性的方式强化新习惯，你的坏习惯当初也是通过同样的方式建立的。强化行为最有效的方式是给予奖励，奖励的频率要足以让人产生坚持下去的冲动，但又不能过于频繁，以免经历几次失败你就放弃了。对剑型人格者来说，不健康的饮食习惯抑制了唤起，这是它们得到强化的原因；而同样的坏习惯之所以在剑型人格者身上得到强化，则是因为它们刺激并增强了唤起。

浅谈冲突是怎么回事

长胖后，增加的体重以脂肪的形式储存下来。人体会把这些脂肪视为金贵的宝贝，认为它们是生存必需的，而且越来越不愿意消耗它们，这正是减肥不易的原因。如果你想减肥，就要有足够的耐心和毅力。但耐心和毅力不是凭空产生的，尤其是考虑到减肥的时间跨度，动机是激发这些品质的必要因素。

问题在于，改变的意愿会引发一种冲突。我们知道自己应该减掉几磅体重（接受某种体验），但在达成这个目标的过程中，我们又不想承受与改变相伴的不适感（逃避某种体验）。剑型人格者和盾型人格者都不善于处理这种形式的冲突，并且经常出于不同的原因而屈服。我们能做的就是告诉你应该如何改变冲突的形式。知道自己的大脑类型是你现在拥有的优势，它可以帮助你有效地掌控整个系统。我们会让盾型人格者把冲突的形式从"接受/逃避"变成"逃避/逃避"，而给剑型人格者的"接受"加码。我们发现，这种变换形式的方法具有非常显著的作用。

"逃避/逃避"意味着两种选择都是违背意愿的，盾型人格者对这种冲突形式最为敏感，所以我们利用这一点来激发他们的动机，以达成想要的结果。

有时候，"接受/逃避"中的"接受"显得不够有吸引力，无法让冲突的天平持续偏向"接受"一侧。而剑型人格者恰恰对冲突中的"接受"高度敏感，只要这一侧足够有吸引力（奖励足够大），他们就会对积极的结果抱有更大的期待。

我们把这种改变冲突形式的方法称为"杠杆式改变法"，它的具体步骤如下。

第一步：设定目标（适用于剑型人格者和盾型人格者）

知道目的地有多远，才更容易抵达。我们建议将减重 10% 作为目标。你给自己设定的减肥目标是什么？

第二步：选择饮食方案

可供选择的饮食方案有很多。它们都能产生效果，但前提是我们能持之以恒。我们建议你不要选择能量极低的食谱，也不要把某一类食物完全排除在外，因为类似的做法都不容易坚持。相反，你的目标应该是适当减少能量摄入，同时确保食物中有足够的蛋白质、纤维素、脂肪和碳水化合物。我们推荐的饮食方案是以"低升糖指数"的食品为主，你觉得什么样的饮食方案适合你？

第三步：应对唤起（仅适用于剑型人格者）

剑型人格者靠吃东西获得刺激。正因为如此，减少进食和谨慎进食无异于剥夺了他们的一个唤起源，造成可以预见的情绪低落。剑型人格者不喜欢低唤起，所以在将计划付诸实施前的几天，应设法补偿和提高他们的唤起水平。做些有挑战性的事，参加一些社交活动，去从前没有去过的地方转转，更换上下班的路线，或者读一本想看的书，这些都是极富新鲜感和不确定性的事，都有助于提高唤起水平。你觉得还有什么其他方法，能在你准备培养新习惯的这段时间里给你带来新鲜感和刺激？

第三步：应对唤起（仅适用于盾型人格者）

由于天生的唤起过强，盾型人格者并不怎么在乎奖励带给他们的刺激和兴奋感。改变长期以来的习惯会引起盾型人格的不适，这种效果甚至会出现在改变实际发生之前。出于这个原因，盾型人格者的减肥计划很容易在开始后不久就宣告失败。为了避免这一点，你最好不要在有其他急性压力源时做出改变，多给自己几周的时间，做好充分的准备。

利用这段时间查补任何可能带来压力的疏漏，降低天然唤起水平。在晚上泡一个温水澡或许是一种办法，或者每天都做正念冥想。第一天是情感上最难接受的一天，所以我们希望你在这一天能处于唤起甜区的中心。聪明地利用这段时间，它会在未来的日子里给你带来丰厚的回报。

第四步：给吸引力加码（仅适用于剑型人格者）

对于天生唤起不足的人，能够带来视觉和味觉刺激的食物是一种期望值很高的奖励。所谓奖励，简单地说就是你得到了想要的东西。为了成功减重，我们建议剑型人格者用其他奖励替代食品。奖励是剑型人格者最主要的动力来源，简单地说就是他们想要的东西。我们建议采取下面这种方法：想出16种能在你心里排得上号的零食或小礼物，只要是你喜欢和想得到的东西都行（如果你愿意把每样东西写两次，写8种也可以）。这些东西必须易于获得，比如能在网络购物平台上买到。把它们列出来，思考一下你有多想得到它们，然后用从1到16的数字给每一种"奖励"编号。然后，再想一个奖励，它必须比上面那些奖励更重要、更能吸引你，我们会在第五步用到它。

接下来，你需要用到两副扑克牌。方法是这样的：在你的减肥饮食计划付诸实施的第一天，把两副牌洗到一起，包括大小王。将洗好的牌放在显眼的位置，牌面朝下。在你吃东西之前，看一眼牌。在每天即将结束的时候，如果当天你严格地执行了饮食计划，就把最上面一张扑克牌翻过来。然后，对自己默念，"我离我的目标又近了一步"（内部奖励）。每当你抽到A或2的时候，就对自己说"我的饮食计划正在迈向成功"，然后给自己一个奖励，从编号为1的那个东西开始（外部奖励）。

如果你抽到了大小王，第二天就放一天假，可以吃你想吃的任何东西。

如果你没能完成当天的计划，怎么办？照例取最上面的那张牌，但不要把它翻过来，继续保持牌面向下，再把它随机插进其余的牌里。为了让你更有动力，你可以设置一个时限，比如在 120 天内把所有牌都翻过来。

第四步：切换冲突的形式（仅适用于盾型人格者）

你想养成更健康的饮食习惯，但改变的过程实在令人不适，这就是问题所在。当你准备打开炸玉米片的包装袋时，对自己说"不行"是很难受的。那么，怎样才能阻止自己呢？想一想有没有什么事情像说"不行"一样难受。只要能让说"行"的感觉比说"不行"更糟糕，你就可以把它转换成一种对你有利的"逃避/逃避"式冲突。我们发现，建立这种形式的冲突对极易逃避的盾型人格者来说十分有效，具体做法如下：

选择 16 件你可以并且希望回避的事情（你也可以写 8 件不想做的事情，每件事写两遍）。比如，为你最不喜欢的亲戚举办生日派对，给你反对的政党捐一笔数目可观的钱，等等。打开思路，充分发挥你的想象力。然后，你要多想一件事，也就是第 17 件，它必须让你觉得更讨厌、更不舒服，比如"增大我死于心脏病的概率，步我父亲的后尘"。用从 1 到 17 的数字给所有这些你想回避的事排序。

拿出两副扑克牌（包括大小王），把它们洗到一起。把这堆牌放在显眼的地方，牌面向下。如果你当天严格地遵守了饮食计划，就把最上面那张牌翻过来，并对自己说："我正在养成一种健康和长久的习惯，我今天做到了。"

每当你抽到A或2，就对自己说："我今天不仅完成了计划，我还可以划掉'回避事项清单'上的一个条目。"如果你抽到的是大小王，第二天就可以休息，吃你想吃的任何东西。

如果你没有完成当天的计划，就不要翻开最上面那张牌，并且把它插到其他牌里。你的目标当然是把所有牌都翻过来，并且划掉清单上的所有条目。

为了让你更有动力，我们建议你把这条规则也加上：从清单里挑选两件事，如果你没能在 120 天内把所有牌都翻过来，就必须去做这两件事。

第五步：建立责任感（适用于剑型人格者和盾型人格者）

为了严肃对待这堆牌，你需要依靠"他人"的责任感，它能让你对这件事更加上心。研究显示，我们对某个行为的承诺越公开化，兑现它的可能性就越大。至少找两三个人（多多益善），无论是家人、朋友还是同事，对他们实话实说。告诉他们你在干什么，你的目标是什么，还有最难的一点，即寻求他们的帮助，请他们监督你。你可以这样说："虽然我可能不太想听到这句话，但我希望你能偶尔问问我'你的计划进展如何了？'。"这会对你大有帮助。

在把最后一张牌翻过来的那天，剑型人格者可以用清单上的第 17 件东西犒劳一下自己，它可是你期待已久的重大奖励，象征着你的成功；而盾型人格者则可以把清单上最讨厌的那件事划掉，深吸一口气，好好享受解脱的感觉。

第六步：继续保持新养成的习惯，迈向健康的人生

对有些人来说，这一步说起来容易做起来难。如果你发现自己旧习难改，不健康的饮食习惯死灰复燃，那你可以按照上面的步骤再从头来一遍。

斯泰西和杰夫

你还记得斯泰西和杰夫吗？他们一个是盾型人格，一个是剑型

人格。接下来，我们要讲他们如何巧妙地利用各自的心理杠杆，让自己的饮食方式变得更健康。

我们说过，对于基因中隐藏的患病风险，他们都没有当成一回事。不过，他们的饮食习惯都在以可预见的方式同那些遗传因素相互作用。超重会加剧我们的遗传易感性，而斯泰西和杰夫本就有各自的遗传风险。斯泰西倾向于无视这种明显的相关性，她似乎更关心自己的膝盖出了什么问题，还有她身上的衣服好不好看。杰夫在听到他身上有哪些遗传病风险后惊呆了，并为此忧心忡忡，我们打算充分利用这一点。至于斯泰西，我们得靠其他东西来吸引她的注意力。

专家们都认为，即使仅减重10%，只要能保持下去，对健康也是大有裨益的。斯泰西和杰夫都认为这是一个合理的目标，并承诺为此而努力。于是，他们开启了低升糖指数的饮食计划。

在养成新习惯的道路上，前进和倒退都是可预见的，也是很自然的一部分。没有谁能够一往无前、不碰上一点儿难题，无论他们多么有决心、计划有多么周密。对绝大多数人来说，最大的变量是动机，它涉及一系列复杂的问题，也和每个人独特的大脑类型有关。大脑化学物质的失衡给斯泰西和杰夫的减肥目标的实现增加了阻力，我们来看看其具体表现是什么。

斯泰西是一个吃东西没有节制的人。她经过比萨店门口就走不动道，看电视的时候不知不觉就能吃下一整罐薯片。吃东西可以激活我们的奖赏回路，使这种行为的意义从获取能量变成享乐。食物能刺激神经系统，让它向奖赏回路释放多巴胺，强化进食作为一种身体感受而非生存手段的意义。如你所知，控制冲动不是剑型人格者的强项。我们建议斯泰西在手机上下载游戏，比如单人纸牌游戏，在她控制不住自己的暴饮暴食的冲动时玩，把注意力从不利于健康的选择上转移走。手机游戏要经常更换，以满足斯泰西所需的新鲜感。她过去减肥失败的原因都在于做不到延迟满足，这是许多剑型人格者都跨不过去的坎儿，因为他们往往没有耐心，很容易厌烦。斯泰西通过吃薯片来调节焦虑和对唤起的渴望，她喝咖啡喝得很凶，还过量服用阿德拉，因为她无法将注意力集中在工作上。事实上，这种兴奋剂类药物确实提升了她的专注力，只不过被她滥用了，因为斯泰西知道它能让她在忙碌的工作中充满活力。

相比之下，杰夫简直是延迟满足方面的专家。不过，在生活中，他绝大多数时候都有一种隐约的焦虑感，很少感到快乐。于是，睡前吃一块芝士蛋糕，再喝一杯酒，便成了他充满压力的生活中难得的奖励。简言之，杰夫是用食物和酒精来安抚自己。

杰夫遇到的第一个问题是如何养成良好的作息习惯，他是个独居的单身汉，这进一步增加了这件事的难度。我们让杰夫保证睡前三小时不吃任何东西，降低血糖水平和新陈代谢的速度，让身体做好上床睡觉的准备。我们还要求杰夫规划食谱，一天安排5~6顿饭，少食多餐。这种饮食方式可以避免他一天到晚吃零食，以至于摄入过多的碳水化合物。

我们也要求斯泰西在睡前三小时不吃任何东西，以防从入睡到醒来她的血糖水平经历过山车式的波动。当血糖水平下降时，她会不自觉地用补充糖分的方式维持唤起的水平。深夜进食的习惯是导致她患反流性食管炎的部分原因，因为她的胃总在分泌胃酸，时刻准备着消化不断到来的零食。

睡眠不足是斯泰西面临的一个大问题。她告诉我们，每晚能睡5个小时就算运气好了。长期以来，我们都知道睡眠不足会刺激食欲，这是因为增加富含能量的碳水化合物的摄入量，可以刺激觉醒的自然反应。你有没有想过，为什么你在感觉疲劳的时候会不自觉地想吃碳水化合物？除了睡眠不足会刺激食欲之外，研究显示，增加睡眠时间可以自然而然地减少能量的摄入。我们教给斯泰西一些有助于改善睡眠质量的具体做法，她把这些纳入了自己的饮食计划。

我们建议杰夫和斯泰西在他们的饮食计划中添加"放纵餐"（抽到大小王之外的一种额外奖励）。最近有一篇发表在《消费者心理学杂志》上的文章指出，将放纵餐纳入饮食计划有利于长期保持减肥效果，而且这个发现得到了其他科学研究的证实。有清晰的证据显示，那些在周末放宽饮食方面的限制而在工作日严格执行饮食计划的人，更有可能长期保持减肥成果。

对杰夫来说，光是想想放纵餐就让他觉得焦虑，"放纵"二字隐约让他觉得危险。超重对健康的不利影响让他心惊胆战，所以他一开始不乐意这样做。我们建议他，就算感觉不舒服也要把放纵餐加到他的饮食计划里。杰夫担心的那些问题是真实存在的，他最好一直对它们心存忌惮，我们认为这正是他可以利用的心理杠杆。他要学会将每周放宽一次饮食限制的机会当作一种强有力的提醒，告诉自己如果不把类似的放纵餐减到最少，他的健康就很容易受损。记住，行动的效果取决于你能否持之以恒，偶尔破例并不会影响大局。随着时间的推移，担心健康问题的盾型人格者只会越来越少地放纵自己。

放纵餐对斯泰西的意义则完全不同，她觉得这种安排是对她每周的自律生活的奖励。除此之外，放纵餐还为斯泰西提供了她所需的刺激和新鲜感。

除了整体的饮食计划，我们还为杰夫做了医学评估。他的糖化血红蛋白显然达到了糖尿病前期的水平（这个指标的正常值不超过5.7，杰夫的检测结果是6.8），而减肥往往可以让类似的异常值降到正常范围内。杰夫并没有对检查结果感到惊讶，因为他早就从自己不断增大的腰围和久坐不动的生活方式中预见了这一天的到来。盾型人格者偏好碳水化合物，因为这类食物可以提高血清素的水平。然而，碳水化合物也会被分解成糖类，抬高杰夫本就偏高的糖尿病标志物水平。我们建议他提高饮食中蛋白质的比重，减少碳水化合物的摄入量。当我们第一次谈到他需要减肥时，一种熟悉的感觉涌上了杰夫心头——恐惧中夹杂着绝望，因为他以前和其他医生也有过类似的谈话。不过，我们根据他独特的大脑类型，总结了以往有哪些反射性行为导致他陷入减肥失败的循环，在此基础上，我们为他制订了专属饮食计划。当杰夫看到这些的时候，他的心绪平复了下来。

我们推荐杰夫和斯泰西服用两种很容易买到的膳食补充剂。第一种是藤黄果提取物，它能抑制食欲，同时提高身体对瘦素的敏感性。我们的大脑与肠道关系密切，在停止进食一段时间后，大脑会分泌食欲刺激素，它可以刺激我们的食欲。而当我们进食时，肠道和大脑之间的另一条神经通路又会被激活，释放瘦素和胰岛素，瘦素可以传递饱腹感的信号。第二种补充剂是白芸豆提取物，它可以抑制碳水化合物转变成糖。

我们还推荐了第三种补充剂：小檗碱。下面我们来说说脂肪，人体内有两种脂肪，即白色脂肪和棕色脂肪。白色脂肪的功能是储存能量，而棕色脂肪的功能是燃烧能量。我们在婴儿时期有很多棕色脂肪，其中绝大部分都在成年后消失了。虽然棕色脂肪在全身脂肪中的占比不到5%，但它燃烧的能量却占身体全部能耗的70%。反观白色脂肪，它通常囤积在我们的腹部、大腿和腰部，几乎不会主动燃烧。美国加利福尼亚大学的科学家找到了一种特殊的蛋白质，只要增加它的含量，就能促使白色脂肪转化为棕色脂肪，起到减肥的作用。小檗碱可以激活这种特殊的蛋白质，让体内的一部分白色脂肪"棕色化"。你知道还有什么办法能让白色脂肪变成棕色吗？锻炼。我们将在下一章详细讨论这个话题。

我们还建议他们两人服用二甲双胍，这种常见的处方药不仅能改善肥胖症和糖尿病患者的胰岛素抵抗，还能抑制食欲。在这里，提醒你注意的一个重要问题是处方药和膳食补充剂的区别。而且，吃药只是辅助，持续的减肥成功主要依靠你的内驱力和坚持健康饮食的决心。在这个前提下，利用心理杠杆无疑是达成这个目标的最佳方式。

在正式启动饮食计划之前，我们先给了斯泰西和杰夫一周的时间做准备，他们要对各自喜爱的食物和吃东西的冲动采取一种"我可以吃，但没必要"的态度。

在这个准备期，他们制作了各自的"健康习惯表"，上面写的是希望达成的目标。比如，每天喝两夸脱①水，在饮食里添加绿叶蔬菜，以及每天吃完最丰盛的那顿饭后散步 30 分钟。我们还给他们布置了不同的任务。我们要求杰夫列出他希望回避的事，利用他的回避倾向强化他的行为；斯泰西则需要列出她希望得到的奖励，这样我们就可以利用她对奖励的敏感性强化她的行为。

在健康饮食计划付诸实施的第一个星期，他们都答应先吃掉盘子里的一半食物，然后把剩下的一半放进保温箱里，等待 20 分钟。这样做是为了降低他们吃东西的速度，让负责传递饱腹感信号的瘦素有机会一展身手。到第一周结束，斯泰西已经吃不完剩下的那一半食物了，杰夫也说自己吃得少了一些。

我们还为纠正斯泰西吃薯片的习惯专门想了"一招"。虽然这个办法利用的是剑型人格者较低的疼痛阈值，不过它对盾型人格者同

---

① 1 夸脱约等于 0.95 升。——译者注

样有效。

斯泰西觉得，没有什么东西的减压效果能比得上吃整罐的薯片。不过，她同意尝试下面这种技术含量不高但效果出奇好的干预方法。

- 第一步：斯泰西需要找一根大约 6 毫米粗的橡皮筋，把它套在非惯用手的手腕上。
- 第二步：她打开电视，准备看晚间新闻，想吃薯片的念头第一次冒了出来。此时，她要用手拉那根橡皮筋，弹一下自己的手腕（剑型人格者往往不善于忍受疼痛，所以这对他们来说是非常不愉快的体验）。斯泰西注意到，在手腕被橡皮筋弹了一下后，她想吃薯片的欲望消失了（手腕的疼痛感占用了她的注意力，当她坐在那里揉手腕的时候，脑子里想的都是刺痛感）。
- 第三步：看了 10 分钟新闻后，她站起身走向橱柜边，准备拿出薯片。此时，她的手腕又被橡皮筋弹了一下。

把坏习惯拆分成一个个微行为是这种练习的关键。萌生了吃薯片的念头，被橡皮筋弹一下；从橱柜里取出一罐薯片，被橡皮筋弹一下；打开薯片的罐子，被橡皮筋弹一下；最后，每吃一片薯片都得被橡皮筋弹一下。你必须坚持这样做，至少持续一个月时间。以斯泰西为例，她在厨房里留了一罐未拆封的薯片，她对自己说，这是"以防万一"。可是现在，每当她想起薯片，被橡皮筋弹的疼痛感便会闯入她的脑海。

那么，他们两个最后的减肥效果如何呢？大约过了 6 个月，斯泰西故态复萌，又毫无节制地吃起了她念念不忘的薯片。当时的她已经减掉了 26 磅的体重，她告诉我们打算把橡皮筋找出来，重新开始以前的练习。在此之前，斯泰西的睡眠质量改善了很多，她现在每天能睡上8小时。她成功翻完了两副扑克牌，只比108天多用了几天。除了薯片，她还吃很多其他种类的食物，一直保持着健康的饮食方式。

杰夫的情况怎么样呢？他做了足足两轮的翻牌练习，不过第二轮的速度比第一轮快得多。尽管中间遇到了可预见的难题，但杰夫成功减掉了32磅的体重。他还严格限制了自己的饮酒量，只在周末晚上喝，一次只能喝一杯。他的社交生活也有了一些起色。某次会面的时候，他带着一条小狗出现在我们跟前，养狗是他一直以来的心愿。

虽然我们都受一种大脑类型的主导，但大多数人还是可以在自己的行为和影响决策的动机里看到两种大脑类型的影子。对于那些虽然认为自己有剑型或盾型人格倾向，但不像斯泰西和杰夫表现得这么明显的人，如果你们想要减肥，或许可以考虑采取混合版本的心理杠杆法。比如，列出8种你想得到的奖励和8件你想回避的事。这些奖励应当是你平时不会买给自己并且能带给你快乐的东西，而想回避的事则是那些你能做但一直不情愿做的事情。每当翻到A或2，你就可以选择一个奖励，或者从8件你想回避的事中划掉一件。我们的一个患者让他的妻子帮他列了一张回避事项的清单，他巴不得把上面的每一条都划掉。如果你想增加赌注，你可以想一个特别诱人的奖励或一件你特别厌恶的事情，作为对自己在120天内完成挑战的嘉奖。要是你没能在4个月内把两副扑克牌翻完，你就会失去这个特殊的奖励，或者不得不做那些你还没来得及划掉的事。

你想健康长寿吗？要回答这个问题，没有比现在更适合的时机了。想要长命百岁很简单，你只需要两副扑克牌和一份对未来的承诺。我们非常支持你这样做。

第 11 章

锻炼和睡眠：提升自控力

认识大脑类型对行动和睡眠模式的影响，学习如何改变它们，才能改善健康状况。

我们来聊聊能动性或自由意志吧，它是一种个人对眼前可能的选项进行有意识的筛选，然后做出决定的能力。拥有能动性意味着我们可以有意识地干扰事物的因果联系，主动决定自己应该采取怎样的行动，而不是单纯依据过去的经验，每次都做出一成不变的反应。我们在做生活中的决定的时候，到底有多大的自由度？或者说，有多不自由？前面的章节详细探讨了制约我们的自由度的其中一类因素：大脑化学物质的失衡造成的效应，以及唤起在无意间对我们施加的影响。当然，限制我们自由的因素远远不止这一类，还有很多其他因素，比如我们的DNA、父母、在哪里长大、在哪里接受教育、生活中接触过哪些环境污染物、营养状况、与兄弟姐妹相处的经历、文化和认知上的偏见等。

如果说有什么事是需要能动性的，长期坚持锻炼肯定算其中一件。想让身体做它觉得不舒服的事，而且一再地做，可没那么容易。

当你看到跑道上、海滩上和健身房里挥汗如雨的人，你是否会感慨为什么锻炼对除了你之外的其他人来说都那么容易？很遗憾，这种关于锻炼的想法远远偏离了现实。我们都知道应该多运动，这样的话都快把我们的耳朵磨出老茧了。大多数人肯定都知道锻炼有益健康，下面总结了它最核心的好处。经常锻炼可以延缓衰老及所有慢性疾病的发展，包括阿尔茨海默病。锻炼不仅能促进积极的情绪，还有利于提升我们的认知能力。它是如何实现这一点的？我们让身体参与了一个它当时可能不太想参加的活动，这种活动促进了血液循环，增加了耗氧量，进而引发了神经形成（大脑产生新神经元）的效应。于是，神经元之间的连接得到强化，神经元回路的整合度（神经可塑性）得到提高，大脑中压力相关激素（皮质醇和肾上腺素）的水平下降。锻炼还可以增加脑源性神经营养因子，这类物质对于神经元的存活和分化至关重要。这些过程一环套一环，最终效应是大脑的发育，尤其是围绕海马（记忆中心）的区域，还有前额皮质（执行中心）。没错，这些都是你能通过锻炼得到的好处。

现实生活中几乎没有第二种东西能在如此有益的同时，却几乎没有副作用。既然锻炼具有这么多显而易见的好处，那为什么很多人会觉得很难动起来呢？是的，这又不得不提到能动性，或自由意志。它真的存在吗？哲学家在很久以前就对自由意志的存在提出了质疑，近年来神经科学家几乎确认自由意志很可能是一种错觉，有意识的思考和决策只是无意识的大脑活动的副产品。换句话说，神经科学家认为做决定的不是我们，而是我们的大脑，它在我们意识到自己做了一个决定之前，就已经替我们拿好主意了。我们不会在这里深入探讨晦涩复杂的神经科学，但这种观点是非常有说服力的。

那么，我们应该对此做何反应呢？我们仅仅是大脑神经元按部就班地执行它们习得的行为而造就的机械产物吗？如果你大部分时间都坐着不动，是不是因为你遭到了大脑的"绑架"，而且它早就认定躺在沙发上比走在山林里更好？我们认为不是这样的，但大脑的确是一个偏好自动化运行的器官。如果你想对它的选择进行干预，就需要付出特别的努力。

任何曾经尝试过改掉坏习惯的人都清楚要达成这个目标有多难。在这方面，自我认知与唤起的关系能助你一臂之力。你可以将自己的大脑类型倾向作为心理杠杆，有意识地改变对一件事的看法，撬动决策的结果，让自己获得些许宝贵的自由。

有多项心理学研究显示，有意识的、带有目的性的推理可以改变我们的行为，比如下面这项研究。研究人员要求参与者列出有哪些诱人的食物导致他们体重飙升，随后，所有参与者被分为两组。其中一组没有特别的要求，只是按部就班地完成减肥目标。而另一组在研究人员的指导下，采用了"执行意图"策略：研究人员要求他们构想出一种意图（意念），有意识地屏蔽他们眼中那些诱人的食物。光是有意识地不去想自己列出的那些诱人的食物，就让第二组参与者的进食量显著低于第一组。其他研究表明，有意识的推理可以帮助人们从过去犯下的错误里吸取教训，减少冲动行为。"重构"是认知行为疗法的一种手段，它的作用是让个体摆脱负面情绪，并且学会从更积极的角度看待来自身体的信号。不过，纠正无意识的行为是有代价的，这个代价就是关注当下并付出努力。

我们是可以驾驭反射性的默认倾向的。打开邮件时，你的大脑可能会指示你坐下，但你可以主动选择站着。大脑可能会指示你乘坐电梯，但你可以有意识地选择走楼梯。

我们要明确一件事：我们或多或少都是有能动性的。但是，选择的自由与服从默认的倾向彼此相悖。能动性意味着我们需要保持觉醒的状态，抱有积极而非消极的态度，采取主动而非被动的行动。

让自己感到舒适可能是世界上最简单的选择，所以它会让我们越来越上瘾。至于锻炼，特别是长期锻炼，绝不可能比懒洋洋地躺在沙发上大口吃着爆米花更舒服。如果你想驾驭享乐的倾向和自行其是的大脑，不仅要付出努力，还要对沉迷舒适感的行为说不。因为对许多人来说，沉迷舒适感已然成为一种无意识的习惯，远比锻炼身体有吸引力。但凡事皆有例外。

当舒适感成为一种奢侈品

进化是个吝啬的小人。随着时间的推移，它以极慢的速度将那些有利于生存的特征添加到人类身上，同时把那些用不上的特征去除。在进化过程的某个早期阶段，我们的祖先曾拥有合成维生素C的能力，但在维生素C很容易从食物中获取后，人类合成这种维生素的能力就消失了。类似的例子在生物进化过程中俯拾皆是。智人被设定成身体直立、双足行走并拥有一颗超级大脑的样子，科学家认为我们拥有这些特征不只是一种巧合，比如，双足奔跑让我们可以腾出双手使用狩猎工具，把猎物逼入绝境。人类的腿部有大量的慢缩型肌纤维，这种肌肉结构以耐力见长。虽然许多动物的奔跑速度都比原始人类快，但我们的祖先拥有极强的耐力，他们可以紧追不舍，直到猎物精疲力竭、无力反抗。事实上，正是长途跋涉的能力让人类获得了充足的食物和营养，从而演化出标志性的大脑。但是，这个成功是有代价的：身为耐力出众的行走的机器，我们需要多多活动才能保持健康。

与我们关系较近的树栖物种（黑猩猩、倭黑猩猩、红毛猩猩、大猩猩）的运动方式却和我们大相径庭。它们大部分时间都在静坐，但它们的体脂率都很低，而且几乎没有证据显示它们会患代谢性或心血管疾病。它们可以一直坐在沙发上，而不需要为这种生活方式付出任何代价。相比之下，研究显示，我们坐着不动的每一个小时都在以分钟为单位缩短自己的寿命。一项研究称，看完《权力的游戏》全系列会导致我们的寿命缩短一天左右。我们的大脑创造出来的技术，几乎可以让我们不做任何运动。但是，人类和其近亲物种不一样，锻炼不是我们的可选项，而是必选项。

不喜欢运动的盾型人格者经常因为放纵性行为而付出代价

我们曾在工作中接诊过两个盾型人格者，并且成功帮助她们提高了运动量和运动频率，其中有一些东西值得分享。47 岁的玛西和52 岁的希拉在新冠肺炎疫情暴发初期就双双感染了。她们是一对伴侣，朝夕相处，相互传染几乎是不可避免的。玛西和希拉都符合肥胖的临床标准，而且玛西处在确诊 2 型糖尿病的边缘，这让她的康复变得更困难。她住了将近两周的院，所幸没有用到呼吸机，可仍有持续性的疲劳和盗汗症状。她原本就有慢性焦虑和轻度抑郁，住院经历加剧了她的心理问题。居家隔离期间，玛西和希拉都采取了远程办公方式——玛西是会计，希拉是一所高中的代数老师。

居家隔离结束后的第一次身体检查结果着实让二人感到胆战心惊。玛西由于血糖水平达到了 6.7 而被确诊为糖尿病前期，她的这种情况自然引发了与新冠后遗症和 2 型糖尿病相关的讨论。医生们甚至发现，一些原本胰岛素敏感性正常的人在感染新冠病毒的数个月后竟然也得了糖尿病，这种情况应该与病毒触发的细胞因子风暴和免疫系统的反应有关。医生建议她加强锻炼，因为锻炼是全身炎症反应综合征的克星。如果她不想自己的健康状况继续恶化，变成真正的糖尿病患者，就得运动起来。

玛西有失眠的问题，她抱怨自己经常躺在床上睡不着，大半夜担心阴魂不散的新冠后遗症会如何影响她的生活质量。玛西还替希拉担心，因为后者的背疼和痉挛又发作了，玛西不知道这是什么原因造成的，并为此心神不宁。这么多事加在一起，让她有足够的动力去改变自己的生活方式，这样做或许可以扭转乾坤。

希拉也是一个盾型人格者。她在许多方面都跟玛西相像，但对她们来说，这并非好事。她们都是读朱迪·布鲁姆（Judy Blum）的作品长大的，最喜欢的电影都是《尽善尽美》（*As Good As It Gets*），她们都是独生女，都抵制用药，都被诊断患有脂肪肝，而且她们都抗拒锻炼，希拉上一次锻炼还是在初中校园里。希拉告诉我们，她开始记不清一些小事了，比如把钥匙放在了哪里、某些人的名字、某些朋友的生日。记忆力的衰退令她十分恐惧，因为她的妈妈患有阿尔茨海默病。希拉有骨质疏松症，但她拒绝服药，因此做一些力量训练是一种对她有益的替代治疗。正确的激励方式既是促使她们改变生活方式的关键，也是帮助这两个人的难点所在。

和她的伴侣一样，希拉的睡眠也有问题。她会通宵看电视，只为分散自己的注意力，不去想究竟是什么原因造成了她的背部疼痛，可能要接受背部手术的想法更是让她害怕至极。尽管有重重顾虑，但希拉答应做一次背部的磁共振成像检查，以便弄清楚她的脊柱有没有出问题。我们告诉她，根据她描述的症状，她的背疼通过减肥和锻炼就能治好（影像检查结果显示她的脊柱没有问题）。

她们两个也都有容易疲劳的问题。希拉抱怨每天到了下午 4 点她就精疲力竭了，玛西在一旁点头表示同意。说到这里，她们都笑了，并把手握在了一起。两人承认这可能是一天中最平静美好的时光，因为她们会躺下来，一起打个盹儿。她们显然也意识到了，减肥、锻炼和改善睡眠是当务之急。

给玛西和希拉布置的作业

让玛西和希拉参加锻炼显然不是件容易的事，好在她们两个都是注重细节的盾型人格者，所以我们决定让她们搜集与锻炼有关的信息，看看它对她们的减肥计划和玛西的血糖问题有哪些好处。我们一直以来的经验是，布置作业可以促使人们更积极主动地参与个人的健康保健。她们不仅收集到了中肯的信息，而且清楚地看到了锻炼与哪些重要的健康问题有关。一个星期后，她们带来了已完成的作业，对锻炼的态度也变得积极起来。下面这些是她们收集到的与锻炼相关的信息。

- 有明确证据显示，锻炼（每周 150 分钟，包括有氧运动和力量训练）能够改善 2 型糖尿病。
- 花生四烯乙醇胺是大脑中的一种内源性大麻素，也可以从特定的大麻二酚（CBD）制剂或巧克力中获得。研究显示，这种物质有促进锻炼和限制进食行为的作用。
- 科学证实，有氧运动或力量训练可以缓解疼痛，而且这种效果在锻炼结束后还能持续一段时间。研究显示，某些锻炼对有慢性背部疼痛和纤维肌痛的人有益。
- 研究证实，锻炼能够提高脑源性神经营养因子的水平。通过高强度的有氧运动和力量训练增加这种蛋白质，可以改善记忆力，缓解抑郁、焦虑、胰岛素敏感性和季节性情感障碍（SAD），降低体重，延缓衰老。

- 锻炼可以通过增强AMP活化蛋白激酶减缓细胞衰老的速度，特别是对细胞加速衰老的2型糖尿病患者来说。禁食、ω–3脂肪酸和肉桂也可以增强AMP活化蛋白激酶。有证据显示，含绞股蓝的膳食补充剂可以提高AMP活化蛋白酶的活性。
- 正念冥想或有意识地关注当下，有助于增强锻炼动机。
- 高强度的锻炼可促使人坚持锻炼。
- 研究表明，锻炼的长期动力源于你是否享受眼前的运动。比如，如果你喜欢走路，那么相比其他运动，你坚持走路的可能性会更高。
- 作为非药物疗法，有氧运动和力量训练对治疗神经退行性变性疾病（阿尔茨海默病和帕金森病）和心理问题（焦虑、惊恐障碍和抑郁）具有相似的功效，相关效果已经被证实。
- 有研究显示，瑜伽和冥想对缓解抑郁和焦虑的作用不仅与积极的体育锻炼相当，跟药物治疗的效果也不分伯仲。
- 体育锻炼，尤其是力量训练，被证明对骨质疏松症有益，它可以提高骨骼质量，防止骨质流失。

我们与她们商讨应当如何根据她们的具体情况（包括焦虑和抑郁等情绪问题、玛西的糖化血红蛋白水平、希拉的骨质疏松和未来可能出现的认知障碍问题）制订一份锻炼计划。我们关心的第一件事是怎样才能让她们严格执行这份计划。我们要求玛西把锻炼计划做成一份日历，并在每个月的日历上贴一张胰岛素注射器的贴纸，算是一种不太客气的提醒，告诫她什么才是生死攸关的问题。我们也制定了具体的锻炼内容，包括每天散一次步（从家里出发，来回20分钟）和在线瑜伽课，以及每两周一次的力量训练——先从弹力绷带和小负荷开始，慢慢向强度更高的项目过渡。考虑到母亲是阿尔茨海默病患者，并且有文献认为锻炼可能是预防认知功能衰退的有效手段，所以这份计划对希拉尤其有吸引力。她也不用再吃医生开的阿仑膦酸钠片了，因为锻炼也能改善骨质疏松症。除了锻炼，她们还坚持每天做冥想练习（端坐在椅子上，闭上眼睛，用鼻子吸气，用嘴巴呼气，持续 10 分钟），作为一种针对抑郁和焦虑问题的非药物治疗手段。

为了提高脑源性神经营养因子的水平，除了日常锻炼之外，我们还建议她们晒太阳，采取生酮或原始饮食法，还有进行间歇性禁食（把每天的进食活动限制在 8 小时的时间跨度内）。间歇性禁食可以重构肠道菌群，增加丁酸盐的产量，这种物质能促进大脑合成脑源性神经营养因子和产生更多的神经元。肠道菌群的重构有利于白色脂肪转化为棕色脂肪，还能改善糖尿病患者的视网膜病变。我们建议她们把某些食物加到日常饮食中，比如咖啡、黑巧克力、蓝莓、特级初榨橄榄油，以及膳食补充剂（包括药鼠李、锌、镁、姜黄素、白藜芦醇、ω–3 脂肪酸，这些物质可有效控制体重和促进锻炼）。

把你与唤起的关系作为心理杠杆

还有什么比改掉根深蒂固的习惯更难的事呢？给自己设定目标，然后在短时间内尝试有益健康的新活动，要做到这一点很容易，但要长期坚持，难度可就大多了。对这两位女士来说，锻炼和减重可不是装装样子，而是关系到她们未来的健康和寿命。

在盾型人格者眼里，回避有风险的事具有减少唤起、改善情绪体验的效果，所以它本身就是一种奖励。正如前文所说，我们会利用他们喜欢逃避的倾向，让他们的动机指向积极的方向。基于对她们两人的了解，我们通力合作，构建了一种"逃避/逃避"形式的冲突。对于玛西，我们选择用每天都要打针的恐惧来对冲她对经常锻炼的不适感，这样做的目的是寻找那些比运动更令她想逃避的事。只要养成良好的锻炼习惯，让体重减轻，使胰岛素敏感性提升，她或许就不必吃药或打针了。

　　针对希拉，我们采用了不同的方式。她给我们看了一张她母亲的照片，后者住在敬老院的失忆老人看护病房里。虽然老人家的样子依旧和蔼，但她的眼神却是空洞的。"她不记得我是谁了。"希拉告诉我们，说这话的时候泪水在她的眼睛里打转。她继续说道："我都不忍心看这张照片，自从拍了之后，这是我第一次把它拿出来看。它让我既伤心又害怕，我不想最后跟妈妈一样，我不想忘记玛西。"玛西把希拉揽到怀里说："我也不希望你忘记我，或者变得像你妈妈那样，眼睛里只剩下迷茫。"她一边轻轻地摇着希拉，一边拍着她的背。

　　虽然这个场面令人心酸，但幸运的是，我们找到了比锻炼更让希拉抗拒的东西。因为想让希拉动起来很难，所以我们制订的计划将利用她回避负面结果的先天性反射。我们要求她把上面提到的那张照片印成 8 英寸 ×10 英寸大小，贴在冰箱门上。随后，我们让希拉从相册里再找一张她与玛西的温馨时刻的照片出来，并要求她把照片里的玛西剪下来，贴在食品柜的门上，它代表了与玛西有关的记忆，而这是希拉最不想失去的。接着，我们提供了第三张照片，让她贴到卫生间的镜子上，那是一张阿尔茨海默病晚期患者的脑部磁共振成像照片，显示了这种疾病的独特病变。这些照片要保留三个月。希拉看了看母亲的照片，又看了看玛西。玛西对她说："我会帮助你的，你也可以帮助我。让我们一起变健康。"

　　健康的生活方式不一定是让人感觉舒服的方式，责任心是另一种克服抵触情绪的工具，不仅如此，它也是让目标长期保持的关键。

内部导向的盾型人格者往往在被他人鼓励（或者逼迫）时表现得最积极主动。幸运的是，希拉和玛西可以互相督促。没有亲密关系的人之间也可以相互鼓励和督促，比如互助小组。盾型人格者可以更频繁地复查，随时跟进血常规、血压和身体质量指数的变动，量化锻炼的成果。另一种方法是每天称体重，实时跟进减肥效果能让你锲而不舍地朝着目标前进。

计划实施 3 个月后，希拉和玛西每天的散步时长已经在不知不觉中从 20 分钟变成 40 分钟了，她们还趁此机会把住所周围都探索了一遍。我们鼓励她们提高力量训练的强度，她们感觉更有活力了，下午基本不用小睡，而且两人的体重都下降了。此外，各项指标也都发生了积极的变化，包括体重和身体质量指数，玛西的血糖水平一直保持在 6.7。她们很兴奋，我们也很高兴。

我们为咨询者制订的计划并不总是那么有效。我们把类似的治疗当成一种结果导向的实验，有的计划效果很好，而有的只取得了很小的进展，而且没能实施下去。身为人类，舒适感对我们来说是一种巨大的诱惑。我们经常气馁，沉溺于过去的失败很容易给未来的成功设限。我们会鼓励患者向前看，利用大脑类型赋予他们的心理杠杆，以积少成多和循序渐进的方式，朝正确的方向前进。倘若患者偏离了正轨，我们就会鼓励他们寻找原因，然后设法回到正确的道路上。

几个月后，我们再次见到了玛西和希拉。玛西的血糖水平降至 6.4，她仍需要注意她的胰岛素敏感性，但好在她还没有变成糖尿病患者。两人还需要继续减重，她们一直在坚持健康的饮食方式，同时努力锻炼。她们说很享受锻炼，最近还把在线拳击课程纳入了锻炼计划里。她们变得更加自信，不像以前那么焦虑，并且开始期待未来几年的生活了。

再过一两年，这两位女士会是什么样子呢？我们无从知晓，只希望她们能找到一条正确的道路，每当偏离正轨，她们都能及时发现。更重要的是，她们要知道如何才能回到这条路上。舒适感常常是蛊惑人心的骗子，自律的锻炼需要周密的计划、不懈的努力，以及对不适感的忍耐。她们究竟能坚持多久、做到什么程度，恐怕只有时间知道答案。

如何调动剑型人格者

纽约市的布局就像一副多米诺骨牌，短边为南北向，长边为东西向。如果你沿东西方向从第一大道走到第十二大道，就基本上能横跨整个城区。但如果你沿南北方向走相同的距离，那还不够从市郊到市中心。我们告诉你这些是有原因的。下面要讲到的人名叫摩根，他每天坐着的时间都非常长。大多数美国人都是如此，不幸的是，久坐对健康非常不利。

最近有一项研究调查了将近 8 000 个年龄在 45 岁以上的成年人，这些人平均每天坐着的时间为 12.3 个小时。研究人员发现，相比每天久坐不到 11 个小时的人，那些每天久坐超过 13 个小时的人的死亡概率要高出 200%。除了每天坐的总时长，每次坐的时长也很关键。那些连续坐超过 90 分钟的人的死亡概率比不到 90 分钟的人同样要高出 200%。虽然其中的原因依然不明，但研究人员认为这可能与胰岛素敏感性降低和代谢活动减慢有关。不过，可以确定的是，我们不仅需要运动（锻炼），而且需要频繁地把屁股从椅子上挪开，不能久坐。

摩根每天久坐的时间太长了，而且从不锻炼。他是个温柔亲切的人，喜欢跟陌生人聊天。不过，他更喜欢坐在电脑前面（他是一名从事自由职业的平面设计师），要么看网游直播，要么看电影，直到深夜。在工作和看视频之余，他喜欢浏览各个在线拍卖平台，寻找合适的徽章藏品。此外，他还对很多食品上瘾（肉桂面包、法式面包和冷冻的士力架）。摩根今年47岁，多年以来，他的血压、胆固醇一直呈稳定上升的趋势，他的体重也超标近40磅。

我们以前见过摩根，也提醒过他注意不断增加的腰围和缺乏运动的生活方式，不然终有一天会出大问题。他虽然点头称是，但一直没有付诸行动。很多时候，指出别人的健康隐患只能引发对方暂时的焦虑，转过头便忘得一干二净。这种倾向是剑型人格者的关键弱点：发自内心的承诺敌不过对舒适感的渴望，决心悄然败给了抵触情绪。

然而，现在的摩根完全变了一个样。走进我们的办公室后，他"扑通"一声坐到椅子上，说道："你们能相信就我这副样子曾经搞过田径吗？我在高中时期可是个成绩还不错的短跑运动员。现在我下楼取封信都会累得气喘吁吁，心脏跳得飞快。瞧瞧我把自己弄成什么样子了。"

是什么原因促使他来找我们的呢？是卡萝尔。有一天，在寻找一个藏品时，摩根进了一个聊天室，他在那里发现了一个与他志趣相投的女人。卡萝尔引起了他的注意，他非常喜欢这个女人。对方似乎也喜欢他，他却不敢约她在线下见面，因为摩根害怕她一见到自己就会失去兴趣。"我想让自己变得好看一点儿再去见她。我想跟她见面，共度美好时光，可像卡萝尔这样出色的女孩永远不会看上像我这样的人。那天我想买条裤子，但店家告诉我没有我能穿的尺码，我不得不上网购买胖人穿的裤子。"

有时候，仅凭健康方面的顾虑不足以让一个人行动起来，对剑型人格者来说尤其如此。他需要的或许是一个卡萝尔，以及健康带给他的自豪感甚至是自负感。

我们发现人只有在真心愿意做一件事的时候才会真的付诸行动，你不可能逼迫别人做出改变。而摩根似乎已经准备好了，他想要变瘦、变苗条，于是我们向他提出了要求：多运动，少吃，少坐。我们建议他从"半食"法入手，他可以吃自己想吃的任何东西，但要把食量减为平时的一半。我们还要求他在一周时间内，每天监控并记录自己坐了多少时间。结果表明，摩根每天要坐将近14个小时，连他自己都吃了一惊。我们给他每天久坐的时长设定了11个小时的上限，并让他每过30分钟就站起来，到房间外面走走。"如果我每天都少坐3个小时，那多出来的这些时间我应该干点儿什么？"我们的回答是，可以试着养成运动的习惯。这就要说到纽约市的生活了。

我们为他设计了一份逐步加量的走路训练计划，也向他介绍了第10章提过的两副扑克牌的游戏。按照训练计划，第一天，他从自己住的第65街出发，向南走3个街区，然后返回。我们让他记录来回所花的时间，并把最上面的那张牌翻过来。第二天，他同样要来回走3个街区，但必须比前一天快30秒。只要挑战成功，就可以再翻一张牌。第3天，他要走4个街区，然后返回，并记录用时。第4天，他要把第3天的用时缩短30秒。这份训练计划的目标是每两天多走一个街区，直到他把所有牌都翻过来。

再次会面的时候，摩根显得非常兴奋。他带来了一张电子表格，上面记录了他的总用时、步行距离、体重、久坐的时间，以及哪些天翻了牌而哪些天没有。此时的摩根已经可以在30分钟内走完10个街区了，而且半食法让他减掉了14磅的体重。让我们备感激动的是，他的血压、胆固醇和甘油三酯水平都在向正常值回归。

摩根告诉我们："我感觉棒极了。我已经把久坐的时长减到了12个小时以下，而且我每坐半个小时就会站起来做几个深蹲、大跳和俯卧撑。你们可没有告诉过我原来走路是这么舒服的事，再给我加点儿量吧。"

我们为他重新制订了训练计划，让它更具挑战性。他终于跟卡萝尔见了面，而且他们两个非常合拍，一见如故。之后，卡萝尔也加入了摩根的走路训练计划。摩根在努力中看到了自己的进步，至于他能否一以贯之地坚持锻炼和控制久坐的时间，我们拭目以待。如你所知，陈年旧习不会消失，只是蛰伏了而已。克制它们，同时用新的习惯替代它们，是我们所能做的全部。如果摩根不想前功尽弃，他就必须时刻保持警惕。

如何维持剑型人格者的责任心

剑型人格者往往觉得背负责任很难，因为除了立即到手的奖励，很少有东西能让他们集中注意力或长久地保持兴趣。正如你知道的那样，锻炼的意义重大。我们可以从锻炼中获得一些重要的东西，也会因为不锻炼而失去一些重要的东西。所以，锻炼在我们的生活中并非可有可无。另外，锻炼需要决心。在精力旺盛的时候蹦蹦跳跳是一回事，而在不方便的时候——天气太热或太冷，或者我们更想干其他事——坚持锻炼则完全是另一回事。很明显，容易分心、做事冲动、不喜欢延迟满足，这些特点都不利于养成坚持锻炼的习惯。剑型人格者常常对影响健康的因素无动于衷，因此锻炼在他们眼中也显得没有那么重要。不过，剑型人格者对多巴胺的渴望倒是可以利用的心理杠杆。他们其实很喜欢遵循惯例，一旦建立起某种惯例，按部就班地做事对剑型人格者来说就成了一种奖励。

不做某件事的话就会影响未来的健康，这样的理由可以轻易地让盾型人格者感到害怕。你只需要为他们指明，做了事情A，就可以避免结果B。对小心谨慎、容易唤起的盾型人格者来说，他们可以为了避免某种非常糟糕的结果而心甘情愿地去做某些不舒服的事，比如锻炼。但是，剑型人格者不太在意应该如何规避伤害，你要怎样激发他们的责任心呢？

如果你是个盾型人格者，请好好利用你对惯例的偏爱，坚持制订好的计划，直到它成为你的第二本能。这里的诀窍是，持之以恒地执行你的计划（不管是什么计划），只要时间足够长，它就会成为某种惯例。请记住，剑型人格者对奖励非常敏感，而奖励的形式五花八门。其中之一就是提前告知某种行为的结果，这种结果来得越快，它的吸引力就越强。剑型人格者可能会喜欢的一种方法是，利用手机程序记录健康数据，得到迅速的反馈，比如摄入了多少热量、走了多少路等。虽然练出六块腹肌绝不是一朝一夕的事，但实时监测和记录自己取得了多大的进展还是可行的。这种测量和对照本身就是一种奖励，能够促使你把锻炼变成惯例。

结交志同道合的朋友也可以让你坚持下去，摩根正是这么做的：卡萝尔有三个朋友也想加入他们两人的走路训练计划。团队的力量体现在队友可以相互鼓励和支持上，在合适的时候，成员之间还可以相互敦促。有时候你觉得锻炼没有压力，也有时候其实很不情愿，但作为团队的一分子，对于团队的责任感可以保证大家的出勤率。

剑型人格者不太能做到延迟满足，所以他们应当给自己设立更为现实的短期目标。虽然减掉40磅听上去很诱人，但减掉两磅更容易做到。小小的成功不断累加，每一步都可以看作小而重要的胜利。把这种认可转化成话语或文字送给自己，或者将这些成就以类似图标的形式呈现出来。不要贬低微不足道的目标，重要的不是每一步迈得有多大，而是前进的方向正确与否（比如，今天有没有出去散步，今天是否减掉了一盎司体重）。

睡眠不足的危害

流行病学研究证实，在过去的 50 年里，儿童和成年人的睡眠不足问题均有加剧的趋势，与之相伴的是肥胖率迅速上升。睡眠不足除了令人感觉疲劳之外，对我们的整体健康也有隐秘且危险的影响。缺乏睡眠会增加促炎性细胞因子的释放，导致免疫功能紊乱，同时降低人的认知能力。它还对学习、记忆力和痛觉（降低疼痛阈值，提高痛觉的敏感性）有负面影响。长期睡眠不足会改变碳水化合物的代谢方式、食欲、食物的摄入量和蛋白质的合成，而且这些变化不都对健康有利。你的慢波睡眠会被干扰，这本是人体自我修复、从上一轮觉醒中恢复过来的重要阶段。如果不能在这时候及时清除废物，你的器官和组织就会被代谢垃圾包围，受到更猛烈的炎性攻击，诱发和加剧慢性疾病，包括各种癌症。此外，目前有充足的证据显示，抑郁症与大脑的炎性病变直接相关。由于慢波睡眠具有恢复体力的作用，它的不足会让你精力不济、无精打采。

睡眠不足经常引起瘦素和食欲刺激素的调节异常，增加人们患肥胖症的概率。多媒体平台的使用已然成为导致用户睡眠不足、体重失控的新风险因素，这与它鼓励久坐不动和摄入更多能量的生活方式有关。

睡眠不足还与某些激素和神经递质的分泌异常有关，其中最主要的两种是促食欲素和褪黑素。大自然赋予了人类一整个用于调控睡眠和觉醒稳态的神经化学物质宝库，其中就包括促食欲素和褪黑素。促食欲素神经元的活跃可以增加觉醒和唤起，而睡眠不足会导致这种神经递质的分泌量减少，让人产生饥饿感，食欲增加，摄入超出实际需要的能量。

褪黑素的作用是调节昼夜节律，这种激素夜晚的浓度是白天的 10 倍。褪黑素的分泌对睡意的酝酿至关重要。天黑之后，大脑中的褪黑素水平开始升高，于晚上 11 点到次日凌晨 3 点之间达到峰值，并在晨光出现后迅速回落。夜间的褪黑素水平将随我们年龄的增加而逐渐下降，正是因为如此，很多老人都有失眠的问题。熬夜（对剑型人格者来说稀松平常）会干扰褪黑素的正常分泌，因为灯光抑制了褪黑素促睡眠的作用。

如何保证充足的睡眠

医学上的睡眠障碍有很多种，比如不宁腿综合征和睡眠呼吸暂停，它们的具体表现已超出了本书讨论的范围，这里不再赘述。重点是，它们反映了大脑化学物质的失衡如何与我们的休息方式相互作用，并有可能成为破坏睡眠健康的罪魁祸首。每个人的大脑化学物质都有轻微失衡的情况，但并非人人都有睡眠问题。我们与唤起的关系以一种不易察觉的方式破坏着夜晚的健康睡眠，在这一点上，没有其他东西能与之相提并论。大脑类型会使剑型人格者和盾型人格者形成不同的睡眠模式，但这些模式都可以预见，并且都会阻碍他们得到充足、安宁的睡眠。我们将每种大脑类型的倾向列举如下。

剑型人格者与盾型人格者的睡眠模式比较

行为	盾型人格者	剑型人格者
一般什么时候上床睡觉？	较早	较晚
需要多长时间才能入睡？	可能需要很长时间	较快
是否会做（噩）梦？	经常会	不经常会
是否会在半夜醒来？	经常会	不经常会
需要多长时间才能重入睡？	不会马上	通常马上
一般什么时候起床？	较晚	较早
是否经常打盹儿？	经常	不经常
应对睡眠问题的策略	抑制强烈的唤起	忍受不足的唤起
		关灯，提前上床睡觉

有一点很重要，你必须记住我们在这里讨论的只是剑型人格者和盾型人格者的倾向，而不是他们一定会做什么。并不是所有剑型人格者和盾型人格者都完全符合上面列举的睡眠模式。那么，我们知道这些倾向又有什么用呢？因为过度的唤起，盾型人格者往往把睡觉当作一种让意识断电的手段，抑制唤起带来的不适感（焦虑）。看看上面那张表，你就能明白强烈的唤起是如何与盾型人格者的睡眠模式交织在一起，并给各个环节带来了相应的问题。唤起不仅让一天下来受够了刺激的盾型人格者早早爬上床，还经常导致他们的入睡过程变得十分艰辛。这也是为什么盾型人格者更容易在半夜醒来、更难重新入睡，以及更不情愿早起。

　　唤起又是如何影响剑型人格者的呢？正如你所知，为了使唤起达到舒适的水平，剑型人格者不得不设法刺激自己，这种行为经常持续到夜间，导致他们睡得很晚。因为唤起不足，剑型人格者往往睡得很安稳。他们不经常在半夜醒来，就算醒了，也能很快重新入睡。早晨来临，随着褪黑素自然退潮和皮质醇水平逐渐升高，剑型人格者通常会早早起床，开始新一天的生活。如果晚上能早早上床，剑型人格者通常可以睡得很好。这并不是说他们从来没有体验过睡不着的痛苦滋味，如果压力太大，就算剑型人格者也会产生难以忍受的强烈唤起。这时候，他们的睡眠模式就会变得跟盾型人格者一样。

　　如果你正在经历这样的情况，你可以做些什么呢？保持良好的睡眠卫生意味着作息要有规律；卧室要保持凉爽和昏暗；至少在睡前一小时内不使用电子屏幕；做一些放松身心的事（听轻音乐或洗个温水澡）；除了睡觉和性生活，不要在床上做其他事。

　　对于剑型人格者，改善睡眠质量通常意味着要把睡觉时间提到他们习惯的时间之前，他们为此要学会在唤起水平较低的夜晚忍受低落的情绪，而不是寻求补偿性刺激。深夜使用电子设备是影响剑型人格者睡眠健康的关键因素。他们总是认为，如果睡着了就会错过非常有趣的事，这种想法经常让他们感到担忧和恐惧。如何帮助剑型人格者提升夜间睡眠质量呢？简单来说，就是不要采取任何策略。没错，有时候事情就是这么简单。只不过对剑型人格者来说，把简单的策略转化为日常惯例不一定是件容易的事。

那盾型人格者呢？他们的夜间睡眠质量改善策略可以概括为：设法调节和抑制唤起。我们已经在前文中介绍过相应的方法了。同样，这些策略听起来简单直接，但真正做到却不容易。我们会在下一章介绍更多关于调节情绪和应对压力的内容。

接下来，我们看看凯文和温妮是如何处理他们的睡眠问题的。凯文是美国国家橄榄球联盟的退役选手，自从离开赛场，他在近 10 年里受到的打击比在担任线卫时还要多。凯文的主诉是白天没力气，但在我们看来，这个男人还有其他问题，比如肥胖和久坐。他反映一到下午 3 点左右就疲惫不堪，唯一的应对方法就是打 30 分钟的盹儿。哪怕白天喝 6 杯咖啡，也没法让他保持精力。每天晚上 10 点是凯文最喜欢的时间，这时他会登录社交媒体，同昔日的队友和对手联络。你可能已经猜到了，凯文是剑型人格者。

温妮，36 岁，离异，有失眠问题，轻微超重，是一名律师助理。作为单身母亲，温妮艰难地抚养着 8 岁的儿子乔丹。她习惯在床上看电视，经常是刚喝完手里那杯助眠用的伏特加兑汤力水就睡着了。但当她起身把电视和电灯关掉准备睡觉时，却睡意全无，脑子开始飞速运转，焦虑的想法纷纷冒出。好不容易睡着了，又睡得很不踏实。早上醒来的时候，床单和被子总是乱糟糟地卷成一团。温妮有抑郁症，并饱受惊恐发作的困扰，她时不时地通过吃掉一个大比萨饼来安抚自己悲伤的情绪。她知道自己必须减肥，但睡眠不足的她又没有意志力节食。温妮属于盾型人格。

温妮和凯文都有几个健康问题需要解决，但睡眠不足是其中最严重的一个。他们都需要少吃、多运动和多睡，在解决了前两个问题之后，我们把目光转向了睡眠。

我们要求他们记睡眠日记，记录的结果让他们感到惊讶。两人都发现他们比自己以为的睡得更晚，从温妮一周的日记看，她平均每晚都要喝两杯酒，而不是她说的一杯。不仅如此，他们俩之前都没有提到深夜摄入咖啡因的事——温妮吃的是巧克力和杏仁巧克力棒，凯文吃的是葡萄干巧克力豆。

我们强调了在临近睡觉的时候降低物理刺激的重要性（对凯文这样的剑型人格者很难，但对温妮这样的盾型人格者则无关紧要），要避开电子设备发出的蓝光，不要看电视，不要吃零食（这一点对他们俩来说都很难）。我们建议他们夜间避免受灯光照射，因为这对褪黑素的生成有负面影响。我们还建议凯文和温妮在入睡前一个小时服用 5 毫克褪黑素。我们觉得他们也可以尝试使用琥珀色的镜片，在睡前 3 个小时戴上这种眼镜，用于阻挡干扰褪黑素生成的特定波长的光线。此外，还要避免头顶的灯光直射。

温妮发现，在关掉床头灯后，她脑袋里的消极想法会不受控制地冒出来。消极的想法转化成负面情绪，提高了她的唤起水平。我们怀疑这是由于温妮在平静状态下的唤起水平偏高，导致呼吸急促、血氧水平上升，继而触发了或战或逃反应。我们让她尝试一种呼吸练习，每天晚上花 10 分钟时间做舒缓的深呼吸。这种呼吸技巧不仅能让她放松下来，还可以改善氧气和二氧化碳的交换效率。

我们建议温妮设置固定的睡觉和起床时间，并告诉她要有耐心，因为建立新的作息习惯可能要花好几个月的时间。幸运的是，盾型人格可以做到延迟满足，而且她每天记的睡眠日记对跟踪她取得的进展非常有帮助。

　　和许多盾型人格者一样，温妮在清晨觉醒得很慢，于是我们建议她采取清晨光照疗法，这种干预措施可以把她的昼夜节律逐步往更早的时间调整。实施起来也不难，利用灯箱就可以，这种装置在市面上很容易买到，各种波长和光强的都有。我们认为她应该考虑改掉晚上喝伏特加的习惯。酒精的确可以触发并且延长睡眠的第一阶段，但糟糕的是，它也会干扰后续的深度睡眠阶段，深度睡眠阶段被认为与身体的恢复和昼夜节律的维持有关。我们让她把酒换成低剂量的加巴喷丁，这是一种天然的神经递质，可以减轻焦虑，促进良好的睡眠。我们推荐她从最低的剂量（100 毫克）开始，具体的服用方法是睡前一小时先吃一粒，上床睡觉前再吃两粒。为了帮助温妮把注意力放在目标上，我们向她介绍了几种可穿戴设备，用来测量她每晚的恢复性睡眠时间延长了多少。这样做可以激励她养成新的睡眠习惯，最大限度地增加深度睡眠时间。

　　凯文睡觉的时候全身十分紧绷，于是我们教给他渐进式肌肉松弛法，用于缓解他紧张的状态。这种方法要逐个肌肉群进行，从头皮开始慢慢向下，经过他的躯干，最后到他的脚。在他一点一点放松身体的同时，他要提醒自己正在放松的是哪个部位，一边放松一边对自己说："我在让我的眉毛下垂。我在放松我的下巴。现在是下颌。放下我的肩膀。"以此类推。我们要求凯文改掉在下午或傍晚喝咖啡和抽烟的习惯，因为这些东西不仅会影响睡眠的总时长，还会延长入睡时间，降低睡眠的整体质量。凯文最需要纠正的习惯是每天深夜坐在床上玩笔记本电脑，全神贯注地盯着社交媒体上的风吹草动。在翻看睡眠日记时，连他自己都不敢相信竟然在电脑屏幕和键盘上花费了那么多时间。虽然颇有微词，但他最后还是同意把上床睡觉的时间提到每天的零点之前，这对他来说已经算早睡了。

回报可以激励剑型人格者改变睡眠习惯，这种回报是经验性的，与获得良好的自我感觉有关。我们要求凯文每天早上起床的时候问自己 3 个问题：第一，我是否变得更警觉了？第二，我如何评价自己的情绪？第三，我的精力有多充沛？如果至少有两个问题的回答是积极的，他就要提醒自己，这种良好的自我感觉就是他获得的回报。

接下来，让我们回到每次治疗的必经之路上：坐下来，喘口气，看看我们的患者会做些什么。

生活中的改变是相互影响的

我们都知道做出改变有多难，在漫长的过程中，唯有决心和持续的努力能帮助我们取得成功。遇到患者的抗拒和抵触情绪时，我们会表现得很耐心。出现这种情况并不意外，我们之所以选择讲述凯文和温妮的故事，原因就在这里——他们两个都对熟悉且舒适的生活方式念念不忘。所幸两个人都没有遮遮掩掩，这是他们的可取之处。在戒酒不到一周后，温妮告诉我们她又开始每晚喝伏特加了。我们教她的冥想练习进展得也不顺利。她告诉我们，把注意力集中在呼吸上让她觉得紧张，甚至忘记了该如何呼吸，这非但不能让她放松，反而让她更焦虑了。

按照我们的建议，凯文需要将睡觉的闹钟设定在零点之前，这一点他的确做到了。但是，他每次都会关掉闹钟，并向自己保证只看最后一眼就关掉笔记本。就这样，一眼变成了两眼，两眼又变成了三眼，接下来的事想必你也猜到了。

温妮和凯文的睡眠问题依然存在。于是，我们调整了计划，分别把重点放在温妮的锻炼和凯文的饮食上。减几磅体重对温妮肯定是有好处的，她在疫情防控期间一直过着久坐不动和与世隔绝的生活。为了不走出家门，她找了很多借口，狡猾的程度令人惊讶。在得知她高中时代打过篮球后，我们鼓励她在自家的车库里装一个篮球架，教乔丹打球。我们还建议她服用SSRI，以提高她的血清素水平。

自从退役之后，虽然凯文的体重增加了很多，但他依然保持着每天锻炼的习惯。他通常一起床就会直接跳上跑步机，清晨锻炼能提高一整天的代谢效率，不过同样增加的还有食欲。我们建议他采取半食法，并把锻炼的时间改到傍晚时分。

虽然睡眠质量没有改善，但他的体重下降了。计划执行几个月后，我们惊讶地听到凯文对我们说，过去他在深夜查看社交媒体只是因为攀比和嫉妒。他的原话是："我忍不住想看看谁的身材保持得比我好，而谁又比我差。在减重后，我就失去了评估自己属于哪个水平的兴趣。在我眼里，它已经没有以前那么重要了。"

虽然每个人的生活方式都由不同的部分构成，但它们终究是一个整体。而且，一个部分的变化将引发整体的改变。我们在温妮身上看到了这种变化：虽然她的体重没有下降，但跳投的本事捡回来了，并因此重拾自信。她开始上线上瑜伽课，还告诉我们她已经不像从前那么焦虑和抑郁了。听到她说自己已经彻底戒酒时，我们真是高兴极了。"我以前告诉自己，伏特加能把我内心的孤独感带走。现在，我和乔丹的相处时间变多了，吃完晚饭，我会念书给他听。我觉得打篮球让我们找到了共同话题，很有意思。"

显然，温妮正在学习如何让自己的内心平静下来。我们希望随着这个过程的继续，这些变化可以慢慢改善她的睡眠。凯文的体重一直没有反弹，我们最近得知他在看晚间新闻的时候睡着了。还没到设定的入睡时间，他就睡着了，而且第二天早上醒来的时候他的感觉非常好。

锻炼和睡眠既简单，又复杂，还很有必要。躲在舒适区的价值被我们严重夸大了，走出来吧，去过更健康的生活。少一些反射性行为，对你只有好处，没有坏处。你或许可以趁此机会诚实地评估一下自己的锻炼和睡眠情况，看看它们能否让你拥有一个健康、美好的未来。

第 12 章

把控压力

生活中充满了压力。大脑类型对我们如何应对这些不可避免的压力影响很大。

"把控压力"这个标题已经说明了一切。我们每天都在做这件事。面对复杂的生活，没有人能够避开压力。当压力降临时，不是我们搞定压力，就是压力搞定我们。前文说过，大脑类型已经决定了我们会以怎样的方式处理压力，有些对我们有益，有些则不然。应对压力的诀窍是认识你自己，驾驭那些对你来说不健康或没有意义的应激反应。接下来，我们将向你介绍几个被压力牵着鼻子走的人，以及他们从中学到了什么。

那是一个星期日的早上，刚过 7 点，杰夫就惊慌失措地给我们打来了电话。你还记得杰夫吗？他是第 10 章里那个减重屡次失败的人。杰夫后来有了新的减肥计划，在成功坚持了 8 个月后，他又联系了我们，可这一次他连话都说不清楚了。终于，他镇定下来。他告诉我们，他的妻子斯泰西已经离开他，跟另一个男人走了。他备受打击，既困惑又焦虑。调整好呼吸后，他总算把自己发现妻子出轨的惨痛经历说明白了，还详细描述了自己是如何迅速堕落，重新找上了老朋友杰克丹尼①的。整整8个月的努力，就这样付诸东流了……虽然很多人发现自己的行为在进步，但他们也发现坏习惯死灰复燃就只在一念之间，而触发这种倒退的因素是意料之外的巨大压力。不过，倒退并不是失败，而且有许多方法可以制止他的堕落。在继续介绍杰夫的情况以及我们如何帮他度过危机之前，我们先来简单地解释一下为什么压力会使人产生不好的感受。此外，我们还会介绍一些与大脑类型相对应的手段，帮助你应对这些不好的感受。

应激是指生物学平衡状态（也叫稳态）发生的任何改变。不过，稳态只是一个抽象的概念，而不是指某种稳定不变的状态。它就像美丽的独角兽一样，其实并不存在。稳态受到我们看待它的角度的影响，因为稳态是否被破坏与我们对它的评估及具体情景有关。有人因为接到医生打来的电话，得知癌症筛查结果呈阳性，导致稳态瞬间崩塌；有人在兴冲冲地跑进冰激凌店后，因为发现薄荷巧克力味的冰激凌卖完了而心情不好。这些变故引起的唤起与我们对稳态无尽且无意识的渴求相冲突，我们会做何反应取决于我们的容忍程度有多强。虽然每个人都很容易受到压力的影响，但压力激发的防御性反射不同，它是由我们的大脑类型决定的。

大自然吹响的号角

如果你觉得自己的母亲控制欲太强，那我们就要给你说道说道慈祥的大自然母亲了。和它相比，你的母亲就像罗杰斯先生②一样和蔼可亲。压力很可能是大自然用来唤醒我们的最嘹亮的起床号，它

---

① 杰克丹尼是一种威士忌酒品牌。——译者注
② 罗杰斯先生指美国知名儿童节目主持人弗雷德·罗杰斯（Fred Rogers）。——译者注

是最强烈的生存警告。这种发生在毫秒之间的生物反射是由近在眼前的威胁激发的，它涉及 4 个各自独立但配合默契的系统——大脑、垂体、肾上腺和免疫系统，并由大自然担任总指挥。这是一种自发的反应，常常被称为或战或逃反应。它的图纸已经被深深地刻进了我们的基因里，而且不仅我们有，其他动物也有。大自然对这种级联事件的安排如下：

1. 大脑中的下丘脑立即释放促肾上腺皮质激素释放因子（CRF），刺激腺垂体分泌促肾上腺皮质激素（ACTH）。
2. 随后，促肾上腺皮质激素刺激肾上腺释放皮质醇（压力激素）。
3. 压力激素激活神经系统，刺激交感神经，使葡萄糖大量涌入血液，为我们的或战或逃反应提供尽可能多的能量。

应激反应的表现是心悸、换气过度、认知能力提高和注意力高度集中。皮质醇的飙升还会抑制胰岛素释放，阻碍葡萄糖代谢，让能量更多地为骨骼肌所用，以便我们更好地保护自己。在这种警报被拉响的同时，其他不是生存所必需的功能也会被抑制，包括消化功能、性功能，以及降低炎症反应、形成记忆和维持水盐平衡的功能。下丘脑和垂体之间还有一条血流的"快车道"，可以让高浓度的激素涌向垂体，迅速激活上述级联反应。

长期暴露在压力中，似乎会导致这个反馈回路被过度激活。研究表明，焦虑和物质滥用均与下丘脑–垂体–肾上腺轴（HPA）的功能紊乱有关。物质滥用是针对应激性焦虑症最主要的自我安抚手段，应激性焦虑症包括广泛性焦虑症、创伤后应激障碍（PTSD）、惊恐发作、社交焦虑、强迫症，以及重度抑郁。除此之外，我们还看到 HPA 的功能失调、自身免疫病和高血压之间存在关联。

大自然赋予的少许唤起

应激是指能够激发生存本能的唤起性事件。急性应激障碍是指在经历创伤性事件后一个月内出现的强烈应激反应，创伤性事件包括重伤、濒死或性侵害等。类似的应激障碍很有可能转变成PTSD，必须得到鉴别和治疗，以免它们的性质从急性发作升级为难以治愈的终生性病症。与此相关的其他障碍也要尽可能及时地干预，比如惊恐发作、社交焦虑和强迫症。药物通常是治疗的主要手段，包括医生开的处方药和从其他渠道获得的药品。而现在，我们有了另一件对付应激反应的武器：利用大脑类型，制订更有针对性且效果更持久的个性化方案。

当盾型人格者感受到皮质醇的释放时，他们的本能反应是退缩；而当剑型人格者碰上皮质醇时，他们的下意识反应是出击，而不是回避。最近有这样一条新闻视频，一个年轻的女人和她的三条小狗在屋外的院子里待着，突然，她注意到有一头巨大的野兽试图翻越自家的围栏。这个女人没有一丝犹豫，连那头野兽是什么都没看清就直接冲了上去，一记重拳把它打翻在地。那其实是一头魁梧的棕熊。这个女人事后称，她冲出去的时候并不知道那是头熊，要是知道的话她可能还会犹豫一下。但强烈的唤起占了上风，让她只想打出一记右上勾拳。这个本能反应是可以预见的，非常不明智，并且受到了失衡的多巴胺的驱使。如果她是个盾型人格者，那她的小狗很可能就要自求多福了。

生活中绝大多数的压力事件都不同于野熊攀爬你家的栅栏，也不需要你做出即时的反应，所以当压力引起压力激素和神经递质的释放时，盾型或剑型人格者都需要有应对计划。反射性行为凭借的是直觉，和是否理性没有关系。对于那些不需要立即做出反应的情况，试着给自己一点儿时间。用鼻子深吸一口气（同时闭紧嘴巴），然后慢慢呼出，把注意力放在呼气的过程上。这种呼吸方法可以帮你集中注意力、平复心境，让你能够计划下一步的行动，关键时刻或许能救你一命。你需要一些时间来练习，但回报可能会比你想象的来得更快。

应激反应在行为层面上的表现遵循着简单的先后顺序。你可以用"ARC"来想象这种反应：开始（Action，压力事件发生）——反应（Reaction，神经化学响应，激发反射性行为）——控制（Control，决定是推翻还是纵容情绪上的不适感）。现在，我们来分析一下杰夫在痛失婚姻后，是如何与压力斗争的。

应对失去

婚姻的破灭让杰夫心烦意乱。他怪自己不够贴心，怪自己身材发福，变得不像从前那么吸引斯泰西了，他还怪自己在买那辆雷克萨斯车时坚持货比三家，花了太多时间，以致车到手后斯泰西也没有表现得太开心。此外，亟待治疗的糖尿病让他备感担心和困扰，健康问题和失去斯泰西导致他时不时地失眠。不仅如此，这些焦虑的想法还混杂着挫败感，因为在此前与我们的合作中，他的表现有了明显的进步，他的睡眠改善了，酒戒掉了，每天坚持走路，体重也下降了，而现在这一切都化为了乌有。这些痛苦的感受里从未掺杂一丝对斯泰西的愤怒，他只恨自己，为他在感情中做得不足的地方，还有不顾健康的自甘堕落而愤怒。

像杰夫这样焦虑到什么事也做不了的情况，对很多人来说可能并不陌生。退缩是盾型人格者对唤起的最自然的反应。当不舒服的感受降临，无论是哪一种大脑类型的人，都有必要停下来缓一缓，哪怕只是片刻。在这种难受的时刻，我们可以学习如何更加有效地处理负面情绪。另外，这也是我们证明自己可以战胜大自然、夺回控制权的好机会。大自然不在乎我们要花多长时间才能从惊恐的感受中恢复过来，拉响警报是它唯一的使命。你可以用下面这个方法度过这种时刻。首先，试着掐自己。没错，身体的疼痛也会触发警报反应，它可以将你从不可自拔的思绪和情绪里拉出来。其次，去想一件比失去斯泰西更令他不安和烦恼的事，杰夫想到的是姐姐刚刚被确诊为胰腺癌。同样糟糕的人生缺憾缓和了原本挥之不去的焦虑。最后，提高他的血清素水平，比如吃富含碳水化合物的零食，或者走 10 分钟的路。掐自己，改变看问题的视角，还有主动获取血清素，这些简单的行动可以制造出一种自我控制的表象。当感觉到自己逐渐失控时，你可以尝试一下这个方法。

当然，我们也不能对房间里的那头大象视而不见：杰夫想用酒精麻痹自己，他本能地认识到酒精能够迅速抑制自己的焦虑。而那时候，他在改掉这个自我安抚的坏习惯方面刚有了些起色。我们在先前的治疗中就曾告诉过杰夫，同所有的成瘾症一样，酗酒是一种医学上的慢性疾病，由压力引发，以他的大脑化学物质为基础。杰夫很聪明，他明白酒精之所以会干扰睡眠周期，是因为它增加了浅睡眠的占比。清楚的认识让他有了对抗酒精依赖的优势，但这种危害健康的反射依旧很难对付。

在接下来的几个星期里，我们与杰夫紧密合作。过去，"社恐"的杰夫从不敢去参加匿名戒酒互助会。我们帮他联系了一名康复工作人员，在之后的 90 天里，这名工作人员每天都陪他参加戒酒会。杰夫不仅害怕见到陌生人，还因为自己酗酒的毛病复发而感到难堪，而工作人员的陪同可以冲淡他的恐惧和尴尬情绪。

我们向杰夫推荐了一个在线认知行为疗法（CBT）咨询项目。

这种疗法涉及一系列互动式流程，它的目的是指出逻辑中的谬误（个人的认知扭曲），让患者的信念和想法变得更合乎情理。认知行为疗法理论认为，通过改变你对一件事的思考方式，就能改变这件事带给你的感受。经过 6 个月的治疗，CBT 的效果比药物干预的效果更胜一筹。CBT 既可以采取面对面的方式，也可以通过视频平台进行。疫情防控期间的研究显示，针对焦虑，线上和线下 CBT 同样有效。CBT 对由急性创伤造成的惊恐发作是有疗效的，这一点已经得到了证实，而且起效的时间相对早，治疗效果的持续时间也相对长。有证据表明，如果在早期开展，CBT 可以降低患者出现 PTSD 的可能性。

我们要求杰夫养成写日记的习惯，记录他每天的活动和感受。不仅如此，为了帮助杰夫克服自由散漫、没有计划的毛病，我们也让陪同他参加戒酒会的工作人员参与进来，协助杰夫制定并遵守严格的日程表，包括吃饭、参加戒酒会和吃药的时间。

用处方药实现自我安抚的坎坷之路

如果精准使用、耐心调整，并且由合格的专业人员把关和提供保护，药物干预对治疗焦虑障碍和其他精神疾病都有良好的短期和长期效果。治疗这类病症的药物最早出现在 19 世纪下半叶，包括吗啡、溴化钾、水合氯醛和副醛，但它们都属于镇静剂，不可能解决所有问题，更何况当时人们还不知道有大脑化学物质失衡这回事。过了 100 年之后，我们逐渐明白了焦虑障碍背后的大脑化学原理，也知道了焦虑障碍可以分为焦虑症、恐慌症和强迫症。随着认识的增长，我们开始更有针对性地使用上述药物。现代神经精神药物学的兴起有时也被人们视为"弗洛伊德学派的陨落"，它以 20 世纪 50

年代首款苯二氮䓬类药物和氯氮（我们给杰夫开了这种药，用于对抗戒酒造成的重度焦虑）的出现为标志。后续的药品包括 1963 年面世的安定，1981 年面世的赞安诺，以及 1987 年以百忧解为代表的 SSRI。

杰夫起初需要的是苯二氮䓬类药物，用于保护他免受戒酒反应的影响。在戒酒引发的压力下，大脑释放出谷氨酸，这种神经递质会造成严重的焦虑情绪，而苯二氮䓬类药物可以抑制这种反应。这个阶段的治疗手段不能只局限于药物，杰夫需要药物、心理咨询和匿名戒酒会的综合支持。除了氯氮，我们还让杰夫服用了 SSRI，用来增加血清素，改善他的抑郁情绪，同时缓解强烈的焦虑。停用药物或戒酒会让很多人出现睡眠问题，因为这些有效成分的代谢物会在大脑中持续存在，存续时间取决于具体滥用的是哪种物质及滥用了多长时间。我们给杰夫开了低剂量的加巴喷丁，用于安抚他过度唤起的神经系统，平复令他焦虑的思绪，而且加巴喷丁是一种天然的神经递质，产生药物依赖的风险很低。通过行为疗法和非成瘾性促神经递质药物，杰夫不再需要依赖容易上瘾的镇静物质来应对他的压力和酒瘾了。

通过自我安抚摆脱物质滥用

很多受到急性或慢性焦虑障碍（表现为惊恐发作、社交焦虑和强迫症）困扰的人都会陷入物质滥用，把它当作自我安抚的手段。但是，这种让个别神经递质在短时间内飙升的方法只能暂时缓解糟糕的感受。正如美国伟大的"哲学家"霍默·辛普森（Homer Simpson）经常被引用的那句名言所说："拿啤酒来，这就是我们眼下的解决方案。"澳大利亚的一项研究在调查了将近 9 000 名患者后得出结论，在有物质滥用问题的人群中，社交焦虑是最常见的焦虑障碍，而且有社交焦虑的患者更容易依赖酒精。加拿大的一项类似的研究也证实，有强迫症的人比没有强迫症的人更容易陷入终生的酒精和药物滥用。我们还根据其他多项研究发现，与焦虑有关的病症发生的时间其实早于物质滥用发生的时间。还记得我们的老朋友HPA轴吗？越来越多的证据显示，焦虑障碍和物质滥用的神经生物学基础类似，它们都与HPA轴有关。长期的药物滥用和（或）长时间承受压力都会造成HPA轴过度活跃。

我们在治疗过程中观察到，杰夫的强迫症的另一个表现是严重依赖社交媒体。许多研究都证实，那些觉得悲伤、不满或孤独的人会把沉迷玩手机当作一种自我安抚的手段，借此摆脱不好的感受。焦虑症可以加剧这个问题，导致人们使用社交媒体的时间进一步增加。我们建议杰夫每天安排两个时间点，专门用于查看社交媒体和收发信息（比如上午 10 点和下午 4 点，每次看几分钟）。这样做的目的是打破他每天早上睁眼后做的第一件事和每天晚上闭眼前做的最后一件事都是看手机的坏习惯。

杰夫踏上新的旅程才两个多月，不过他目前的情况很平稳，他表现得很好。

当你得知自己患上了癌症

> "癌症没有让我倒下，它让我站了起来。"
>
> ——迈克尔·道格拉斯（Michael Douglas），
>
> 谈如何面对一种致命疾病

52 岁的朱蒂看上去非常年轻，她在一次例行的乳腺影像学检查中被确诊患有乳腺癌，更不幸的是，癌细胞已经扩散到她的淋巴结。尽管有乳腺癌家族史，但朱蒂对待筛查的态度并不积极。她从来没有做过乳房自检，上一次拍乳房X射线片也是4年前的事了。她或许下意识地认为，只要她不去找癌症，癌症就不会找上她。得知自己患了癌症后，她吓得不知所措。提到"癌症"这个词，我们都会想到死亡，可事实上，对至少一半的癌症患者来说，这种病已经成为一种慢性疾病。尽管在过去的10年里，相关统计数据已经有了明显改善，但这种疾病依旧会让听到它的人心惊胆战，强烈地刺激HPA轴分泌皮质醇。

朱蒂的诊断结果导致她的PTSD复发，这种情况有时会在一个人经历激烈、可怕或危险的事件后出现。导致她患上PTSD的事件发生在前一年，当时她的母亲被诊断为急性白血病，朱蒂眼睁睁地看着母亲极度痛苦地咽下最后一口气。那段时间，朱蒂通过频繁地抽大麻来缓解挥之不去的焦虑。还有很多高度唤起的症状和反应让她痛苦不堪，她很容易受到惊吓，常常烦躁不安，还有睡眠问题，从表面上看抽大麻的确对她有帮助。朱蒂没有寻求任何干预，她噩梦不断，极度伤心，内疚不已，因为她觉得自己没有在母亲人生的最后几年好好陪她。

PTSD的症状会在初始事件发生后持续很长时间，表现为反复做噩梦、闪回、疏离、悲伤、恐惧和愤怒等。与PTSD相伴的病症包括焦虑障碍、物质滥用和抑郁。如果治疗及时，很多患者都能在6个月内康复，但也有一些人的症状会持续终生。目前，研究人员在这种病症里发现了遗传学因素，而且女性患者的占比更高。除此之外，种族因素的影响也得到了证实，非洲裔美国人、拉丁裔和美洲印第安人的发病率尤其高。

朱蒂后来看了肿瘤医生，尽管大夫很有同情心，对她说了很多鼓励的话，但依然无法阻止朱蒂往最坏的方向想。她自己上网搜索，想看看最差的情况有多糟糕，在这个过程中，她渐渐迷上了果酱甜甜圈。担心扰乱了她的睡眠，她也不再去健身房了。我们向她解释了压力对免疫系统的负面影响，以及这种影响在即将到来的求生之战中可能造成的后果。

我们让朱蒂做了大脑类型测试，确认她属于盾型人格。我们帮助她了解关于乳腺癌的最新、最权威的信息，信息就是力量，而力量正是朱蒂在确诊癌症后缺少的东西。两年前，她因为步入更年期而开始接受雌激素替代疗法，我们告诉她，考虑到雌激素和家族性乳腺癌的强相关关系，她需要暂停这种治疗。我们为朱蒂做了雌激素和乳腺癌 HER–2 测试，顺便检测了其他几种最新的血液和遗传标志物，为精准治疗提供依据。了解到这些之后，朱蒂总算能相对克制地面对自己的诊断结果，更好地参与到治疗中。信息能让盾型人格者变得强大，是帮助他们在接受治疗时减轻压力的绝佳工具。

我们替朱蒂联络了一位 CBT 治疗师，也向她介绍了正念疗法（包括打太极），作为应对 PTSD 的新手段。考虑到她的社交焦虑史，我们帮她从宠物连锁商店的领养部门找到了一个"室友"——一条两岁大的可卡犬，她给它取名科怀。专注于照顾宠物把朱蒂拉回了当下，也让她在这个艰难的时期得到了忠诚无私的爱与支持。此外，因为每天不得不遛科怀两次，这给了她久坐不动的双腿运动的机会。最后，我们与朱蒂分享了一系列关于肠道菌群的论文，主题都是强调高碳水化合物的饮食方式对肠道菌群的不利影响，而肠道微生物对免疫系统又至关重要，这促使她舍弃了果酱甜甜圈。我们跟进治疗了朱蒂一年的时间，在此期间她养成了新的生活习惯，病情也趋于稳定。

你是不是被医疗焦虑压得喘不过气？

医疗决策应当由医学专家而不是保险公司的官僚来做。

——芭芭拉·利维·博克瑟

　　研究医疗卫生系统可是个大工程，你将被潮水般的信息淹没，巨大的压力会让你变得不"健康"。大多数人在发现吓人的症状后，都会直接去找"互联网医生"，不用出门，不用付挂号费，还不用排队！还有什么比互联网更方便的，它简直是安抚焦虑情绪的完美工具。但事与愿违，在网络世界里"潜"得太深反而会加剧你的焦虑，因为大多数时候你找到的"结论"都很严重和可怕。我们来看看剑型人格者和盾型人格者如何才能利用他们独特的人格倾向，走出这座健康迷宫。

　　艾伦的泌尿系统出了问题，他每次都必须以最快的速度冲向厕所，才能赶得及。每天晚上，他都要起床上厕所三到四次，不仅如此，艾伦还发现自己的小便就像他玫瑰园里的滴灌系统一样，绵软无力。他的父亲和叔叔都曾患有前列腺癌，他害怕自己也步上他们的后尘。

　　艾伦深受急性医疗焦虑的困扰，这是一种很常见的问题，尤其对于盾型人格者。尽管盾型人格者对疼痛的忍耐力比剑型人格者强，但他们对结果的悲观和焦虑情绪盖过了这种优势。程序性焦虑是指过度害怕就医、手术和口腔治疗，这种情况经常导致人们不愿接受必要的诊断。不光是诊断过程，就连想一下也会导致应激反应。艾伦的医生要求他接受一系列检查，这些检查的流程本身可能很简单，但对艾伦来说，等待组织活检结果的那 10 天简直是度日如年。他责备自己总是拖延例行的体检，尤其考虑到自己还有家族病史。

我们就是在这个时候遇到艾伦的，光是讨论他即将接受的那些检查和治疗就花了很多时间。在刚刚明确自己对疼痛和康复的预期后，艾伦就道出了他最大的恐惧：失去性功能。我们向他解释说，除了极少数手术，绝大多数治疗手段都不会导致男性丧失性功能，无论是机器人手术还是新型的放射性疗法。我们还告诉他，失禁也是不太可能发生的，他甚至没有考虑过这个问题。为了增强他的掌控感，我们向他保证，如果他在接受组织活检的过程中产生难以忍受的生理或情绪不适，他可以随时叫停检查。我们让他列出了一份喜欢的歌单，在做检查的时候播放。研究显示，音乐疗法对患者是有帮助的。已经有临床试验检验了音乐疗法对医疗焦虑的效果，让患者在手术前和手术中听 15~20 分钟的音乐能够显著降低焦虑和心率。我们还向他推荐了正念冥想。我们告诉艾伦他可以叫一个好友或家庭成员陪他做检查，这一点也冲淡了他的焦虑。我们建议他找主治医生商量，开一些抗焦虑药，比如加巴喷丁和（或）β 受体阻滞剂（如普萘洛尔），帮助他缓解诊疗过程或后续治疗引起的焦虑。在谈话中，艾伦不断提到对阳痿的担忧，我们反复向他保证（总共三次）这几乎是不可能发生的。

此外，为了让艾伦不至于一想到看医生就产生强烈的唤起，我们提供给他必要的诊疗信息，包括医生可能会根据他目前的问题给出什么样的治疗方案。对于可能患有某种严重疾病的患者，信息可能是最好的良药。

下面是我们推荐的做法：

- 列一份有可能接诊你的专家名单。同你现在的医生一起探讨，提前确定哪些专家是最佳选择，然后逐一详细查看他们的资料。
- 评估你的用药。在你服用的处方药中，商标名药物和通用名药物是否有区别？

- 调查一下，如果你在下班后需要医疗援助会面临什么情况。谁会接听你的电话？你是否会被送到急诊科？如果你需要住院，你的医生能否照顾到你？

- 在你的钱包里放一张卡片，上面记录清楚你的健康信息。包括：是否有任何过敏原，你正在服用哪些药物，遇到紧急情况时应该联系谁，以及在突发情况下可能需要注意的其他事项。

- 把你的就医记录储存在记忆棒里，因为你可能会换主治医生或在出远门期间突发紧急情况。有了记忆棒，其他医生就能在评估你的健康状况时获得所有重要的信息。

- 准备一个旅行药包，装上所有你平时吃的处方药，以及其他可能需要的药品，比如止痛药、广谱抗生素、止吐药、止泻药等。

- 在预约好医生后，准备好要问的问题，明确自己的就诊目的。在离开诊室前，把所有问题检查一遍，看是不是全都得到了解答。

- 做好就诊准备，你可以找人陪你一起去。为防止排队等待，你还可以带上解闷的东西，比如书，因为你在候诊室里或许不能使用手机。

- 试着获取诊所工作人员、护士和医生的电子邮箱。只要他们同意，你就能较为及时地与他们沟通。

- 向你的医生寻求指导，问他们怎样才能获得关于自己健康问题的准确答案。

- 最好花几分钟时间，向医生解释你对治病这件事的反应，以及你的睡眠和饮食因此受到了什么影响，以便于医生调整你的诊疗方案。

玛丽娅，剑型人格，在医疗方面碰到了与艾伦不同的问题。她天生缺乏耐心，偏偏保险条款又三天两头地变。玛丽娅的保险合同规定了她看哪些医生，选择哪些诊疗方式、医院和药物，才能获得相应的赔偿，还规定了怎样提交赔付申请，厘清这些条款对她来说实在太难了。对玛丽娅来说，光是应付办公室的规章制度就够她头疼的了。每次看医生，她都得给自己某种形式的激励或奖励，比如买新鞋子。当她有急事需要联络医生却怎么也打不通电话的时候，她会对着医生的自动语音系统大吼大叫。更让她心烦的是，保险公司每过几年就会重新洗牌，给她分配新的主治医生。跟她交谈过的所有医生都能感受到她的愤怒，但眼下，47 岁的她需要他们的帮助。

　　玛丽娅通过努力打拼，当上了一家大型杂货连锁店的经理。在同事们眼里，她态度强硬、咄咄逼人，不喜欢听别人的意见，而且情绪反复无常。周围的人很高兴看到她开心的一面，但他们都清楚这难得一见的轻松一刻背后是怎样严肃的日常，所以大家都小心翼翼地不去惹怒她。玛丽娅结婚了，有两个上高中的孩子。她是个热情大胆的滑雪爱好者，最近又喜欢上了悬挂式滑翔。玛丽娅和她丈夫文森特的感情牢固，但最近他们的关系出现了裂痕。文森特注意到玛丽娅变得比以前更易怒、更暴躁。一天晚上，玛丽娅在下班路上因为超速被拦下，她差点儿就动手打了交警。她睡不好，而且开始出现潮热，大量的汗水打湿了她和文森特的床单，也浇灭了两人过夫妻生活的兴致。还有，你可能已经猜到了，玛丽娅停经了。玛丽娅忽视了相关信号：先是 6 个月的月经不调，之后是 3 个月没来月经；睡眠与原来相比变得更糟糕；情绪变化不定；还有让人精神衰弱的偏头痛。在过去几个月里，她一直认为这些问题和医生开的用于治疗头疼的氢可酮有关——她每天要吃 6 片。在医生拒绝为她继续开药后，她出现了严重的停药反应，于是就找到了我们。

更年期已经够让人烦恼的了，但玛丽娅同时还要应对两个挑战：严重的阿片类药物成瘾，以及一个没有能力保护她的医疗体系。她的保险公司批准了一项分为 12 个步骤的治疗方案，但这个方案没有涵盖某些原本的项目：心理治疗，用于安全戒除氢可酮的处方药，以及让她能轻松获得帮助的医疗机构。保险公司对健康问题的认定具有选择性，成瘾问题一直没有被当成一种慢性疾病看待。情绪或心理问题，比如焦虑、抑郁和失眠，在保险公司眼中属于物质滥用问题的诱发因素，自然也不被纳入优先考虑，脾气暴躁这件事不能怪玛丽娅。她指责开药的医生没说清楚这种药有产生依赖的可能性，她怪工作压力导致她患上了偏头痛，她还怪她的丈夫没有早点儿介入。剑型人格者就是这样，他们喜欢责怪他人，而忽略自己应当承担的责任。

　　我们先要帮助她戒除之前服用的阿片类药物。我们得到了文森特的热心帮助，让他知道她在服用这些药，这是我们治疗的第一步——保持完全的公开和透明。我们举行了一场家庭会议，在会上建议他们了解成瘾问题背后的大脑化学机制，以及压力在促进和维持成瘾行为中扮演的角色。我们都在以各种各样的方式安抚自己，有些方法是健康的，而有些则不然，阿片类药物绝对属于后者。我们还讨论了玛丽娅对即时满足的需求，我们解释道，她这种受奖励驱动的剑型动机将不会在这次治疗中得到满足，因为成瘾问题的治疗不可能一劳永逸。我们解释说，成瘾是一种源于遗传、建立在大脑化学物质基础之上，并由压力触发的疾病。玛丽娅答应参加一项治疗计划，步骤大致是：先戒掉阿片类药物，然后接受门诊治疗，同时接受心理咨询。心理咨询既包括个人的咨询，也包括家庭的咨询，因为成瘾是一种家庭性疾病——只要有一个家庭成员在同成瘾行为做斗争，所有家庭成员都会有精神创伤。在说明这个治疗计划的梗概后，我们收走了玛丽娅的氢可酮，这激活了她的交感神经系统：心率升高，出汗，失眠，丧失食欲，腹泻，还有严重的肌肉疼痛。为了缓解这些症状，我们给玛丽娅开了非成瘾性药物。她对疼痛的忍受力很差，所以我们鼓励她把注意力放在熬过这两周所能得到的奖励上。她一边戒药，文森特一边自掏腰包，在一家专属健身俱乐部给她办了一张年度会员卡。

我们还要改善玛丽娅的睡眠，从严格的睡眠卫生和健康的自我安抚技巧两方面着手。我们让文森特担任妻子的专属护士，教他如何监测她的血压、脉搏和体温，严格记录她每天的症状、重要体征、主诉，以及对我们提供的治疗方案的反应，这些对盾型人格的文森特来说不成问题。我们向玛丽娅保证，一旦她的戒药治疗有了效果，我们就会启动行为治疗。届时，我们将用安全的靶向药物纠正多巴胺失衡的问题。这些药物是从一系列多巴胺能药物中挑选出来的，我们还无法确定具体要用哪几种，因为只有在玛丽娅使用这些药物后，我们才能根据她对每种药物的反应进行动态的甄别和调整。为了解决她的睡眠问题，我们从针对多巴胺的药品目录里选出了几种具有助眠和镇静作用的（富马酸喹硫平片、加巴喷丁）。这些药物的使用需要紧密的跟踪和监测，它们是防复发治疗计划的一部分。只要玛丽娅掌握了自我安抚的新技巧，就要停用这些药物。我们还向她的妇科医生说明了她停经的问题。

14个月之后，玛丽娅停用了所有药物，她报名参加了瑜伽和冥想课程，与两位在康复治疗计划中结识的病友成了好朋友，还修复了与同事之间的关系。玛丽娅和文森特的感情也恢复到两人恋爱的时候，他们计划这个冬天全家一起去加拿大的惠斯勒滑雪，作为对玛丽娅的终极奖励。她的努力付出拯救了一个家庭，太棒了。

如何应对财务压力

> 我们现在姑且把它叫作储蓄……这种蛋是你的守护者，像上帝一样，而我们就躲在这颗蛋下面……受到它的保护。没有它，我们就没有了保护！……还想听我继续说？天上下起倾盆大雨，嘿——下雨了——雨水溅到蛋上了，然后它从窝边滚下去了……蛋没了……湿透了！全完了！
>
> ——艾尔伯特·布鲁克斯，
> 《迷失的美国人》（*Lost in America*）

全球经济在新冠疫情期间承受重压，众多的未知因素提高了我们的唤起水平：口罩要戴多久？我们的工作还保得住吗？如果不知道疫情哪天结束，我们如何知道自己能否承受得起生活中那些剧烈的变故？唤起让盾型人格者手足无措，盾型人格者也无法对此视而不见，人类社会的压力达到了前所未有的水平。

对于金钱的焦虑会让每一个人陷入困境。剑型人格者的规划能力本就欠缺，所以他们更不可能及时储蓄。剑型人格者管理唤起的方式是寻求奖励，所以大手大脚地花钱成为他们下意识的自我安抚手段，此外他们还会大胆冒险、快速致富或参与大型投资计划。坏消息的狂轰滥炸和虚假信息的漫天飞舞让他们焦躁不安，亲密关系出现裂痕，甚至在超市的货架旁大打出手。剑型人格者会本能地责备他人，而不是想办法管理好自己的财务，所以想让他们控制住上面那些倾向往往效果不佳。疫情防控期间的恐惧激活了HPA轴，对很多剑型人格者来说，皮质醇风暴让控制混乱不堪的局面变得更加糟糕。

负面预期成了现实，巨大的恐惧让盾型人格者苦不堪言，他们的自我安抚技能同样面临着挑战。如果说盾型人格者的倾向是回避伤害，那这真是磨炼技能的绝佳时机。盾型人格者善于规划、注重细节，这本是优势，但很多人难以承受过载的负面信息，以致被现实湮没、不知所措。尽管财务压力通常来势汹汹，但相比新冠感染疫情埋下的其他隐患，盾型人格者的财务问题不算大问题。盾型人格者深谙储蓄的重要性，清楚自己的经济状况，精打细算和高瞻远瞩的能力远比剑型人格者强。他们不会拿钱开玩笑，尤其是在疫情防控期间。不仅不会，事实上，他们还会根据实际情况调整自己的消费习惯，以保护本金。盾型人格者擅长保护自己，却不擅长应对压力和焦虑。很多时候，他们都把镇静物质当作安抚自己的工具，比如酒精和阿片类药物。在疫情防控期间，酒精饮料的消费量大幅增加。无论哪种大脑类型的人，睡眠和运动都受到了影响，锻炼原本可以减轻焦虑，但现在人们更愿意躺在沙发上。

疫情把埃利奥特原本的生活毁掉了，尽管他更倾向于怨天尤人，而不是从自己身上找原因，但我们现在明白了，真正的原因深深地藏在他的大脑里。52岁的埃利奥特成功经营着一家旅行社，专门承接职业体育团队及知名人士的业务。他的生意很稳定，整天沉浸在纸醉金迷的生活里的他，从不担心天有不测风云。他的理由是，挥霍能够促进业务的不断升级。但新冠病毒可不这么想，同很多企业一样，他的公司业绩暴跌。曾经四处打比赛的职业运动员决定闭关训练，名人客户也因为没了饭碗而不再到处游玩。埃利奥特有穿不完的漂亮衣服，有一家高端健身房的会员卡，还有一辆玛莎拉蒂敞篷车，但他哪里也去不了，除了位于谢尔曼·奥克斯的尼克的家。尼克是给埃利奥特供货的毒贩，这种人可不会因为疫情而停业，吸可卡因的瘾君子根本离不开他。当尼克因为供应紧俏而提出要加价的时候，埃利奥特大发雷霆，一拳打在尼克的眼眶上，把昔日的供货商变成了今天的受害者。对埃利奥特来说，在情绪激动的时候动粗并不稀奇，不过这次他很幸运，因为尼克不能报警，也不能提出指控，毕竟尼克干的是非法勾当。

埃利奥特在疫情防控期间的生活和他处理矛盾的技巧一样糟糕透顶。接二连三的压力向他袭来，而这一切的开端是辛西娅。辛西娅与埃利奥特结婚12年，眼睁睁看着他们的生意垮掉，并且发现丈夫没有做任何财务规划，她忍无可忍了。因为埃利奥特经常在家，他的色情收藏品很快就被辛西娅发现了。在发现他还是个吸可卡因的瘾君子（这正好可以解释为什么他们账户里的存款所剩无几）后，辛西娅的愤怒达到了临界点，她提出了离婚。为此，埃利奥特被迫卖掉他们的房子和他心爱的跑车。焦躁不安和轻度躁狂导致他吸可卡因吸得更凶了，他还反复提到想自杀。出于心中仅剩的一丝同情，辛西娅出手干预了这件事，并向我们寻求帮助。

经过初步的咨询，我们为埃利奥特制订了一份计划，先帮他戒掉可卡因，然后重建神经化学物质的平衡，使他恢复健康。纠正行为必须放在纠正支配行为的大脑化学物质之后，而且埃利奥特无疑属于剑型人格。支持这个判断的证据非常明确：他把公司的倒闭怪在新冠病毒头上；对色情片和可卡因上瘾；表现出糟糕的财务规划能力；将跑车和奢华的衣服作为对自己奖励；愿意冒极大的风险；无法控制自己的愤怒情绪。面对雪崩一般的压力事件，他的应对技巧显然有待提升。他用兴奋剂类毒品和不端行为来缓和不良情绪，这种做法虽然能立刻带来满足感，但持续的时间非常短暂。可卡因的滥用虽然让神经系统多释放了一点儿多巴胺，但这扰乱了他的睡眠周期，破坏了他的健康饮食方式，让他丧失了去健身房锻炼的兴趣，还把曾经支持他的妻子赶出了他的生活。

埃利奥特刚开始的治疗包括戒除对兴奋剂类毒品的依赖和消除

自杀的念头。等他的情况稳定后，我们再开始解决他的其他问题，包括纠正行为、管理愤怒、规划财务和改变生活方式。通过容忍低唤起的状态，他在面对压力时的反射性反应变得更从容。

为了戒断毒瘾，我们直接停掉了埃利奥特的可卡因。这引起了某些神经递质（比如谷氨酸）水平的补偿性升高，导致他躁动不安。我们用药物疗法搭配行为疗法来减轻他的戒断反应。脱瘾治疗所需的时间视具体情况而定，包括瘾君子滥用毒品的时间、吸食毒品的剂量，以及其他需要考虑的医学因素。就兴奋剂类毒品而言，脱瘾周期通常在一周左右。

埃利奥特一完成脱瘾，我们就给他开了相对长效的药物，用于应对他的多巴胺失衡问题，可选的药物包括拉莫三嗪、阿立哌唑片等。对于他自杀的念头，锂盐是一个不错的选择，它能让人迅速摆脱自杀的想法。在这个阶段，我们还为他制订了健康的饮食和锻炼计划。他的行为疗法包括舒缓情绪的练习，比如正念冥想和CBT。另外，他还参加了一个12步治疗计划。治疗团队内部的沟通对任何戒毒治疗来说都是非常关键的，不管是埃利奥特还是埃利奥特的医生，患者与医生之间及医生与医生之间都必须保持频繁的交流，及时跟进患者的治疗进展，精细调整治疗方案。我们让埃利奥特接受了一次全面的医学评估，检查他是否有潜在的其他棘手问题，以免因为疏忽而影响了他的健康和对治疗方案的选择。

到第三周，他的自杀念头彻底消失了，只需服用褪黑素和加巴喷丁就能睡得比以前好。他还坚持每天散步，并保持着合理的饮食结构，网络色情成瘾的问题也得到了解决。

我们的下一步计划是把埃利奥特介绍给财务规划师。对埃利奥特和很多剑型人格者来说，做计划是个大难题。财务规划是一个精细活，它涉及预算、接洽（而不是回避）债权人、仔细检查银行报表和信用卡账单，以及处理一般性财务问题，而这些技能都是埃利奥特欠缺的。

我们为埃利奥特制订的计划设定了实际但严苛的目标，比如，保持对治疗团队的责任心，同妻子一起做财务决策，在冲动地掏出信用卡之前先冷静地想一想，为意想不到的灾祸留一笔救急金，定好偿付账单的日期，把支付方式改为电子自动支付，细化预算，等等。我们鼓励埃利奥特主动联系他的债务人并进行面谈，看看能否解决双方的债务问题。作为一个魅力四射的剑型人格者，他在探讨这些话题的时候显得游刃有余。

现在，埃利奥特已经成功脱瘾，改善了生活方式，有了一份财务管理计划，接下来我们就该解决他的情绪管理问题了。剑型人格者倾向于将愤怒表达出来，而且有时候完全不加克制，这对他们来说就像一种本能反应。对此，我们的目标是减慢反应速度，增加责任感，让他通过练习，学会以有益的方式调节自己的愤怒情绪。这里的关键在于，弄清楚哪些情况最容易使他火冒三丈，比如感到疲惫、约会迟到、觉得不耐烦或压力过大，然后针对每一种情况，采取措施弱化它们的影响，以免习惯成自然。我们建议埃利奥特学习如何把负面反应变成正面反应：通过提醒自己，这些下意识的反应会导致他事后悔不当初。我们让埃利奥特把最常见的、可以激怒他的事罗列出来，比如堵车、强行变道、结账时慢吞吞的人等，并将自己代入其中。随后，我们指示他为单子上的每一件事寻找针对性的解决方法，而且必须能被他自己接受。我们要求他在一周的时间里，每天都把这张单子翻出来看一遍，强化对新反应的印象。之后，我们让他给这些事引起的感受打分，从 1 到 10，1 代表略微不悦，10 代表怒火滔天。我们要求他在做出冲动反应之前，强制自己等待一分钟。愤怒的情绪往往源于具体的问题，这也是为什么我们要求埃利奥特用解决问题的方式来替代宣泄情绪的做法。他可以在深呼吸或从 10 数到 1 的过程中想办法。过去那些冲动且不受约束的反应经常起到火上浇油的作用，导致情况变得一发不可收，而这种练习能让他对自己的脾气加以控制。除此之外，我们还建议他采取其他方式，比如远离这些情况、深呼吸、换位思考，或者找一个安静的地方伸伸胳膊踢踢腿，甚至可以大吼大叫。

压力是不可避免的，无论是因为离婚、得知自己患上癌症、同医疗系统斗智斗勇、担心财务问题，还是丢了工作、面临退休等。人体对压力做出的生物学反应是刺激 HPA 轴释放皮质醇，但我们不能对这种反应听之任之。至于应当对不舒服的情绪状态做何反应，主要取决于你究竟是手持宝剑还是身背盾牌，健康的反应必须同每个人独特的大脑类型挂钩。为了调整和改善与生俱来的倾向，我们需要新的选择和新的决策，同时不断地学习、练习和精进。

最后的话

毫无疑问，剑型人格者肯定已经发现自己身上时常有盾型人格者的影子，反之亦然。这种情况既正常又自然。我们希望在阅读本书的过程中，你已经逐渐拼凑出自己的大脑类型，并且深刻地认识到它有哪些长处，以及哪些可能的弱点。我们希望你能够注意到唤起如何影响了你在工作中的决策、你的亲密关系，还有生活方式。我们的患者都很勇敢和坚定，在阅读他们的故事时，我们希望你能从他们身上看到自己苦苦挣扎的样子。我们在书里提到的策略、练习和心理模型（或者小技巧）并不是万能的。我们不相信魔法，对灵丹妙药也持怀疑态度。作为人类，我们都倾向于维持习惯、抗拒改变，无论这种行为上的改变有多么必要。这里所说的改变都不容易，它们不仅要求你付出努力，还要有恒心和毅力。但我们也发现，一旦这些改变奏效了，就能为你带来极大的好处。我们希望我们能够将你领进一扇大门，当你通过新的角度审视自己时，能够看到有那么一些行为，它们并不能使你变成自己最想要的样子。

学会驾驭大脑类型中对自己不利的那些方面，可以让你的生活变得更自由、更平衡。我们衷心希望你能接受这个挑战。

致 谢

本书的写作全部归功于多年来我们从患者身上学到的一切。我们要感谢劳里·维纳,她积极筹备出版计划,为本书的诞生创造了契机。说到契机,我们同样要感谢克利夫·爱因斯坦,他参与了本书早期的头脑风暴。感谢我们的对外事务代理人吉尔·马尔,她娴熟地把控了整个项目的推进,并保证它的顺利成书。我们要特别感谢诺曼·珀尔斯坦和阿尔伯特·布鲁克斯,他们尽心尽力地读完了手稿,并非常亲切地同我们分享了自己的想法和智慧。感谢苏珊·沙利文,她的口头禅是"越短越好",虽然我们并不总是采纳她的意见,但我们每次都会认真倾听。我们要感谢我们的英文书稿编辑丹尼丝·西尔韦斯特罗,她的修改让原稿的质量更上一层楼,还有雪莉·沃瑟曼,她对书稿进行了最后的编辑和打磨。我们还要感谢迈克·基珀和斯图尔特·基珀、哈兰德·温特、艾伦·布劳斯坦、莉兹·科尔、瓦尔·丹尼斯、维罗妮卡、阿龙、吉姆·布鲁克斯、迈伦·夏皮罗、彼得·蒂尔登、戴维·卡明斯基、朱迪思·德拉菲尔德、丹尼尔·西摩,以及约翰·哈维尔。

如果不感谢我的合作者戴维,这个致谢就是不完整的。他一直幽默而礼貌地包容着我们两个人的不同，并在这趟漫长曲折的发现之旅中陪伴着我。正是长久以来的好奇心和毅力牢牢地维系着我们的友谊。我非常高兴能与你一同经历这场冒险。另外，我要向我亲爱的朋友康奈尔致以最诚挚的谢意，感谢他用天赋异禀的文字功底和驾轻就熟的项目管理能力为这个出版项目所做的贡献。谢谢他对我的耐心，以及我们多年来的珍贵友谊。

自知是一种难能可贵的品质。

这从去年突然莫名爆火的迈尔斯－布里格斯人格类型测验中便可见一斑。布里格斯母女提出的这种人格测试并非完美，日常使用中的误读也不鲜见，但很难用迷信或者不理性笼统地形容这种潮流，因为学识极高且深信此道者大有人在。如果这样的人都不算理性的话，那理性的门槛未免也太高了。

这至少反映了两点。首先，人们渴望认识自己，或者应该说，人对人抱有极大的好奇：我们不但想知道自己是什么样的人，也想知道别人是什么样的人。做完心理测试却不分享给其他人，那还有什么意思？把意识的探照灯对准漆黑的人性深处总给人一种探险般的兴奋和愉悦感。其次，人们缺乏对于自己的认识。其实更准确的说法可能是，人缺乏对人的认识，"自己"也不过是我们在生活中需要认识和了解的人之一。给别人贴标签相对容易，给自己则不然，大概正是因为如此，所以人们总觉得别人很好懂，而自己很复杂：我们旋转着意识的探照灯，刺眼的光束把正前方照得一览无余，却唯独照不到站在灯后操作的自己。

既然意识并不擅长自我认知，那我们自然要借助其他媒介或方式来认识自己。古代的人潜心于星座、生辰八字、面相，启蒙时代后，人们便逐渐转向了更为理性科学的心理测试，还有本书的主题之一：生理学。不同于绝大多数人一眼就能看懂的星座运势和五花八门的心理测试，从生理学的角度认识心理现象并不那么直观，但直观性和准确性就像一对此消彼长的冤家。相比远在九天之上的黄道十二宫，父母的基因离我们可近多了（组合的数量也多得多）。虽然并非十全十美，但从这种角度认识自己或许是眼下最为"科学"的一种选择。

　　认识自我的过程与翻译有诸多相似之处，如果只说一点的话，那一定是不要操之过急。这是一个循序渐进、需要持之以恒的过程。无法一蹴而就并不是你止步不前的借口，平时的懈怠看似无关紧要，实际上却是在为日后某个时刻的迷茫与焦虑埋下伏笔。

　　很高兴能和中信出版社再次合作。感谢吴宇佳成为译稿的第一个读者并向我推荐心理学方面的书籍。

2023 年 6 月 20 日，于杭州